安徽省教育厅教材建设项目

普通高等教育"十四五"系列教材

大学物理实验教程

主　编 王春霞 韩财宝

副主编 徐光衍 朱　婷

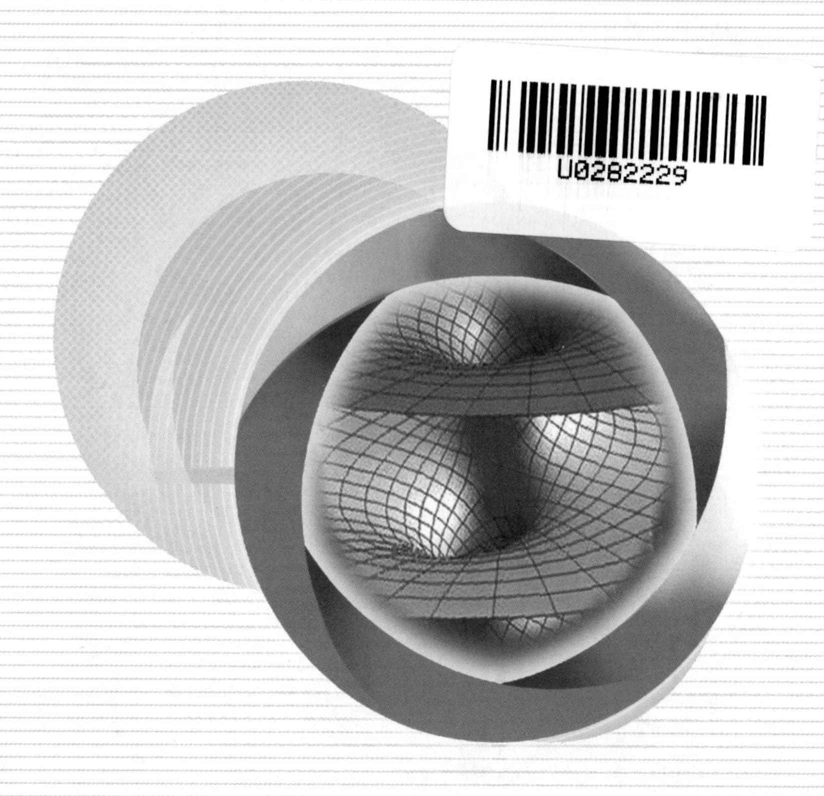

图书在版编目(CIP)数据

大学物理实验教程/王春霞,韩财宝主编. -- 西安:西安交通大学出版社,2024.8. -- ISBN 978-7-5693-3838-6

Ⅰ. O4-33

中国国家版本馆 CIP 数据核字第 2024GW2265 号

书　　名 大学物理实验教程
DAXUE WULI SHIYAN JIAOCHENG
主　　编 王春霞　韩财宝
责任编辑 李　佳
责任校对 王　娜

出版发行 西安交通大学出版社
(西安市兴庆南路 1 号　邮政编码 710048)
网　　址 http://www.xjtupress.com
电　　话 (029)82668357　82667874(市场营销中心)
(029)82668315(总编办)
传　　真 (029)82668280
印　　刷 陕西奇彩印务有限责任公司

开　　本 787mm×1092mm　1/16　**印张** 14.25　**字数** 350 千字
版次印次 2024 年 8 月第 1 版　2024 年 8 月第 1 次印刷
书　　号 ISBN 978-7-5693-3838-6
定　　价 45.00 元

如发现印装质量问题,请与本社市场营销中心联系。
订购热线:(029)82665248　(029)82667874
投稿热线:(029)82668818
QQ:19773706
电子信箱:19773706@qq.com

前　言

物理实验课是高等理工科院校对学生进行科学实验基本训练的必修基础课程，是大学生接受系统实验方法和实验技能训练的开端。

物理实验课覆盖面广，具有丰富的实验思想、方法和手段，同时能提供综合性很强的基本实验技能训练，是培养学生科学实验能力、提高科学素养的基础。物理实验课在培养学生严谨的治学态度、活跃的创新意识、理论联系实际和适应科技发展的综合应用能力等方面具有其他实践类课程不可替代的作用。

本书根据《非物理类理工学科大学物理实验课程教学基本要求》的主要精神，结合皖江工学院专业设置特点和实验仪器设备情况，在2017年皖江工学院物理实验室编写的《新编物理实验》的基础上，结合各仪器生产厂家的仪器使用说明编写而成。实验内容在完成经典物理实验的相关基础上，力求培养学生的动手能力和创新能力，为有关各学科后续实验课程及用物理方法解决学科问题打好基础。

在本书的编写过程中，河海大学资深物理教师徐光衍、河海大学丁万平老师对本书提出了很多宝贵意见，为此书的出版做出了重要指导和帮助，在此深表诚挚的敬意和衷心的感谢！

由于编写时间仓促，加之编者水平有限，书中存在的不足之处希望读者提出宝贵意见。

编　者

2024年5月

目 录

绪　论

人类改造自然的实践活动主要有两种：一是生产实践，二是科学实验。科学实验是指人们按照一定的研究目的，借助必要的仪器设备，人为地控制或模拟自然现象，突出主要因素，对自然事物和现象进行反复观察和精密测试，探索其内部规律性的活动。这种符合自然规律的、有控制的探索活动是现代科学技术发展的源泉。

1. 物理实验课的地位、作用和任务

物理实验不仅是物理学理论的依据和基础，也是其他科学实验的先驱，它体现了大多数科学实验的共性，在实验思想、实验方法以及实验手段等方面是各学科科学实验的基础。

物理实验覆盖面广，具有丰富的实验思想、方法和手段，是培养学生科学实验能力、提高科学素养的重要基础性实验技能训练，它在培养学生严谨的治学态度、活跃的创新意识、理论联系实际和适应科技发展的综合应用能力等方面具有其他实践类课程不可替代的作用。

物理实验是理工院校对学生进行科学实验基本训练的必修基础课程，是大学生接受系统实验方法和实验技能训练的开端。物理实验课的具体作用和任务如下：

(1)通过对实验的观察分析和对物理量的测量，使学生掌握实验的基本知识、基本方法和基本技能，并能运用物理学原理、物理实验方法研究物理现象和规律，同时加深对物理学原理的理解。

(2)培养与提高科学实验能力。

①自学能力：能够自行阅读实验教材或参考资料，正确理解实验内容，在实验前做好实验准备。

②动手实践能力：能够借助教材和仪器说明书，正确调整和使用常用仪器。

③思维判断能力：能够运用物理学理论，对实验现象进行初步分析和判断。

④书面表达能力：能够正确记录和处理实验数据，绘制图线、图表，分析实验结果，撰写合格的实验报告。

⑤简单的设计能力：能够根据课题要求，确定实验方法和条件，合理选择仪器，拟定具体的实验程序。

(3)培养与提高学生从事科学实验的素质，理论联系实际和实事求是的科学作风，严肃认真的工作态度，主动进取的探索精神，遵守操作规程和爱护公共财物的优良品德，相互协作、共同探索的作风。

2. 教学内容基本要求

大学物理实验包括普通物理实验(力学、热学、电学、光学实验)和近代物理实验，具体的教学内容基本要求如下：

(1)掌握测量误差的基本知识，具有正确处理实验数据的基本能力。

①掌握测量误差与不确定度的基本概念，逐步学会用不确定度对直接测量和间接测量的

结果进行评估。

②掌握处理实验数据的一些常用方法，包括列表法、作图法和最小二乘法等。随着计算机及其应用技术的普及，还应掌握用计算机通用软件处理实验数据的基本方法。

(2)掌握基本物理量的测量方法。如长度、质量、时间、温度、压强、电流、电压、电阻、电场强度、磁感应强度、光强度、折射率、电子电量和普朗克常量等常用物理量及物理参数的测量，注意加强数字化测量技术和计算技术在物理实验教学中的应用。

(3)了解常用的物理实验方法，并逐步学会使用。如比较法、转换法、放大法、模拟法、外延法、补偿法、平衡法、干涉和衍射法以及在近代科学研究和工程技术中广泛应用的其他方法。

(4)掌握实验室常用仪器的性能，并能够正确使用。如长度测量仪器、计时仪器、测温仪器、变阻器、电表、交/直流电桥、示波器、低频信号发生器、分光计、读数显微镜、电源和光源等常用仪器。

(5)掌握常用的实验操作技术。如零位调整、水平/铅直调整、光路的共轴调整、消视差调整、逐次逼近调整，根据给定的电路图正确接线，简单的电路故障检查与排除，在近代科学研究与工程技术中广泛应用的仪器的正确调节等。

(6)适当了解物理实验史料和物理实验在现代科学技术中的应用知识。

3. 物理实验教学的基本环节

不同实验项目的内容各不相同，但每个实验都包含了实验预习、实验操作和实验总结3个基本环节。

1)**实验预习**

实验前的预习至关重要，它决定着实验能否取得主动和收获的多少。预习包括阅读资料、熟悉仪器和写出预习报告。仔细阅读实验教材和有关资料，重点解决3个问题：

(1)做什么：这个实验最终要得到什么结果。

(2)根据什么去做：实验课题的理论依据和实验方法的原理。

(3)怎么做：实验的方案、条件、步骤及实验关键。

2)**实验操作**

实验操作环节主要包含实验仪器的安装调试、实验现象的观察、实验数据的测量和记录等内容，具体要求如下：

(1)学生按时进入实验室后，按指定的座位就座，在认真听完实验老师的讲解指导后，再按照编组使用相应的指定仪器。应该像科学工作者那样要求自己，井井有条地布置仪器，先根据事先设想好的步骤演练一下，然后按确定的步骤开始实验。要注意细心观察实验现象，认真钻研和探索实验中的问题。不要期望实验工作会一帆风顺，要把遇到的问题看作是学习的良机，冷静地分析和处理它。仪器发生故障时，要在教师的指导下学习排除故障的方法。总之，要把重点放在实验能力的培养上，而不是测出几个数据就认为完成了任务。

(2)要做好完备且整洁的记录。如研究对象的编号，主要仪器的名称、规格和编号。原始数据要记入事先准备好的表格中，如确实记错，也不要涂改，应轻轻画上一道，在旁边写上正确值，使正误数据都清晰可辨，以供在分析测量结果和误差时参考。不要用铅笔记录(不给自己留有涂抹的余地)，也不要先草记在别的纸上再誊写在数据表格里，这样容易出错，也不是“原始记录”了。希望读者注意纠正自己的不良习惯，从一开始就培养良好的科学作风。

(3)实验结束后，先将实验数据交老师审阅，经老师审查签字后，再整理还原仪器，方可离开实验室。

3)**实验总结**

实验总结环节包含了对实验目的、实验原理、实验内容、操作过程及技巧、注意事项、实验收获等方面的整体回顾，并将相关内容以一份简洁、明了、工整、有见解的实验报告的形式反映出来。一份完整的实验报告应该包含如下基本内容：

(1)实验名称。

(2)实验目的。

(3)实验仪器。

(4)实验原理。简要叙述有关物理内容(包括电路图、光路图或实验装置示意图)及测量中依据的主要公式，式中各量的物理含义及单位，公式成立所应满足的实验条件等。

(5)实验步骤。根据实际的实验过程写明关键步骤。

(6)数据报告与数据处理。基本要求包括：列表报告数据、完成计算(计算要有计算式，代入的数据都要有根据)、曲线图(图线要规范、美观)、实验结果报告、误差分析或不确定度计算。

(7)小结和讨论。以分析产生误差的原因为主，其他内容不限，可以是对实验现象的分析，对实验关键问题的研究体会，实验的收获和建议，也可以是解答实验思考题。

4. 物理实验室规则

(1)实验前应做好充分预习。未预习者不允许做实验。

(2)进入实验室必须严肃认真，保持安静，不可高声谈笑，注意保持整洁，不在桌面上涂写，不乱抛纸屑。

(3)注意实验安全。不可随意开关电源，禁止吸烟，对初次使用的仪器应完全弄懂它的性能和操作步骤后，才能动手，不能不懂装懂，以免损坏仪器，影响实验进行或造成人身事故。

(4)做实验时未经任课教师和实验工作人员的允许，不准换用他组仪器。仪器发生故障时，应立即报告教师，若有损坏，要进行登记，依照学校规定处理，不许隐瞒。

(5)实验操作结束后，应将数据和结果仔细检查一遍，看有无遗漏，并初步分析，判断结果是否正确，无误后交教师审查签字，方可拆除仪器装置。实验完毕后应将仪器放置整齐，不得乱拖乱拿，以免影响下一班实验课的进行，并检查电源、水源是否按要求关闭，经任课教师同意后方可离开。

(6)实验应在规定的时间内进行，不可无故缺席或迟到，因故缺做实验或实验要补做者，应先与任课教师联系，领取补做实验通知单后，方能补做。无教师指导，不可自行做实验。

第1章　误差理论基本知识

1.1　测量与误差

1.1.1　测量

我们在进行物理实验时，不仅要对实验现象进行定性的观察，还要对物理量进行定量的研究，这就要求进行测量。测量就是以确定被测对象量值为目的的全部操作。测量通常要借助适当的仪器，选用一定的计量单位，把待测量是该计量单位的多少倍确定下来。

测量可分为两类：一类是用计量仪器与待测量直接进行比较得到量值，称为直接测量。例如，用米尺测量长度，用温度计测量温度等，都属于直接测量。另一类则要由几个直接测量结果通过一定的函数关系计算才能得出结果，称为间接测量。例如，测量铜块的密度，先测量铜块的长 a、宽 b、高 c，再称出其质量 m，由公式 $\rho = m/(abc)$ 计算得到密度 ρ，这样的密度测量就是间接测量。

1.1.2　测量值、真值和误差

每一个物理量都是客观存在的，在一定条件下具有不以人的意志为转移的一定的量值，这个客观量值称为该物理量的真值。进行测量是要获得待测量的真值。在实际测量中，由于实验条件、实验方法和使用仪器等方面的限制以及实验人员技术水平方面的原因，使得测量结果即测量值与客观存在的真值之间总有一定的差异。测量值 x 与真值 X 的差，称为测量误差，简称误差，记为 δ，即

$$\delta = x - X \tag{1-1-1}$$

被测量的真值是理想概念，一般说来真值是不知道的，在实际测量中，常用经过多次测量的算术平均值来代替真值。测量值 x 与其算术平均值 $\overline{x}$ 之差称为偏差。

1.1.3　误差的分类

误差根据产生的原因以及性质的不同，可以分为系统误差、随机误差和过失误差三类。

1. 系统误差

系统误差是由于在测量中存在某些不合理因素而引起的。这些因素总是使测量结果都大于真值或者都小于真值，当测量条件改变时，误差也按一定规律在变化。若寻找到产生系统误差的原因和规律，采取相应的修正措施，便可减小系统误差。

系统误差的来源可能有以下几个方面：

(1)由于仪器本身的缺陷或没有按规定条件使用仪器而造成的误差。如刻度不准，零点不对，天平两臂不等，应该水平放置的仪器没有水平放置等。

(2)由于实验理论和实验方法的不完善或者理论要求与实际条件不符而造成的误差。如在空气中称质量而没有考虑空气浮力的影响,测量热量时没有考虑热量的散失,测量电压时未考虑电压表内阻对电路的影响等。

(3)由于外界环境的影响而产生的误差。如光照、湿度、气温和电磁场等。

(4)由于实验操作者错误的习惯或缺乏经验而引入的误差。如有些人习惯侧坐斜视读数等。

系统误差的出现一般都有比较明显的原因,因此,可以采取相应的措施使之降低到可以忽略的程度。如何识别和消除系统误差与实验者的经验和知识有密切的关系。因此,对于初学实验者来说,应该从一开始就逐步积累这方面的知识,结合实验具体情况,对系统误差进行分析和讨论。

2. 随机误差(偶然误差)

在尽力消除或减少一切明显的系统误差之后,在同一条件下对同一物理量进行多次测量,所得结果在最后一两位仍有或大或小的差别。我们把这种时大时小、时正时负,随机变化的误差称为随机误差。

随机误差主要来源于人们视觉、听觉、触觉等感觉能力的限制以及实验环境偶然因素的干扰。从表面看,似乎杂乱无章,但若测量次数足够多,随机误差就显示出明显的统计规律。

在大多数物理实验中,随机误差呈正态分布(高斯分布)。如图1-1-1所示,该正态分布是由计算机根据公式定量描绘的,横坐标 δ 是随机误差,纵坐标 $f(\delta)$ 是该误差出现的概率密度。由图1-1-1可知,随机误差有如下统计规律:

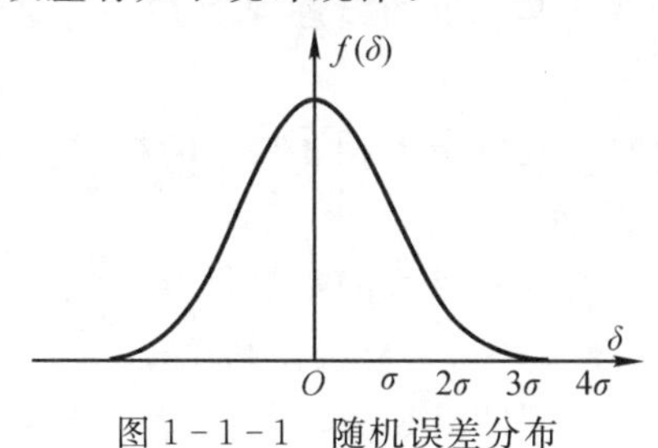

图1-1-1 随机误差分布

(1)单峰性。绝对值小的误差出现的概率比绝对值大的误差出现的概率大。

(2)对称性。绝对值相等的正负误差出现的概率相同。

(3)有界性。在一定测量条件下,误差的绝对值不超过一定的限度。

(4)抵偿性。随机误差 δ 的算术平均值随着测量次数的增加而越来越小,趋向于零,即

$$\lim_{n\to\infty}\frac{1}{n}\sum_{i=1}^{n}\delta_i=0 \text{ 或 } \lim_{n\to\infty}\frac{1}{n}\sum_{i=1}^{n}x_i=X \tag{1-1-2}$$

由此可见,多次测量的算术平均值与真值最为接近,可用来代替真值。

正态分布(高斯分布) $f(\delta)$ 的计算式为

$$f(\delta)=\frac{1}{\sqrt{2\pi}\sigma}\mathrm{e}^{-\frac{\delta^2}{2\sigma^2}} \tag{1-1-3}$$

式中, $f(\delta)$ 为概率密度函数,随机误差出现在 δ 到 $\delta+\mathrm{d}\delta$ 之间的概率为 $f(\delta)\mathrm{d}\delta$; σ 是标准误

差，与实验条件有关，$\sigma=\lim\limits_{n\to\infty}\sqrt{\frac{1}{n}\sum\limits_{n=1}^{n}\delta_i^2}$。$\delta$ 小，σ 就小，$f(\delta)$ 曲线就“尖”，即实验就精确。随机误差出现在 $(-\sigma,+\sigma)$ 和 $(-3\sigma,+3\sigma)$ 之间的概率分别为

$$P(\sigma)=\int_{-\sigma}^{\sigma}f(\delta)\mathrm{d}\delta=68.3\% \tag{1-1-4}$$

$$P(3\sigma)=\int_{-3\sigma}^{3\sigma}f(\delta)\mathrm{d}\delta=99.7\% \tag{1-1-5}$$

式(1－1－4)和式(1－1－5)分别表示大多数(68.3%)的随机误差出现在 $(-\sigma,+\sigma)$ 之间，绝大多数(99.7%)的随机误差出现在 $(-3\sigma,+3\sigma)$ 之间。大于 3σ 的误差极不正常，可以认为不是随机误差而是过失误差，可以剔除。

3. 过失误差(粗大误差)

在测量中有可能会出现错误，如读数错误、记录错误、操作错误和估算错误等，其结果引起的误差称为过失误差。这是由于测量者在观察、测量、记录和整理数据的过程中缺乏经验，粗心大意、疲劳等原因造成的。这种误差是人为的，应该避免。在测量中如果出现异常数据，往往是由过失而引起的，要注意剔除。

1.1.4　正确度、精密度与准确度(精确度)

正确度、精密度和准确度是评估测量结果好坏的 3 个术语，分别用来反映系统误差、随机误差和综合误差的大小。

测量结果的正确度是指测量值与真值的接近程度。正确度高，说明测量值的平均值接近真值的程度好，即系统误差小。

测量结果的精密度是指重复测量的结果相互接近的程度。精密度高，说明重复性好，各次测量误差的分布密集，即随机误差小。

测量结果的准确度是用来综合测量结果的重复性和接近真值的程度。准确度高，说明精密度和正确度都高，即测量的系统误差和随机误差都比较小。

下面以如图 1－1－2 所示的打靶结果为例，说明三者的意义和区别。图(a)弹着点比较集中，但都偏离靶心，表示精密度较高而正确度不高；图(b)虽然弹着点比较分散，但平均值较接近中心，表示正确度较高而精密度不高；图(c)表示精密度和正确度均较好，即准确度较高。

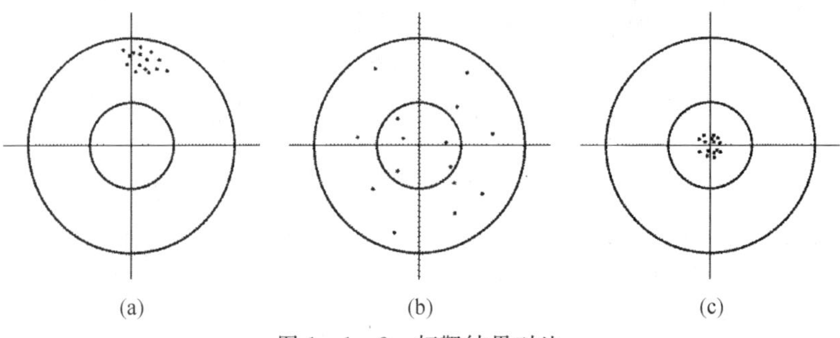

图 1－1－2　打靶结果对比

实验中要求尽可能消除或减少系统误差，误差计算主要是估算随机误差，也就是涉及测量的精密度。测量的精密度除了与测量者的技术有关，还与所用的仪器好坏有直接关系。仪器的等级

或最小刻度决定了测量的精密度，所以往往把仪器的最小刻度称为仪器的精密度，简称精度。

用同一个仪器在相同条件下对某一物理量进行多次重复测量时，没有理由认为某一次测量比其他测量更精确。因此，可以说这些测量具有相同的精度，称为等精度测量；反之，用不同仪器或者在不同条件下对某一物理量进行测量是不等精度的测量。实验中多次重复测量时应尽量保持等精度测量。

1.1.5　绝对误差和相对误差

测量误差可以是正的，也可以是负的。需要重点考虑误差的大小，即绝对值。误差的绝对值称为绝对误差，用 Δx 表示

$$\Delta x = |x - X| \tag{1-1-6}$$

通常被测物理量的真值不可能确切获知，只能通过多次测量得到其算术平均值。讨论的误差实际上是指偏差。偏差的绝对值习惯上也称为绝对误差，用 Δx 表示，即

$$\Delta x = |x - \overline{x}| \tag{1-1-7}$$

$\pm \Delta x$ 表示测量结果 x 与真值 X 的相差范围。真值可能比测量值大，也可能比测量值小，其范围为 $x - \Delta x \leqslant X \leqslant x + \Delta x$，可简写为

$$X = x \pm \Delta x \tag{1-1-8}$$

仅仅根据绝对误差的大小难以评价一个测量结果的优劣程度，还要看测量值本身的大小，为此引入相对误差的概念。相对误差 $E = \dfrac{\Delta x}{X} \approx \dfrac{\Delta x}{x}$ 表示绝对误差在整个物理量中所占的比例，一般用百分数来表示，即

$$E = \frac{\Delta x}{x} \times 100\% \tag{1-1-9}$$

例如，测量一个长度得 1 000 m，绝对误差为 1 m；测量另一个长度得 100 cm，绝对误差为 1 cm。前者的绝对误差为后者的 100 倍，但前者的相对误差只有 0.1%，而后者的相对误差为 1%，显然前者的测量比后者更为精确。

对于多次测量，式(1-1-9)中分母上的 x 可用测量平均值 $\overline{x}$ 代替。

如果待测量有公认值或理论值，也可用公认值来计算误差。

$$\text{绝对误差：}\Delta x = |x - x_{\text{公}}| \tag{1-1-10}$$

$$\text{相对误差：}E = \frac{|x - x_{\text{公}}|}{x_{\text{公}}} \times 100\% \tag{1-1-11}$$

1.1.6　测量结果表示的标准形式

由于误差的存在，任何测量值 x 都只能在一定近似程度上表示待测量 X 的大小，而误差范围大致说明了这种近似程度。完整的测量结果不仅要说明所得数值 x 及其单位，还必须同时说明相应的误差，用以下标准形式来表示

$$X = x \pm \Delta x\ (\text{单位}) \tag{1-1-12}$$

$$E = \frac{\Delta x}{x} \times 100\% \tag{1-1-13}$$

不注明误差的测量结果在科学上是没有价值的。

1.2 误差估算与不确定度

估算误差的方法很多，在不同场合可以采用不同方法进行估算。在下面的讨论中假定系统误差和过失误差已消除或修正，只对随机误差进行估算。

1.2.1 直接测量结果的误差估算

1. 单次测量的误差估算

由于条件限制不能重复测量或者要求不高不需精确测量时，可以只进行单次测量。其误差应根据仪器的精度、测量的条件等具体因素来决定。一般，对刻度比较容易分辨的读数装置可以用仪器最小分刻度的一半或仪器的性能指标（仪器等级、感量、精度等）作为仪器误差（最大可能绝对误差）。例如，使用最小刻度为 1 mm 的米尺测量长度，仪器误差可取 0.5 mm；用感量为 0.02 g 的天平称物体质量，其仪器误差可取 0.01 g。单次测量时就用仪器误差代表测量误差，记作 $\Delta_{仪}$，测量值为 x，结果表示为

$$X = x \pm \Delta_{仪}, E = \frac{\Delta_{仪}}{x} \times 100\% \tag{1-2-1}$$

如果被测物理量有公认值，式(1-2-1)可用公认值作为真值计算误差。

2. 多次测量的误差估算

为了减小随机误差的影响，应当尽可能采用多次测量，将各次测量结果的算术平均值作为测量结果。如 $x_1, x_2, \cdots, x_n$ 是对物理量 X 进行的 n 次测量的结果，则最后结果为

$$\overline{x} = \frac{1}{n}(x_1 + x_2 + \cdots + x_n) = \frac{1}{n}\sum_{i=1}^{n} x_i \tag{1-2-2}$$

多次测量绝对误差通用而且规范的表示方法是用标准误差（偏差）来表述，简便一些也可以用平均误差（偏差）来表示。

对于每一次测量而言，绝对误差为

$$\Delta x_1 = |x_1 - \overline{x}|, \Delta x_2 = |x_2 - \overline{x}|, \cdots, \Delta x_n = |x_n - \overline{x}|$$

其平均误差为

$$\overline{\Delta x} = \frac{\Delta x_1 + \Delta x_2 + \cdots + \Delta x_n}{n} = \frac{1}{n}\sum_{i=1}^{n} \Delta x_i \tag{1-2-3}$$

根据误差理论，在一组测量数据中，任一次测量的误差出现在$(-\overline{\Delta x}, +\overline{\Delta x})$之间的概率为 57.5%。测量结果可表述为

$$X = \overline{x} \pm \overline{\Delta x}\ (\text{单位}), E = \frac{\overline{\Delta x}}{\overline{x}} \times 100\%$$

对于 n 次测量中某一次测量值的标准误差为

$$\sigma_x = \sqrt{\frac{1}{n-1}\sum_{i=1}^{n}(x_i - \overline{x})^2} = \sqrt{\frac{1}{n-1}\sum_{i=1}^{n}(\Delta x_i)^2} \tag{1-2-4}$$

它的物理意义是：在一组测量数据中，如果随机误差服从正态分布，任意一个测量值的误差落在 $(-\sigma_x, +\sigma_x)$ 的概率为 68.3%，它反映了一组测量值的精密程度。

对一物理量测量 n_1 次,可求得平均值,若再测量 n_2 次,所得平均值一般不会相同,也就是说,平均值会存在误差。由误差理论可以导出,n 次测量结果平均值 $\overline{x}$ 的标准误差为

$$\sigma_{\overline{x}}=\frac{\sigma_x}{\sqrt{n}}=\sqrt{\frac{1}{n(n-1)}\sum_{i=1}^{n}(x_i-\overline{x})^2} \tag{1-2-5}$$

式(1-2-5)表示在 $(\overline{x}-\sigma_{\overline{x}},\overline{x}+\sigma_{\overline{x}})$ 内,包含真值的概率为68.3%,它反映了平均值 $\overline{x}$ 接近真值的程度。

测量结果的标准形式为

$$X=\overline{x}\pm\sigma_{\overline{x}}\text{(单位)},\ E=\frac{\sigma_{\overline{x}}}{\overline{x}}\times100\%$$

采用标准误差时,测量次数 n 不宜过少,一般取6～10次。目前国内外的科学论文普遍采用标准误差。函数式袖珍计算器都有标准误差的计算功能,可直接进行标准误差的计算。不过,在利用计算器进行标准误差计算时,应先查计算器的使用说明书,了解哪一个键用于计算 σ_x,并注意 $\sigma_{\overline{x}}=\frac{\sigma_x}{\sqrt{n}}$。

误差理论说明,在一组测量中,任一测量值误差落在 $(-3\sigma_x,+3\sigma_x)$ 范围内的概率为99.7%。即绝对误差大于 $3\sigma_x$ 的概率仅0.3%,所以把 $3\sigma_x$ 称为极限误差。一般认为,不会出现大于 $3\sigma_x$ 的误差。如果出现,很可能是过失造成的,应分析原因,并把这些数据剔除。

多次测量的实验数据处理,可按如下步骤进行:先求算术平均值 $\overline{x}$,再计算标准误差 σ_x 或平均误差 $\overline{\Delta x}$(如果发现数据中有误差大于 $3\sigma_x$ 的应剔除,然后重新计算 $\overline{x}$ 和 σ_x),最后计算平均值的标准误差 $\sigma_{\overline{x}}$ 和相对误差 E。

【例1-2-1】 测量某一长度11次,测量值(单位:cm)分别为10.81, 10.84, 10.85, 10.79, 10.83, 10.79, 10.77, 10.86, 10.76, 10.77, 10.84。求测量结果的标准误差和相对误差,并写出结果的标准形式。

解: 平均值 $\overline{x}=(10.81\ \text{cm}+10.84\ \text{cm}+\cdots+10.84\ \text{cm})/11=10.81\ \text{cm}$

测量值的绝对误差为 $\Delta x_i=|x_i-\overline{x}|$(单位:cm),分别等于0.00, 0.03, 0.04, 0.02, 0.02, 0.02, 0.04, 0.05, 0.05, 0.04, 0.03。

标准误差为

$$\sigma_x=\sqrt{\frac{1}{n-1}\sum_{i=1}^{n}(\Delta x_i)^2}=0.037\ \text{cm}$$

$3\sigma_x=0.11\ \text{cm}$。经检查,各次测量的绝对误差均小于 $3\sigma_x$,故各测量值均有效。

平均值的标准误差为

$$\sigma_{\overline{x}}=\frac{\sigma_x}{\sqrt{n}}=\frac{0.037\ \text{cm}}{\sqrt{11}}=0.011\ \text{cm}\approx0.02\ \text{cm}$$

相对误差为

$$E=\frac{0.02\ \text{cm}}{10.81\ \text{cm}}=0.00185\approx0.2\ \%$$

测量结果为

$$x=(10.81\pm0.02)\ \text{cm},\ E=0.2\ \%$$

注意：由于误差只是一个估算值，因此，绝对误差只取一位非零数，为充分估计误差，取数时用进位法，如 0.011 进位写成 0.02；而相对误差保留 1～2 位。测量结果 x 的最后一位数应与 $\sigma_{\bar{x}}$ 末位对齐，如 10.81 中的最后一位“1”与 0.02 中的“2”对齐。

1.2.2 间接测量结果的误差估算

有许多物理量不能直接测量，而要将若干直接测量量通过函数运算间接得到。这样会将直接测量的误差传递给间接测量量。由各直接测量误差估算间接测量误差的数学公式称为误差传递公式，通常有两种方法估算间接测量的误差。

1. 平均误差(偏差)的传递公式

设间接测量量 N 与各自独立的直接测量量 $x, y, \cdots, u$ 有如下函数关系

$$N = f(x, y, \cdots, u) \tag{1-2-6}$$

设直接测量值的绝对误差分别为 $\Delta x, \Delta y, \cdots, \Delta u$，而 ΔN 是由此引起的间接测量值 N 的平均误差。ΔN 的计算公式可由对 N 的全微分推导得到

$$\mathrm{d}N = \frac{\partial f}{\partial x}\mathrm{d}x + \frac{\partial f}{\partial y}\mathrm{d}y + \cdots + \frac{\partial f}{\partial u}\mathrm{d}u$$

由于 $\Delta x, \Delta y, \cdots, \Delta u$ 相对于 $x, y, \cdots, u$ 是很小的量，故上式中的“d”可以用“Δ”代替，并将右边各项取绝对值相加，即得到平均误差的传递公式

$$\Delta N = \left|\frac{\partial f}{\partial x}\Delta x\right| + \left|\frac{\partial f}{\partial y}\Delta y\right| + \cdots + \left|\frac{\partial f}{\partial u}\Delta u\right| \tag{1-2-7}$$

同样，若是先对 $\ln N$ 求全微分，然后将微分符号“d”改成误差符号“Δ”，并将各项取绝对值，便得到相对误差的计算公式，即

$$\mathrm{d}\ln N = \frac{\mathrm{d}N}{N} = \frac{\partial \ln f}{\partial x}\mathrm{d}x + \frac{\partial \ln f}{\partial y}\mathrm{d}y + \cdots + \frac{\partial \ln f}{\partial u}\mathrm{d}u$$

$$E = \frac{\Delta N}{N} = \left|\frac{1}{f}\frac{\partial f}{\partial x}\Delta x\right| + \left|\frac{1}{f}\frac{\partial f}{\partial y}\Delta y\right| + \cdots + \left|\frac{1}{f}\frac{\partial f}{\partial u}\Delta u\right| \tag{1-2-8}$$

可见，间接量的绝对误差的计算是对函数求全微分，间接量的相对误差的计算是对函数的自然对数求全微分。

2. 标准误差(偏差)的传递公式

设各直接测量值的绝对误差分别为标准误差 $\sigma_x, \sigma_y, \cdots, \sigma_u$，而 σ_N 是间接测量值 N 的标准误差，可以证明，标准误差的传递公式为

$$\sigma_N = \sqrt{\left(\frac{\partial f}{\partial x}\sigma_x\right)^2 + \left(\frac{\partial f}{\partial y}\sigma_y\right)^2 + \cdots + \left(\frac{\partial f}{\partial u}\sigma_u\right)^2} \tag{1-2-9}$$

相对误差的传递公式为

$$E = \frac{\sigma_N}{N} = \sqrt{\left(\frac{\partial \ln f}{\partial x}\sigma_x\right)^2 + \left(\frac{\partial \ln f}{\partial y}\sigma_y\right)^2 + \cdots + \left(\frac{\partial \ln f}{\partial u}\sigma_u\right)^2} \tag{1-2-10}$$

若将式(1-2-9)、式(1-2-10)中的 $\sigma_x, \sigma_y, \cdots, \sigma_u$ 用 $\sigma_{\bar{x}}, \sigma_{\bar{y}}, \cdots, \sigma_{\bar{u}}$ 代替，则得到平均值 $\overline{N}$ 的标准误差 $\sigma_{\overline{N}}$ 的传递公式和相对误差的传递公式。表 1-2-1 给出了一些常用函数的误差传递公式。

表 1-2-1　常用函数的误差传递公式

数学运算关系式	平均误差 ΔN 的传递公式	标准误差 σ_N 的传递公式
$N=x+y$	$\lvert\Delta x\rvert+\lvert\Delta y\rvert$	$\sqrt{(\sigma_x)^2+(\sigma_y)^2}$
$N=x-y$	$\lvert\Delta x\rvert+\lvert\Delta y\rvert$	$\sqrt{(\sigma_x)^2+(\sigma_y)^2}$
$N=ax+by$	$\lvert a\Delta x\rvert+\lvert b\Delta y\rvert$	$\sqrt{(a\sigma_x)^2+(b\sigma_y)^2}$
$N=ax-by$	$\lvert a\Delta x\rvert+\lvert b\Delta y\rvert$	$\sqrt{(a\sigma_x)^2+(b\sigma_y)^2}$
$N=kxy$	$N\left(\left\lvert\frac{\Delta x}{x}\right\rvert+\left\lvert\frac{\Delta y}{y}\right\rvert\right)=N\cdot E$	$N\sqrt{\left(\frac{\sigma_x}{x}\right)^2+\left(\frac{\sigma_y}{y}\right)^2}=N\cdot E$
$N=k\frac{x}{y}$	$N\left(\left\lvert\frac{\Delta x}{x}\right\rvert+\left\lvert\frac{\Delta y}{y}\right\rvert\right)=N\cdot E$	$N\sqrt{\left(\frac{\sigma_x}{x}\right)^2+\left(\frac{\sigma_y}{y}\right)^2}=N\cdot E$
$N=kx^ay^b$	$N\left(\left\lvert a\frac{\Delta x}{x}\right\rvert+\left\lvert b\frac{\Delta y}{y}\right\rvert\right)=N\cdot E$	$N\sqrt{\left(a\frac{\sigma_x}{x}\right)^2+\left(b\frac{\sigma_y}{y}\right)^2}=N\cdot E$
$N=k\frac{x^a}{y^b}$	$N\left(\left\lvert a\frac{\Delta x}{x}\right\rvert+\left\lvert b\frac{\Delta y}{y}\right\rvert\right)=N\cdot E$	$N\sqrt{\left(a\frac{\sigma_x}{x}\right)^2+\left(b\frac{\sigma_y}{y}\right)^2}=N\cdot E$
$N=k\sqrt{x}$	$N\cdot\frac{1}{2}\left\lvert\frac{\Delta x}{x}\right\rvert=N\cdot E$	$N\cdot\frac{1}{2}\left\lvert\frac{\sigma_x}{x}\right\rvert=N\cdot E$
$N=\sin x$	$\lvert\cos x\cdot\Delta x\rvert$	$\lvert\cos x\cdot\sigma_x\rvert$
$N=\cos x$	$\lvert\sin x\cdot\Delta x\rvert$	$\lvert\sin x\cdot\sigma_x\rvert$
$N=\tan x$	$\lvert\sec^2 x\cdot\Delta x\rvert$	$\lvert\sec^2 x\cdot\sigma_x\rvert$
$N=\ln x$	$\frac{\Delta x}{x}$	$\frac{\sigma_x}{x}$
$N=ka^{bx}$	$\lvert N\cdot b\ln a\cdot\Delta x\rvert=N\cdot E$	$\lvert N\cdot b\ln a\rvert\cdot\sigma_x$

上表中，k、a、b 是常数，x、y 是被测独立量。从表中公式可看出，当函数是和、差关系时，可先求绝对误差 σ_x（或 ΔN），再求相对误差较为方便；当函数是乘、除关系时，则先求相对误差 E，再求绝对误差 $\sigma_N=N\cdot E$（或 $\Delta N=N\cdot E$）较为方便。

【例 1-2-2】 用游标卡尺对一圆柱体的外径和高度进行多次测量后得到外径 $\overline{D}=2.984\ \text{cm}$，$\sigma_{\overline{D}}=0.003\ \text{cm}$，高 $\overline{h}=4.023\ \text{cm}$，$\sigma_{\overline{h}}=0.002\ \text{cm}$。求圆柱的体积及其标准误差。

解：体积的平均值为

$$\overline{V}=\frac{\pi}{4}\overline{D}^2\cdot\overline{h}=\frac{3.1416}{4}\times(2.984\ \text{cm})^2\times4.023\ \text{cm}=28.13\ \text{cm}^3$$

由于函数关系为乘积型，求标准误差时，可先求相对误差 E，再求标准误差

$$E=\sqrt{\left(2\cdot\frac{\sigma_{\overline{D}}}{\overline{D}}\right)^2+\left(\frac{\sigma_{\overline{h}}}{\overline{h}}\right)^2}=\sqrt{\left(2\times\frac{0.003\ \text{cm}}{2.984\ \text{cm}}\right)^2+\left(\frac{0.002\ \text{cm}}{4.023\ \text{cm}}\right)^2}=0.21\ \%$$

$$\sigma_{\overline{V}}=\overline{V}\cdot E=28.13\ \text{cm}^3\times0.21\%=0.059\ \text{cm}^3\approx0.06\ \text{cm}^3$$

圆柱体体积的标准形式为

$$V=(28.13\pm0.06)\ \text{cm}^3,\ E=0.21\ \%$$

当然，也可以直接按传递公式(1-2-9)求标准误差

$$\sigma_{\overline{V}}=\sqrt{\left(\frac{\pi}{4}\cdot 2\cdot\overline{D}\cdot\overline{h}\cdot\sigma_{\overline{D}}\right)^2+\left(\frac{\pi}{4}\overline{D}^2\sigma_{\overline{h}}\right)^2}$$

$$=\sqrt{\left(\frac{3.1416}{2}\times 2.984\ \text{cm}\times 4.023\ \text{cm}\times 0.003\ \text{cm}\right)^2+\left(\frac{3.1416}{2}\times(2.984\ \text{cm})^2\times 0.002\ \text{cm}\right)^2}$$

$$=0.058\ \text{cm}^3$$

$$\approx 0.06\ \text{cm}^3$$

$$E=\frac{\sigma_{\overline{V}}}{\overline{V}}\times 100\%=\frac{0.0589\ \text{cm}^3}{28.13\ \text{cm}^3}\times 100\%=0.21\%$$

两种方法计算的结果是一致的。

1.2.3 不确定度

为了规范测量结果的表示，1980 年国际计量局提出了《实验不确定度的规定建议书 INC－1(1980)》。1993 年国际计量技术咨询工作组公布了《测量不确定度表示指南》。我国的计量技术规范《测量误差及数据处理(试行)》(1992 年 10 月 1 日施行)规定，测量结果用不确定度表示真值的范围。

不确定度是说明测量结果可靠程度的一个参数，表示由于测量误差的存在而对被测量值不能确定的程度，反映了可能存在的误差分布范围，是对被测量值的真值所处范围的评定。

将可修正的系统误差修正以后，其余的误差按其评定方法的不同分为 A、B 两类。可以用统计方法计算的为 A 类分量，其余不能用统计方法而用其他方法估算的为 B 类分量。总的不确定度 Δ 是 A、B 两类分量的合成，通常用平方和的方法合成，如

$$\Delta=\sqrt{\Delta_A^2+\Delta_B^2}$$

A 类分量常用标准误差表示，$\Delta_A\approx\sigma_{\overline{x}}$。B 类分量一般只考虑仪器误差 $\Delta_{仪}$，常用 $\Delta_{仪}$ 除以一个误差分布因子 $\sqrt{3}$ (均匀分布)，总的不确定度为

$$\Delta=\sqrt{\Delta_A^2+\left(\frac{\Delta_{仪}}{\sqrt{3}}\right)^2}\ (置信概率\ P=68.3\%) \qquad (1-2-11)$$

测量结果的标准形式为

$$X=\overline{x}\pm\Delta$$

【例 1－2－3】 用 50 分度的游标卡尺测圆柱体外径 10 次(单位：mm)：19.78，19.80，19.78，19.70，19.74，19.78，19.80，19.72，19.76，19.68，试用不确定度表示测量结果。

解：平均值 $\overline{D}=\frac{1}{n}\sum_{i=1}^{n}D_i=19.75\ \text{mm}$

不确定度 A 类分量：$\Delta_A=\sigma_{\overline{D}}=\sqrt{\frac{1}{n(n-1)}\sum_{i=1}^{n}(D_i-\overline{D})^2}=0.014\ \text{mm}$

不确定度 B 类分量：50 分度游标卡尺示值误差 $\Delta_{仪}=\pm 0.02\ \text{mm}$

总的不确度：$\Delta=\sqrt{\Delta_A^2+\Delta_B^2}=\sqrt{\Delta_A^2+\left(\frac{\Delta_{仪}}{\sqrt{3}}\right)^2}=\sqrt{(0.014\ \text{mm})^2+(0.012\ \text{mm})^2}\approx 0.02\ \text{mm}$

测量结果：$D=\overline{D}\pm\Delta=(19.75\pm0.02)\ \text{mm}$，$E=\dfrac{\Delta}{D}\times100\%=\dfrac{0.02\ \text{mm}}{19.75\ \text{mm}}\times100\%=0.1\%$

在间接测量中，同样存在不确定度的传递，其公式与标准误差的传递公式相似。当各直接测得量相互独立时，只要将误差传递公式中的 σ 换成 Δ 即可。

第 2 章　有效数字和实验数据处理方法

2.1　有效数字及其运算

2.1.1　有效数字及其性质

根据前述,任何测量不论是直接的还是间接的,所得的结果中不可避免地都具有一定误差。因此,当用数字表示这些实验结果时,必须把误差的概念与它联系起来。例如,用最小刻度为毫米的尺进行长度测量(见图 2-1-1),结果为 3.72 cm。其中"3"和"7"两个数字是准确的;而最后的一个"2"由估计得来,是欠准的,它有一定误差,但它还是在一定程度上反映了客观实际,因此它也是有效的。我们把测量结果中可靠的几位数字加上最后一位欠准的数字统称为有效数字,即有效数字由准确数字和一位欠准的数字构成。有效数字的位数,除准确数字的位数外,还包括一位欠准数字。如 3.72 就是一个具有 3 位有效数字的数。

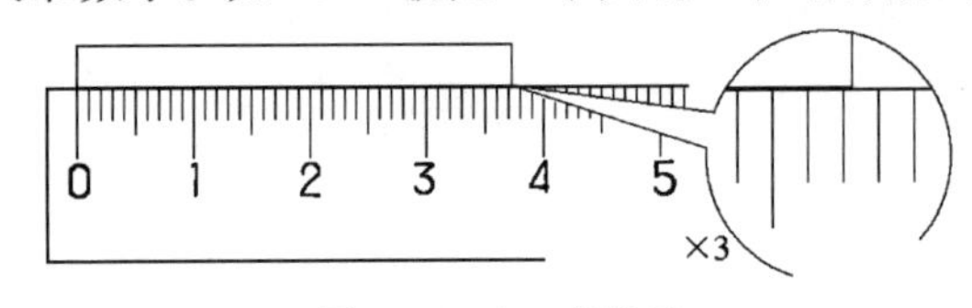

图 2-1-1　毫米尺

有效数字既表示了测量结果的量值,又反映了误差的大小。事实上,有效数字的最后一位(欠准数)必定与误差所在位一致,与绝对误差相对应。测量值有效数字的位数反映了相对误差的大小,有效数字越多,相对误差就越小。具有 2～3 位有效数字的量,相对误差只能在百分之几;具有 4 位有效数字的量,相对误差只有千分之几。

有效数字位数的多少不仅与被测对象本身的大小有关,而且与测量仪器的精度有关。例如,一物体长度用钢卷尺测得 3.72 cm,为 3 位有效数字;用游标卡尺测得 3.724 cm,为 4 位有效数字;用千分尺测得 3.723 6 cm,为 5 位有效数字。可见,仪器精度越高,对于同一被测对象,所得结果的有效数字位数就越多。

有效数字位数的多少还与测量方法有关。例如,用秒表(可读到 0.01 s)测单摆的周期,测得一个周期 $T=1.92$ s;如果连续测 100 个周期,得到 $100T=192.38$ s,则 $\overline{T}=1.923\,8$ s。可见,不同的测量方法,其结果的有效数字位数是不一样的。

在十进制中,有效数字位数与小数点的位置、单位换算无关。例如,3.70 cm, 0.037 0 m, 37.0 mm 三个数都是 3 位有效数字。"0"在数字中间或数字后面都是有效数字,不能省略,也不能随便添加。3.70 cm 和 3.700 cm 是不能等同的,因为误差不一样。非零数字前面的"0"不是有效数字,如 0.037 0 m,前面两个"0"不是有效数字。为了避免把"0"误认为有效数字,任何数值都可以用科学记数法表示为

$$K \times 10^n$$

式中，$1 \leqslant K < 10$，n 为整数，K 包含了所有的有效数字。

例如，1.40 m 有三位有效数字，如果用毫米作为单位，不能写成 1 400 mm，而应当写成 1.40×10^3 mm；如果用千米作单位，则应当写成 1.40×10^{-3} km。

2.1.2　直接测量的读数原则

直接测量的读数应反映出有效数字。一般情况下，仪器或量具的最小刻度决定了测量结果的有效数字位数，按十进制单位标记刻度的仪器，通常要估计到仪器最小刻度的十分之一。例如，用最小刻度为毫米的米尺测量长度时，可估读到 0.1 mm。用最小刻度为 1℃ 的温度计测量温度时，可估读到 0.1℃。当然，有时分刻度较窄或指针比较粗，难以估读到十分之一，这时可估读到五分之一或二分之一。有些仪器的最小刻度并不是物理量十进制单位的一个单位或者某单位的十分之一、百分之一等，而是某单位的二分之一，甚至四分之一、五分之一。这类仪器读数时，不要估读到最小刻度的十分之一，而只估读到单位的十分之一。例如，最小刻度为 1 V 的电压表，可估读到 0.1 V；最小刻度为 0.5 V、0.25 V 或 0.2 V 的电压表，也只能估读到 0.1 V，不要估读到百分位上。只有最小刻度为 0.1 V 的电表才能估读到 0.01 V。仪器最小刻度越细，仪器精度越高，测量误差就越小。

2.1.3　有效数字的运算法则

间接测量结果是由直接测量通过运算得到的，运算结果的有效数字该如何确定呢？由于绝对误差影响到有效数字的位数，严格地讲，应该根据误差计算来确定结果的有效数字的位数。但是在计算误差之前，可以根据有效数字的近似计算法则，确定其结果的有效数字位数。正确运用有效数字运算法则，既可以简化计算，又不会影响结果的精度。

有效数字的运算一般应遵守以下原则：准确数与准确数相运算，其结果是准确的；欠准数与准确数或欠准数之间的运算，其结果均为欠准数，但进位数一般视为准确数。下面通过几个例子予以说明。

1. 加减法

加减运算时，结果的最后一位保留到相加减的各数据中欠准位最大的那一位。

举例说明如下（数据欠准数下加横线）：

$$\begin{array}{r} 25.42\underline{4} \\ 31.43\underline{5} \\ +\ \ 6.\underline{5} \\ \hline 63.3\underline{5}\underline{9} \end{array} \qquad \begin{array}{r} 85.42\underline{4} \\ 31.43\underline{5} \\ +\ \ 6.\underline{5} \\ \hline 123.3\underline{5}\underline{9} \end{array} \qquad \begin{array}{r} 22\underline{7} \\ -\ \ 13.84\underline{5} \\ \hline 21\underline{3}.15\underline{5} \end{array} \qquad \begin{array}{r} 22\underline{7} \\ -\ \ 213.84\underline{5} \\ \hline 1\underline{3}.15\underline{5} \end{array}$$

记作 $63.\underline{4}$　　记作 $123.\underline{4}$　　记作 $21\underline{3}$　　记作 $1\underline{3}$

2. 乘除法

乘除运算时，结果的有效数字位数与相乘除的各数据中有效数字最少的相同。但是，首位数的运算会导致有效数字的位数额外增加或减少，应当根据竖式运算来判断，不能机械地数有效数字的位数。

举例说明如下(数据欠准数下加横线)：

$$\begin{array}{r} 1.42\underline{6} \\ \times\quad 0.2\underline{4} \\ \hline 570\underline{4} \\ 285\underline{2} \\ \hline 0.34\underline{224} \end{array} \qquad \begin{array}{r} 8.42\underline{6} \\ \times\quad 0.2\underline{4} \\ \hline 3370\underline{4} \\ 1685\underline{2} \\ \hline 2.02\underline{224} \end{array} \qquad \begin{array}{r} 3\underline{0}.\underline{9} \\ 0.3\underline{4}\,\overline{)\,10.52\underline{2}} \\ 10\;\underline{2} \\ \hline \underline{32} \\ \underline{00} \\ \hline \underline{322} \\ \underline{306} \\ \hline \underline{16} \end{array}$$

第一步运算的余数 $\underline{3}2$ 的最大位 $\underline{3}$ 是欠准位，与 $3\underline{0}.\underline{9}$ 中的个位 $\underline{0}$ 对应，所以，$3\underline{0}.\underline{9}$ 中的个数 $\underline{0}$ 是欠准位，计算到十分位的 $\underline{9}$，四舍王入，记作 $3\underline{1}$。

记作：$0.3\underline{4}$　　　　记作 $2.0\underline{2}$

3. 乘方和开方

乘方就是两个相同的数字相乘，而开方则类似于除法。所以，有效数字乘方和开方，其结果的有效数字位数应与乘除法相同。

例：$(12.0)^2=1.44\times10^2$，$\sqrt{169}=13.0$

注意：$12^2=1.4\times10^2\neq1.44\times10^2$，$\sqrt{169}=13.0\neq13$

4. 函数运算

严格地说，函数运算结果的有效数字位数必须由误差传递公式来计算；近似地说，函数运算结果的有效数字位数可以与自变量的有效数字位数相同，因为数有效数字的位数是半定性半定量的方法，不十分准确。

例如：$N=\ln x$，$x=3.45\pm0.01$，由计算器可得 $\ln3.45=1.23837$，根据误差计算

$$\sigma_N=\frac{\sigma_x}{x}=\frac{0.01}{3.45}=0.0029\approx0.003$$

误差在千分位，结果 N 保留到千分位，所以 $N=\ln3.45=1.238$。

又如：$N=\sin\theta$，$\theta=60°00\pm2'$，由计算器得 $\sin60°=0.8660254$，根据误差计算

$$\sigma_N=\cos\theta\cdot\sigma_\theta=\cos60°\times0.00058=0.5\times0.00058=0.0003\ (2'=0.00058\ \text{rad})$$

误差在万分位，结果保留到万分位，所以，$N=\sin60°00=0.8660$。

在上面的计算中，对数运算的有效数字位数不一致，主要原因是自变量 x 的相对误差只有千分之三左右。而在大多数的实验中，相对误差一般有百分之几，如果自变量 x 的相对误差为 2%，运算结果的有效数字位数也将是三位(请读者自己推导)。

5. 运算中用到的常数

π、e、$\sqrt{2}$ 等，其有效数字是无限的。

2.1.4 测量结果的表达

物理量的测量结果用“测量值(平均值)±绝对误差”表示，其有效数字的表达要前后协调。绝对误差一般只保留一位，也就是误差所在的那一位，测量值(平均值)的末位(欠准位)应该与它对齐，如 $D=(1.20\pm0.04)$ cm。有时会出现这样的情况，按运算法则求得的平均值的末位

与计算得到的误差位并不对齐，这就要做相应的调整。如果计算得到的绝对误差很小，则应该用进位法进到与平均值的末位对齐；如果得到的绝对误差较大，则要用四舍五入法把平均值调整到末位与误差位对齐。结果的相对误差一般保留 1～2 位非零数字。

例如：$L=1.24\ \text{cm}$，而 $\sigma_L=0.002\ \text{cm}$，结果表达为

$$L=(1.24\pm0.01)\ \text{cm},\ E=\frac{0.01\ \text{cm}}{1.24\ \text{cm}}\times100\%=0.81\%$$

如果 $L=1.24\ \text{cm}$，而 $\sigma_L=0.3\text{cm}$，则结果为

$$L=(1.2\pm0.3)\ \text{cm},\ E=\frac{0.3\ \text{cm}}{1.2\ \text{cm}}\times100\%=25\%$$

2.2　数据处理方法

实验必然要采集大量数据，需要对数据进行记录、整理、计算和分析，从而找出测量对象的内在规律，给出正确结论。因此，数据处理是实验工作不可缺少的一部分。

下面着重介绍实验数据处理常用的 4 种方法。

2.2.1　列表法

对一个物理量进行多次测量或者测量几个量之间的函数关系，往往借助列表法把实验数据列成表格。其优点是使大量数据表达得清晰醒目、条理化、易于检查数据和发现问题，避免差错，同时有助于反映出物理量之间的对应关系。

列表法没有统一的格式，但在设计表格时要求能充分反映上述优点，要注意以下几点：

(1)各栏目都要标明名称和单位；

(2)栏目的顺序应充分注意数据间的联系和计算顺序，力求简明、齐全、有条理；

(3)反映测量值函数关系的数据表格，应按自变量由小到大或由大到小的顺序排列。

2.2.2　作图法

曲线能够明显地表示出实验数据间的关系，并且通过曲线可以找出两个量之间的数学关系式。由于作图法简单、直观，因此画曲线作图是实验数据处理的重要方法之一。

1. 三种主要的曲线类型

(1)函数曲线。函数曲线表示在一定条件下，某一物理量与另一物理量之间的依赖关系。描绘的曲线是光滑曲线(直线或曲线)，这是物理实验中最常用的曲线。

(2)校准曲线。校准曲线是用来对仪表进行校准时使用的曲线。将被校准的仪表和作为标准的仪表进行比较，以被校准表的读数 I_x 作为横轴(x 轴)，标准表的读数与被校表的读数差 ΔI_x 作为纵轴(y 轴)进行绘图，如图 2-2-1 所示。一般情况，把两个相邻校准点以直线连接，所以校准曲线一般以折线表示。校准点间隔越小，其可靠程度就越好。校准曲线做好后，它将随被校仪表一起使用。被校仪表指示某一值，从校准曲线上就可以查出它的实际数值为 $I_x+\Delta I_x$。

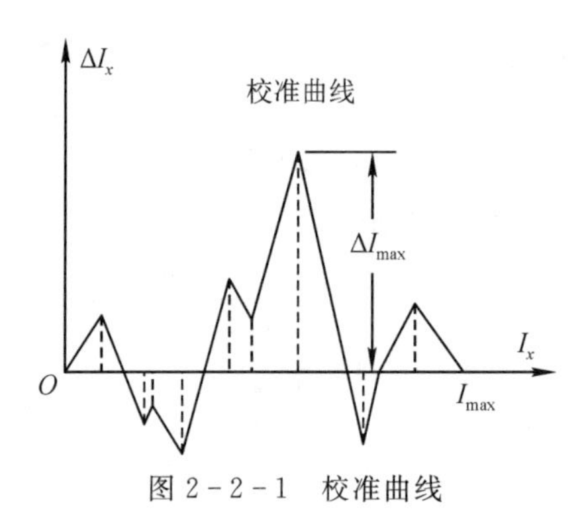

图 2-2-1　校准曲线

(3)定标曲线。定标曲线是一种计算用图,要求直接从图上找出所需的数值(间接测量值)。所以,这种曲线一定要严格按测量值的有效数字作图,不可随意扩大或缩小。

2. 作图方法与规则

作图一定要使用坐标纸。坐标纸有直角坐标纸(即毫米方格纸)、对数坐标纸、半对数坐标纸和极坐标纸等,应根据需要选用合适的坐标纸。在普通物理实验中,最常用的是直角坐标纸,下面以具体实例来说明作图规则。

【例 2-2-1】由实验测得铜丝在不同温度下的电阻值,数据见表 2-2-1。试画出铜丝的电阻 R 与温度 t 的关系曲线。

表 2-2-1　铜丝的电阻与温度的关系

电阻 R/Ω	13.48	14.08	14.63	15.11	15.61	16.20	16.77	17.21
温度 t/℃	14.2	25.0	36.7	45.1	54.8	66.0	75.1	85.0

解:作图的步骤如下(铜丝的电阻与温度关系曲线见图 2-2-2):

(1)选轴:作图时,必须以自变量作为横坐标(x 轴),以因变量作为纵坐标(y 轴)。要画出坐标轴的方向,在轴末端近旁注明坐标轴所代表的物理量的名称、相应的符号和单位。在本例题中,温度 t 为横轴,单位为摄氏度(℃),电阻值 R 为纵轴,单位为欧姆(Ω)。

(2)标注坐标分度:坐标轴分度值的选取应以不损失数据的有效数字为依据,即数据中的可靠数字在图上也应该是可靠的。所以,坐标轴上的最小分格代表的量不能大于数据中最后一位准确位对应的量。本例题中 t 数据的准确数的最后一位是个位,故在轴上可选取一小格代表 1 ℃;R 数据的准确数的最后一位是十分位,在纵轴上可取一小格代表 0.1 Ω。但这样会使曲线偏于横轴,为了使曲线尽可能位于中间(直线倾斜度在 45°左右),可以放大但不能缩小坐标轴。本例题实际取两小格代表 0.1 Ω,这样既满足了保持有效数字一致的要求,又能使曲线居中。如果坐标纸大小有限,可以酌情缩小。

坐标分度的比例要得当,以不用计算就能直接读出曲线上的每一点的坐标为宜。常用比例为 1∶1,1∶2,1∶5 系列(包括 1∶0.1,1∶10 等),切勿使用 1∶3,1∶7,1∶9 等复杂的比例关系。比例不当,不但绘图不便,而且读数也困难,容易出错。纵、横坐标比例可以不同,并且标度也不一定从零开始,以便充分利用图纸。本例题横轴从 0.0 开始标注分度,间隔为 10.0 ℃;纵轴从 12.0 Ω 开始标注,间隔为 1.0 Ω。

如果数据特别大或特别小,可以提出乘积因子,如 $\times 10^5$ 或 $\times 10^{-2}$ 等,写在坐标轴上标注的物理量单位前面。

(3)标实验点:实验数据点用×、+、⊕、▲等符号标出,符号的中心点或交点就是数据点的位置。若在同一张图上有几条实验曲线,各曲线的数据点应使用不同的符号标出。

(4)描绘曲线:多数情况下,物理量之间的关系在一定范围内是连续的,因此实验曲线应该是光滑连续的曲线或直线。作图时最好用透明的直尺、三角板、曲线板等,根据实验点的分布和趋势仔细描绘。曲线应尽可能通过大多数数据点。可以舍弃严重偏离曲线的点,没有在曲线上的点应均匀分布于曲线的两旁。本例题明显是一根直线,应该用直尺画。对于仪器仪表的校准曲线,绘图时应将相邻两点连成直线,整个曲线呈折线形状。

(5)注解和说明:应该在图纸上明显的位置写上简洁而完整的图名,必要时可在图纸上附加简单的说明(如实验条件、温度和压力等)。本例题为“铜丝的电阻与温度的关系”可简单标注为 R-t。

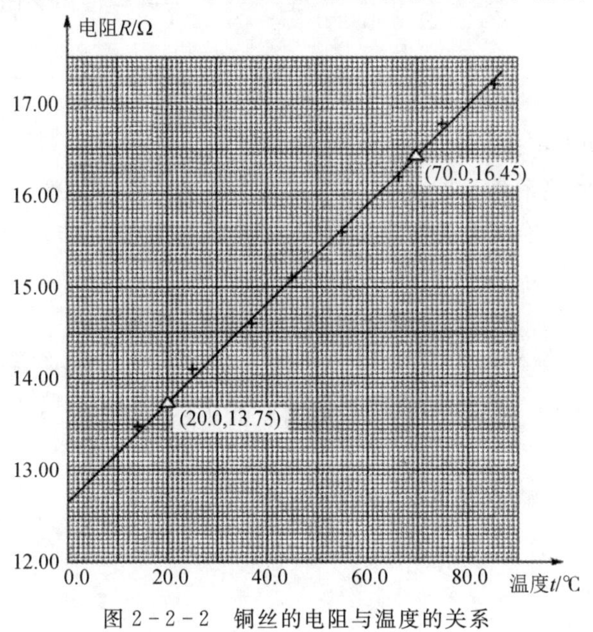

图 2-2-2　铜丝的电阻与温度的关系

3. 直线图解

根据曲线,可以进一步研究物理量之间的数量关系,求解一些有用的参数,这就是图解法。如果曲线是直线,可以求出斜率和截距,从而得出完整的直线方程。其步骤如下:

(1)选点。通常在直线两端附近适当选取两点 $A(x_1, y_1)$ 和 $B(x_2, y_2)$,这两点相距适当远些,一般不取实验数据点,自变量坐标可取整数值。用与实验数据不同的记号表示这两点,并在记号旁注明其坐标值。

(2)求斜率。设直线方程为 $y = a + bx$,将 A、B 两点坐标代入便可解出斜率 b,即

$$b = \frac{y_2 - y_1}{x_2 - x_1} \tag{2-2-1}$$

(3)求截距。若横坐标起点为零,则可将直线用虚线延长得到与纵坐标轴的交点,便可直接从图上读出截距;若起点不为零,则可用下式计算截距 a

$$a = \frac{x_2 y_1 - x_1 y_2}{x_2 - x_1} \tag{2-2-2}$$

根据曲线，还可以直接读出某一变量对应的另一变量的值，这种方法叫内插法。求得直线方程 $y=a+bx$ 后，用 x 的值代入计算也可得 y 的值。

【例 2-2-2】 求上例中铜丝电阻的温度系数和经验公式以及 $t=40.0$ ℃时的电阻值。

解：设经验公式为直线方程

$$R=R_0(1+at)$$

式中，R_0 为 0 ℃时的电阻值；a 为铜丝电阻的温度系数。在直线上取两点(20.0，13.75)，(70.0，16.45)，根据式(2-2-1)和式(2-2-2)分别得

$$R_0=\frac{t_2R_1-t_1R_2}{t_2-t_1}=\frac{70.0\ ℃\times 13.75\ \Omega-20.0\ ℃\times 16.45\ \Omega}{70.0\ ℃-20.0\ ℃}=12.67\ \Omega$$

$$a=\frac{\Delta R}{R_0\cdot\Delta t}=\frac{16.45\ \Omega-13.75\ \Omega}{12.67\ \Omega\times(70.0\ ℃-20.0\ ℃)}=4.26\times 10^{-3}\ 1/℃$$

故经验公式为

$$R=12.67\times(1+4.26\times 10^{-3}t)$$

当 $t=40.0$ ℃时，从图上可读出 $R=14.83\ \Omega$。

许多物理量之间的关系并不是线性的，非线性关系的曲线较难得出解析关系式，但是有些函数关系可以经过适当变换成为线性关系，从而使曲线变为直线，方便研究。

例如：$y=ax^b$，式中 a，b 为常量。两边取对数，得

$$\lg y=\lg a+b\lg x$$

以 $\lg x$ 为横坐标，$\lg y$ 为纵坐标作图，可得一条直线，其截距为 $\lg a$，斜率为 b。

又如：$s=v_0t+\frac{1}{2}at^2$，式中 v_0 和 a 为常量。两边除以 t 得 $\frac{s}{t}=v_0+\frac{1}{2}at$，作 $\frac{s}{t}-t$ 图，可得直线，其斜率为 $\frac{1}{2}a$，截距为 v_0。

2.2.3 逐差法

逐差法是实验中常用的一种数据处理方法。根据误差知识，算术平均值是待测量的最佳值，故在实验中应进行多次测量。但在有的实验中，如果简单地取各次测量值的平均值，并不能得到好的结果。例如，用光杠杆法测量金属丝的伸长量，每次增加的重量为 1 kg，连续增加 7 次，共得 8 个标尺像的读数，分别为 $S_1, S_2, \cdots, S_8$。如果将它们依次相减，相应的差 $N_i=S_{i+1}-S_i$，每增加 1 kg 砝码，读数变化的算术平均值为

$$\overline{N}=\frac{(S_2-S_1)+(S_3-S_2)+\cdots+(S_8-S_7)}{7}=\frac{1}{7}(S_8-S_1)$$

从上式计算过程中可见，$\overline{N}$ 实际上只用了始、末两个数据 S_1 和 S_8，其他数据在计算过程中互相抵消了。因此，这样处理不能充分利用测量数据，只要 S_8 和 S_1 读数有偏差，尽管其他数据读得都很准，其结果仍会带来较大的随机误差。

如果将测得的 8 个数据分为前后两组 $S_1\sim S_4$ 和 $S_5\sim S_8$，然后按组对应相减，可得到每增加 4 kg 时的读数差

$$N_i=S_{i+4}-S_i$$

每增加 1 kg 砝码的平均读数差 $\overline{N}$ 为

$$\overline{N}=\frac{N_1+N_2+N_3+N_4}{4}\div 4=\frac{(S_8+S_7+S_6+S_5)-(S_4+S_3+S_2+S_1)}{4}\div 4$$

可见,用逐差法求平均值,不仅可以充分利用数据,保持多次测量的优点,还可减少相对误差。在简谐振动实验里用受力拉伸法测定弹簧的劲度系数,在牛顿环实验里,计算环的直径都是用逐差法处理实验数据的。

2.2.4　最小二乘法与直线拟合

用图解法处理数据虽然有许多优点,但它是一种粗略的数据处理方法,因为它不是建立在严格的统计理论基础上的数据处理方法。在作图纸上人工拟合直线(或曲线)时,有一定的主观随意性。不同的人用同一组测量数据作图可以得出不同的结果,因而人工拟合的直线往往不是最佳的,所以用图解法处理数据一般不求误差。

由一组实验数据找出一条最佳的拟合直线(或曲线)常用的方法是最小二乘法,所得的变量之间的相关函数关系称为回归方程,所以最小二乘法线性拟合又称最小二乘法线性回归。这里我们仅讨论用最小二乘法进行一元线性拟合的问题。

最小二乘法原理是:若能找到一条最佳的拟合直线,那么这条拟合直线上各相应点的值与测量值之差的平方和在所有拟合直线中是最小的。

假设研究的两个变量 x 与 y 之间存在着线性关系,回归方程的形式为

$$y=a+bx \tag{2-2-3}$$

这是一条直线方程。如果这条直线反映了一组数据 $x_i,y_i(i=1,2\cdots)$ 的对应规律,要解决的问题是:怎样根据这组数据来确定方程中的系数 a 和 b。

我们讨论最简单的情况,即每个测量值都是等精度的,而且假定 x_i,y_i 中只有 y_i 有明显的测量随机误差。如果 x_i,y_i 均有误差,只要将相对而言误差较小的变量作为 x 即可。由于存在误差,实际上实验点是不可能完全落在所拟合的直线上的。对于某一实验点 x_i,y_i,可以把直线上的点 $(x_i,a+bx_i)$ 作为真值,于是 y_i 的偏差为 $y_i-(a+bx_i)$。设 S 为偏差的平方和,则有

$$S=\sum_{i=1}^{n}(y_i-a-bx_i)^2 \tag{2-2-4}$$

根据最小二乘法原理,偏差的平方和应最小,即 S 为最小值。式(2-2-4)中,x_i、y_i 都是已测定的数据点,不是变量,可以变动的是 a 和 b,即 S 是 a 和 b 的函数。当 S 取最小值时,必定满足 $\frac{\partial S}{\partial a}=0$,$\frac{\partial S}{\partial b}=0$,且二阶导数大于零。于是得到如下两个方程

$$-2\sum_{i=1}^{n}(y_i-a-bx_i)=0$$

$$-2\sum_{i=1}^{n}(y_i-a-bx_i)x_i=0$$

设 $\overline{x}=\frac{1}{n}\sum_{i=1}^{n}x_i$,$\overline{y}=\frac{1}{n}\sum_{i=1}^{n}y_i$,$\overline{x^2}=\frac{1}{n}\sum_{i=1}^{n}x_i^2$,$\overline{xy}=\frac{1}{n}\sum_{i=1}^{n}x_iy_i$,将上面两个方程整理得

$$a+b\overline{x}=\overline{y}$$

$$a\overline{x}+b\overline{x^2}=\overline{xy}$$

联合求解 a 和 b 得

$$a = \overline{y} - b\overline{x} \tag{2-2-5}$$

$$b = \frac{\overline{xy} - \overline{x} \cdot \overline{y}}{\overline{x^2} - \overline{x}^2} \tag{2-2-6}$$

可以证明，S 对于 a，b 的二阶导数大于 0，即由上式给出的 a 和 b 对应的 S 是最小值。于是，就得到了最佳的拟合直线 $y = a + bx$ 。

如果两个物理量之间的函数关系的线性关系尚不明确，就应该判断一下用线性回归方程是否恰当。理论上可以用相关系数 r 来判断：

$$r = \frac{\overline{xy} - \overline{x} \cdot \overline{y}}{\sqrt{(\overline{x^2} - \overline{x}^2)(\overline{y^2} - \overline{y}^2)}} \tag{2-2-7}$$

相关系数 r 的大小表示线性相关程度的好坏，r 值在 1 到 -1 之间。若 $|r| = 1$，说明变量 x 与 y 完全线性相关，拟合直线可通过所有实验点；$|r|$ 越接近 1，线性关系就越好。在物理实验中，一般求得的 $|r| \geqslant 0.9$，便可认为两个物理量之间有较密切的线性关系，可以用最小二乘法求拟合直线方程。

用手工计算来进行直线拟合很麻烦，不少袖珍函数计算器都有线性回归计算功能，只要正确输入数据，立即可求出线性方程的系数 a 和 b，并且可求出相关系数 r，具体方法可仔细阅读计算器的使用说明书。

习题 2

1. 写出图 2-2-3 中(a)到(f)各图中的测量值，设图中最小刻度的一半为最大可能绝对误差，试把测量值写成 $N = x \pm \Delta x$ 的形式。

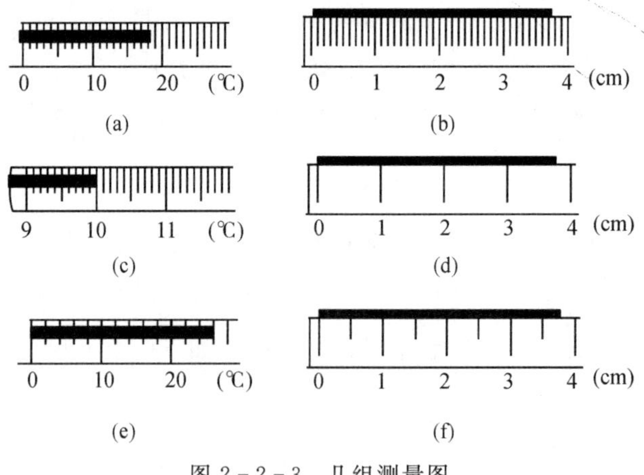

图 2-2-3　几组测量图

序号	最小刻度	最大可能误差	$N = x \pm \Delta x$
(a)			
(b)			
(c)			
(d)			

续表

序号	最小刻度	最大可能误差	$N = x \pm \Delta x$
(e)			
(f)			

2. 指出下列各测量量有几位有效数字。

(1) $L = 0.120$ mm　　(　　　　)

(2) $T = 1.004$ s　　(　　　　)

(3) $m = 4.5 \times 10^{-4}$ kg　　(　　　　)

(4) $g = 979.44$ cm · s^{-2}　　(　　　　)

3. 按有效数字运算法则计算。

(1) $54.4320 + 5.8 =$

(2) $2042 - 1.20 =$

(3) $5.21 \times 0.0039 =$

(4) $543.4 \div 0.100 =$

(5) $400 \times 1500 \div (12.60 - 11.6) =$

(6) $\pi \times (4.0)^2 =$

4. 将下列式中错误或不当之处改正过来。

(1) $L = 115$ cm $= 1150$ mm;

(2) $d = (14.8 \pm 0.32)$ cm;

(3) $T = (50.70 \pm 0.2)$ s;

(4) $\alpha = (1.71 \times 10^{-5} \pm 6.31 \times 10^{-7})$ ℃$^{-1}$。

5. 用科学记数法写出下列测量结果。

(1) $x = (17000 \pm 0.1 \times 10^4)$ km $=$

(2) $T = (0.001730 \pm 0.00005)$ s $=$

6. 测一单摆的周期(单位:s),每次连续测 50 个周期的时间值为 100.6,100.9,100.8,101.2,100.4,100.2,求一个周期的算术平均值、平均绝对误差、相对误差,并把周期写成 $T = \overline{T} \pm \overline{\Delta T}$ 的形式。

7. 测量某物体长度(单位:cm) 6 次,数值为 12.41,12.40,12.43,12.41,12.42,12.42,试求长度的标准误差(偏差)、相对误差,并把结果写成 $L = \overline{L} \pm \sigma_{\overline{L}}$ 的形式。

8. 测得一铜块的长、宽、高分别为:$a = (2.0004 \pm 0.0004)$ cm,$b = (1.4992 \pm 0.0001)$ cm,$c = (1.2035 \pm 0.0003)$ cm,质量为 $m = (30.28 \pm 0.02)$ g,试求:

(1)根据铜块密度公式 $\rho = \dfrac{m}{abc}$,导出 ρ 的标准误差(偏差)的传递公式。

(2)计算铜块密度、标准误差(偏差)、相对误差,并把密度的测量结果写成 $\rho = \overline{\rho} \pm \sigma_{\overline{\rho}}$ 的形式。

9. 用 0～25 mm 级的(其示值误差为 0.004 mm)螺旋测微计(千分尺)测一圆杆直径 10 次(单位:mm)得:8.401,8.407,8.403,8.412,8.401,8.408,8.407,8.402,8.410,8.405。试用不确定度表示测量结果。

10. 已知一质点做匀加速直线运动,在不同时刻测得质点的运动速度如下:

时间 t/s	1.00	2.50	4.00	5.50	7.00	8.50	9.50
速度 v/(cm·s^{-1})	27.85	29.90	31.85	33.95	35.90	37.95	39.30

在坐标纸中作 $v-t$ 曲线,并由曲线求:

(1)初速度 v_0;

(2)加速度 a;

(3)在时刻 $t=6.25$ s时质点的运动速度;

(4)用最小二乘法线性拟合 $v-t$ 曲线,并与作图法求出的结果进行比较。

第3章 物理实验的基本测量方法

3.1 物理仪器的基本测量方法

任何物理实验都离不开物理量的测量。待测物理量的内容非常广泛，包括运动学量、力学量、热学量、电磁学量和光学量等。物理测量研究如何选择实验仪器，如何进行数据采集，通过何种手段将误差减小，或者采用何种方法把不可测的量转化为可测的量。一般来讲，物理实验包含5个环节：①确定测量对象与要求；②研究、比较和选择实验原理与方法；③合理选择实验仪器或装置；④通过比较、交换等测量方法进行测量；⑤分析与处理实验数据。

测量的精度与测量方法和测量手段密切相关。同一物理量，在测量值的范围不同、测量方法不同时，即使在同一范围内，精度要求也可能不同，可能存在多种测量方法，选用何种方法要看待测物理量在哪个范围和对测量精度的要求。如长度的测量，小到微观粒子、大到宇宙深处，我们可根据不同要求分别选用电子显微镜、扫描隧道显微镜、激光干涉仪、光学显微镜、螺旋测微计、游标卡尺、直尺、射电望远镜等不同的测量工具和方法。随着科学技术的不断发展，测量方法越来越丰富，可以测量的物理量也越来越广泛。

测量方法的分类有多种。按被测量取得的方法来划分，有直接测量法、间接测量法和组合测量法；按测量过程是否随时间变化，可分为静态测量法和动态测量法；按测量数据是否通过对基本量的测量而得到，可分为绝对测量和相对测量；按测量技术，可分为比较法、平衡法、放大法、模拟法、干涉法和转换法等。本章概括介绍按测量技术分类的几种方法。

3.1.1 比较法

比较法是物理测量中最普遍、最基本、最常用的测量方法，分为直接比较法和间接比较法。

1. 直接比较法

将被测量与已知的同类物理量或标准量直接进行比较，测出其大小的测量方法称为直接比较法。直接比较法使用的测量仪表通常是直读指示式仪表，所测量的物理量一般为基本量。例如，用米尺、卷尺、游标卡尺或螺旋测微计等测量长度；用秒表、激光计时器、数字毫秒计等测量时间；用量杯、量筒测量液体体积；用等臂天平、数字电子秤等测量质量；用伏特表、万用电表等测量电压。仪表刻度预先用标准量仪进行分度和校准，在测量过程中，指示标记的位移，在标尺上相应的刻度值就表示出被测量的大小。对测量人员来说，除了将其指示值乘以测量仪器的常数或倍率外，无须做附加操作或计算。

直接比较法具有以下特点：

(1)同量纲：被测量与标准量的量纲相同；

(2)同时性：被测量与标准量是同时发生的，没有时间的超前或滞后；

(3)直接可比：被测量与标准量直接比较而得到被测量的值。

直接比较法的测量不确定度受测量仪器或量具自身测量不确定度的制约，因此提高测量准确度的主要途径是减小测量误差。直接比较法的测量过程简单方便，在物理量测量中的应用较为广泛。

2. 间接比较法

多数物理量的测量都没有标准量具，无法通过直接比较法来测量，可以利用物理量之间的函数关系，先制成与被测量有关的物理量的测量仪器或装置，再利用这些仪器或装置与被测物理量进行比较。这种借助一些中间量或将被测量进行某种变换来间接实现比较测量的方法称为间接比较法。例如，在测量待测电阻时，用万用电表可以直接给出电阻值，可视为直接测量；同时，可以用电桥法间接测电阻，用标准量去“补偿”待测量，以“示零”为判据，实现待测量与标准量的比较。比较测量、比较研究是科学实验和科学思维的基本方法，具有广泛的应用性和渗透性。

3.1.2 放大法

在物理量的测量中，有时由于被测量很小，以至于无法被实验者或仪器直接感知，如果直接用给定的某种仪器进行测量就会造成很大的误差，此时可先通过一些途径将被测量放大，然后再进行测量。将物理量按照一定规律放大后进行测量的方法称为放大法，这种方法对微小物体或对物理量的微小变化量的测量十分有效。放大法有以下几种形式。

1. 累积放大法

物理实验中经常会遇到对某些物理量进行单次测量时可能会产生较大误差的情况，如测量单摆的周期、等厚干涉相邻条纹的间隔、纸张的厚度等，此时可将这些物理量累积放大若干倍后再进行测量，称为累积放大法(叠加放大法)。累积放大法是在不改变测量性质的情况下，将被测量扩展若干倍后再进行测量，从而增加测量结果的有效数字位数，减小测量的相对误差。例如，用秒表来测量单摆的周期，假设单摆的周期为 $T=2.0\ \mathrm{s}$，而人操作秒表的平均反应时间 $\Delta T=0.2\ \mathrm{s}$，则单次测量周期的相对误差 $\dfrac{\Delta T}{T}=10\%$。但是如果将测量单摆的周期改为测量 50 次，那么因人的反应时间而引起的相对误差会降低到 $\dfrac{\Delta T}{50T}=0.2\%$。

累积放大法的优点是对被测物理量简单重叠，不改变测量性质，但可以明显减小测量的相对误差，增加测量结果的有效位数。在使用累积放大法时应注意：

(1)累积放大法通常是以增加测量时间来换取测量结果有效位数的增加，这要求在测量过程中被测量不随时间变化。

(2)在累积测量中要避免引入新的误差因素。

2. 机械放大法

利用机械部件之间的几何关系，使标准单位量在测量过程中得到放大的方法称为机械放大法。游标卡尺与螺旋测微计都是利用机械放大法进行精密测量的典型例子。以螺旋测微计为例，套在螺杆上的微分筒分成 50 格，微分筒每转动一格，螺杆移动 0.01 mm，每转动一圈，螺杆移动 0.5 mm。如果微分筒的周长为 50 mm (即微分筒外径约为 16 mm)，微分筒上每一格的弧长相当于 1 mm，这相当于螺杆移动 0.01 mm 时，在微分筒上却变化了 1 mm，即放大了 100 倍。

机械放大法的另一个典型例子是机械天平。用等臂天平称量物体质量时，如果靠眼睛判断天平的横梁是否水平，很难发现天平横梁的微小倾斜，通过一个固定于横梁且与横梁垂直的长指针，就可以将横梁微小的倾斜放大为较大的距离（或弧长）量。

3. 光学放大法

常用的光学放大法有两种：一种是被测物通过光学装置形成放大的像，以增加现实的视角，便于观察判别，从而提高测量精度，如常用的测微目镜、读数显微镜等；另一种是使用光学装置将待测微小物理量进行间接放大，通过测量放大了的物理量来获得微小物理量，如测量微小长度和微小角度变化的光杠杆望远镜标尺法就是一种常用的光学放大法。

4. 电学放大法

在物理实验中往往需要测量变化微弱的电信号（电流、电压或功率），或者利用微弱的电信号去控制仪器某些结构的运行，这就需要用电子放大器将微弱电信号放大后才能有效地进行观察、控制和测量。电信号的放大是物理实验中最常用的技术之一，包括电压放大、电流放大和功率放大等。例如，在利用光电效应法测普朗克常数的实验中，是将微弱光信号先转换为电信号，再放大进行测量；接收超声波的压电换能器是将声波的压力信号先转换为电信号，再放大进行测量。但是，对电信号放大通常会伴随着对噪声的等效放大，对信噪比没有改善甚至会有所降低，因此电信号放大技术通常与提高信号信噪比技术结合使用。

3.1.3　平衡法

平衡态是物理学中的一个重要概念，在平衡态下测量的方法称为平衡法。在平衡态时，许多复杂的物理现象可以用比较简单的形式进行描述，一些复杂的物理关系也可以变得十分简明，实验条件会保持在某一定状态，观察会有较高的分辨率和灵敏度，从而容易实现定性和定量的物理分析。

例如，利用等臂天平称量时，当天平指针处在刻度的零位或在零位左右等幅摆动时，天平达到力矩平衡，此时待测物体的质量和砝码的质量（作为参考量）相等；温度计测温度是热平衡的典型例子；惠斯通电桥测电阻也是一个平衡法的典型例子，属于桥式电路的一种。

3.1.4　补偿法

补偿测量法（即补偿法）是通过调整一个或几个与被测物理量有已知平衡关系（或已知其值）的同类标准物理量，去抵消（或补偿）被测物理量的作用，使系统处于补偿（或平衡）状态。处于补偿状态的测量系统，被测量与标准量具有确定的关系，由此可测得被测量值，这种测量方法称为补偿法。补偿法往往要与平衡法、比较法结合使用。如图 3-1-1 所示，两个电池与检流计串接成闭合回路，两个电池正极与正极相接，负极与负极相接。调节标准电池的电动势 E_1 的大小，当 E 等于 E_1 时，则回路中没有电流通过（检流计指针指零），这时两个电池的电动势相互补偿了，电路处于补偿状态（或平衡状态）。因此，利用检流计就可判断电路是否处于补偿状态，一旦处于补偿状态，则 E 与 E_1 大小相等，就可知道待测电池的电动势大小了。这种测量电动势（或电压）的方法就是典型的补偿法。

补偿法的特点是测量系统中包含标准量具，还有一个指零部件。在测量过程中，被测量与

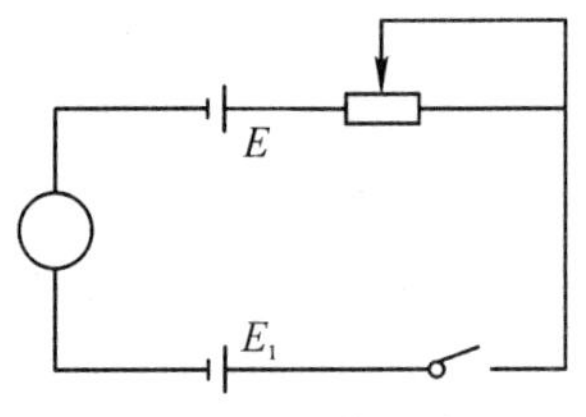

图 3-1-1　补偿电路原理

标准量直接比较，测量时要调整标准量，使标准量与被测量之差为零，这个过程称为补偿或平衡操作。采用补偿法进行测量的优点是可以获得比较高的精确度，但是测量过程比较复杂，在测量时要进行补偿操作。这种测量方法在工程参数测量和实验室测量中应用很广泛，如用天平测质量、用零位式活塞压力计测压力、用电位差计及平衡电桥测电阻值等。

3.1.5　模拟法

在研究物质运动规律、各种自然现象和进行科学研究以及解决工程技术问题中，常会遇到一些由于研究对象过于庞大、变化过程太迅速或太缓慢以及所处环境太恶劣、太危险等情况，以致对这些研究对象难以直接进行研究或实地测量。可以以相似理论为基础，不直接研究自然现象或过程本身，而是在实验室中模拟实验情况，制造一个与研究对象的物理现象或过程相似的模型，使现象重现、延缓或加速等来进行研究和测量，这种方法称为模拟法。模拟可分为物理模拟和数学模拟两类。

1. 物理模拟

物理模拟就是人为制造的模型与实际研究对象保持相同物理本质的物理现象或过程的模拟。例如，为研制新型飞机，必须掌握飞机在空中高速飞行时的动力学特性，通常先制造一个与实际飞机几何形状相似的模型，然后将此飞机模型放入风洞(高速气流装置)，制造一个与飞机在空中实际飞行相似的状态，通过对飞机模型受力情况的测试，便可方便地在较短的时间内以较小的代价取得可靠的相关数据。

2. 数学模拟

数学模拟是指把两个物理本质完全不同，但具有相同数学形式的物理量，用其中一种物理量对另一种物理量的模拟。例如，在静电场模拟实验中，虽然静电场与稳恒电流场是两种不同的物理量，但这两种物理量遵循的物理规律具有相同的数学形式，所以可以用稳恒电流场来模拟难以直接测量的静电场，用稳恒电流场中的电位分布来模拟静电场的电位分布。

把上述两种模拟法配合使用能获得更好的效果。目前利用计算机进行实验的辅助设计和模拟实验，可以模拟一些无法直接观测和测量的量，这是一种很好的、全新的模拟方法，并且随着计算机的不断发展和广泛应用，将使更多的物理量能更准确、更方便地测量。

3.1.6　干涉法

无论是声波、水波或光波，只要满足相干条件，相邻干涉条纹的光程差均等于相干波的波长。因此，通过计量干涉条纹的数目或条纹的改变量实现对一些相关物理量的测量称为干涉法。如物体的长度、位移与角度，薄膜的厚度，透镜的曲率半径，气体或液体的折射率等。当选用相干光波时，可实现对以上物理量的微米量级，甚至亚微米量级的精确测量。在牛顿环实验中，通过对牛顿环等厚干涉条纹的测量可求出平凸透镜的曲率半径。应用迈克尔逊干涉仪，通过对干涉条纹的计量，可准确地测定光的波长、透明介质的折射率、薄膜的厚度以及微小的位移等物理量。

利用共振干涉法可以很好地测量振动频率。例如，将一未知振动施加于频率可调的已知振动系统，调节已知振动系统的频率，当两者发生共振时，则此已知频率即是该未知系统的固有频率。又如，在用驻波法测定声波波长的实验中，根据驻波是由振幅、频率和传播速度都相同的两列相干波在同一直线上沿相反方向传播时叠加而形成的一种特殊形式的干涉现象，当其反射波的频率与入射波的频率相同时，将形成共振，此时驻波最为显著。基于这一原理，通过改变反射面和发射面的距离，用压电陶瓷换能器将声波的信号转换为电信号，通过示波器呈现的李萨如图形等来确定驻波的波节位置和相应的波长，从而测定声波的波长。

3.1.7　转换法

许多物理量由于属性关系无法用仪器直接测量，或者即使能够进行测量，但测量起来也很不方便，且准确性差，为此常将这些物理量转换成其他能方便、准确测量的物理量来进行测量，之后再反求待测量，这种测量方法称为转换法。最常见的玻璃温度计就是利用在一定范围内材料的热膨胀与温度的关系，将温度测量转换为长度测量。一般转换法测量有以下几方面的意义。

1. 把不可测的量转换为可测的量

质子衰变为此类问题的一个典型。长期以来，人们认为质子就是一种稳定的粒子，质子的寿命是有限的，质子也会衰变成正电子及介子，其平均寿命为 10^{31} 年。这个时间是一个不可测出的时间，也是等不到的时间，地球也只存在几十亿年，于是解决的途径是：如果用 10^{33} 个质子（每吨水约有 10^{29} 个质子），则一年内可有近100个质子发生衰变，使原来根本不可能实现的事情可能实现。这里把时间概率转换为空间概率，从而把不能测的物理量变为可以测量的。

2. 把不易测准的量转换为可测准的量

有时某个物理量虽然在某种条件下是可以测定的，其实验方案也可以实现，但是这种测量只能是粗略测量，若换成其他途径则可测得准确些。如利用阿基米德原理测量不规则物体的体积，把不易测准的不规则物体的体积转换成容易准确测量的量来测量。

3. 用改变量的测量替代物理量的测量

把物理量的测量转换成测量该物理量的改变量也是转换测量法的一种。例如，金属丝杨氏模量的测定实验就是通过测量金属丝长度的改变量来测量金属丝的杨氏模量。

4. 绕过一些不易测准的量

在实际实验或测量工作中，可以测量的量有很多可以选择的条件。在这种情形下，可以在一定的范围内绕过一些测不准或不好测的量，选择一些容易测准的量来进行测量。

3.2 物理实验的基本调整与操作技术

实验中的调整和操作技术十分重要，正确的调整和操作不仅可将系统误差减小到最低限度，而且对提高实验结果的准确度有直接影响。有关实验调整和操作技术的内容相当广泛，需要通过一个个具体的实验训练逐渐积累起来。每一个实验的内容和方法仅具有启发性的意义，而没有普遍性的意义。熟练的实验技术和能力只能来源于实践。

在实验过程中，我们必须养成良好的习惯，在进行任何测量前首先要调整好仪器，并且按正确的操作规程去做。正确的结果都来自仔细调节、严格操作、认真观察和合理分析。

下面介绍一些最基本的、具有一定普遍意义的调整技术以及电学实验、光学实验的基本操作规程。

3.2.1 零位调整

一个初学的实验者往往不注意仪器或量具的零位是否准确，总以为它们在出厂时都已校准好了，但实际情况并不完全如此，由于环境的变化或经常使用而引起磨损等原因，它们的零位往往已发生了变化。因此，实验前总需要检查和校准仪器的零位，否则将人为地引入误差。

零位校准的方法一般有两种：一种是测量仪器有零位校准器的，如电表等，则应调整校准器，使仪器在测量前处于零位；另一种是仪器不能进行零位校正的，如端点磨损的米尺或螺旋测微计等，则在测量前应先记下初读数，以便在测量结果中加以修正。

3.2.2 水平、铅直调整

在实验中经常需要对使用仪器进行水平和铅直的调整，如调整平台的水平或支柱的铅直，这种调整可借助悬锤与水平仪。几乎所有需要调整水平或铅直状态的实验装置都在底座上装有 3 个(或 2 个)调节螺丝，3 个螺丝的连线成等边三角形或等腰三角形，如图 3-2-1 所示。

用悬锤调整铅直时，只要下悬的锤头尖与底座上的座尖对准即可。用气泡水平仪调整时，则要使气泡居中。一般水平与铅直调整可相互转化，互为补充。

例如，在机械加工的垂直度和平整度有保证的情况下，立柱铅直的调整就可转化为图 3-2-1 中的三个螺丝 1、2、3 的水平等高调整。调整时，首先将长方形的水平仪放在与 2、3 连线平行的 AB 线上，调节螺丝 2(或 3)使气泡居中，然后将水平仪置于与 AB 垂直方向的 CD 线上，再调节螺丝 1，使气泡居中。这时 1、2、3 大致在同一水平面上，即立柱已大致处于铅直状态。由于调整相互影响，故需反复调节，逐次逼近，直至水平仪置于任意位置时气泡都居中，这时立柱即处于铅直状态。

又如，欲调整一圆管的水平，若圆管上无法放置水平仪，则可在管子后面放置一画有正交方格的坐标纸，如图 3-2-2 所示。使方格的水平线与管子 AB 的边沿相切，在管子 C 处挂一重锤 D，调整管子 A、B 端的高度，观察悬线 CD，直至 CD 与管子后面坐标纸上方格的铅直线平行为止，此时，管子已处于水平位置。这是水平调整化为铅直调整的实例。

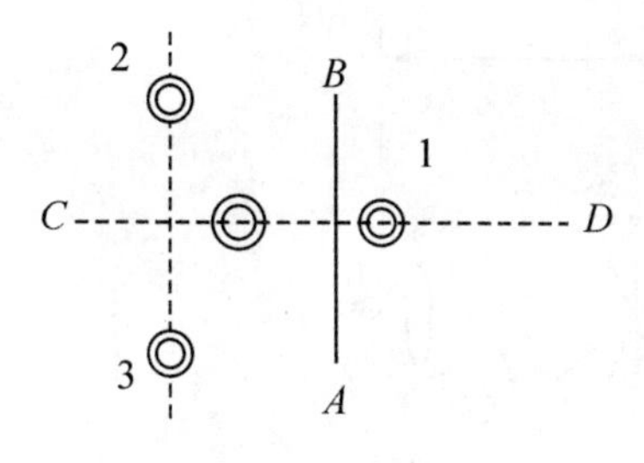

图 3-2-1　调节螺丝

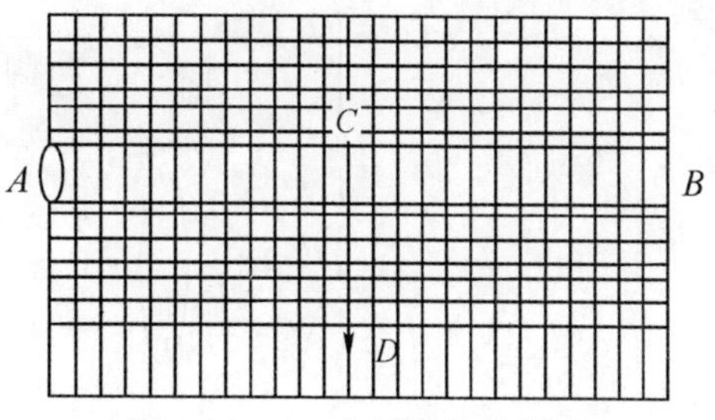

图 3-2-2　坐标纸置于管后

3.2.3　消除视差

实验测量中，经常会遇到读数标线(指针、叉丝)和标尺平面不重合的情况。如电表的指针和标度面总是离开一定距离的，因此当眼睛在不同位置观察时，读得的指示值会有差异，这就是视差。有无视差可根据观测时人眼睛稍稍移动，标线与标尺刻度是否有相对运动来判断。用人眼直接观察物体为例来说明：设 A 点和 B 点代表两个不重合的物点，如图 3-2-3(a)所示，人眼(假定用一只眼)在左、中、右不同位置观察时，就会得出不同的结论。在中间观察时，A 与 B 重合；在左面观察时，认为 A 在左、B 在右；在右面观察时，则认为 B 在左、A 在右。所以人眼左右稍稍移动时，就会观察到 A、B 有相对运动，即有视差。若 A、B 两点重合在一起，如图 3-2-3(b)所示，那么无论人眼在什么位置上进行观测，都不会出现视差。

为了消除测量读数时的视差，应做到正面垂直观测。例如，用米尺测量物体长度时，应该在如图 3-2-4 所示的正确位置读数。又如，对电表读数应垂直于表面正视，使指针与刻度槽下面平面镜中的像重叠时，读下标尺上无视差的读数才正确。

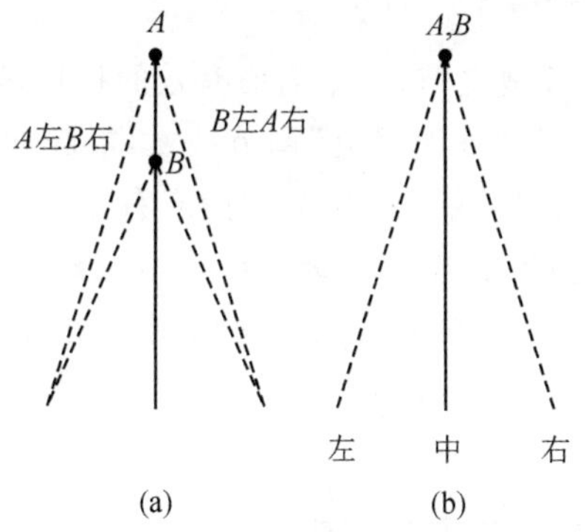

图 3-2-3　视差的产生与消除

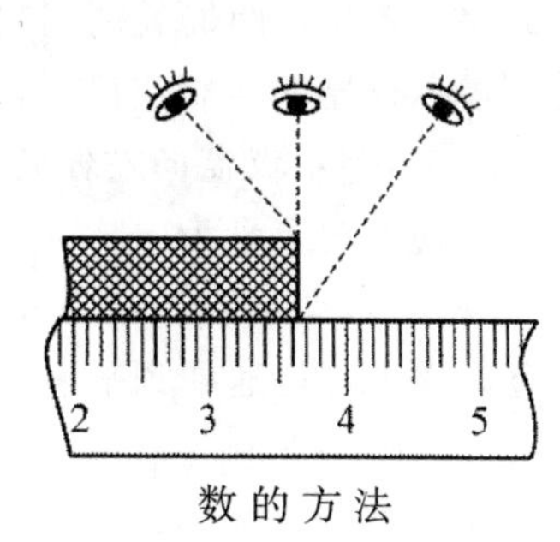

图 3-2-4　读数的方法

下面分析光学仪器测读时的视差问题。

在用光学仪器进行非接触式测量时，常用到带有叉丝的测微目镜、望远镜或读数显微镜。望远镜和读数显微镜基本光路如图 3-2-5 所示，它们的共同特点是：在目镜焦平面内侧附近装有一个十字叉丝(或带有刻度的玻璃分划板)，若被观察物经物镜后成像 A_1B_1 落在叉丝位置处，人眼经目镜看到叉丝与物体的最后虚像 A_2B_2 都在明视距离处的同一平面上，这样便无视差。

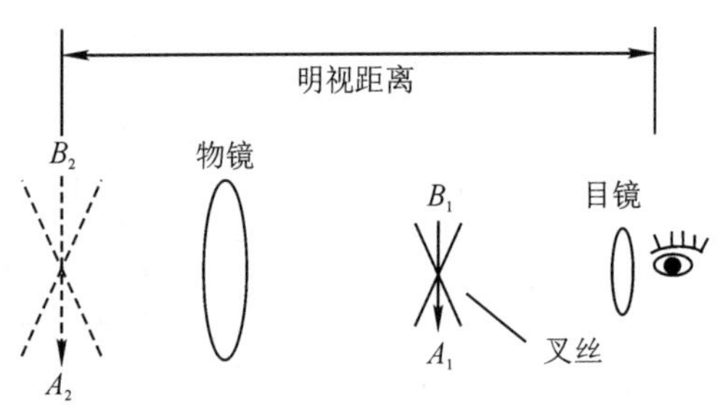

图 3-2-5　望远镜和读数显微镜基本光路

要消除视差，需要仔细调节目镜(连同叉丝)与物镜之间的距离，使被观察体经物镜后成像在叉丝所在的平面内。一般是一边仔细调节，一边稍稍移动人眼，看看两者是否有相对运动，直至基本上无相对运动为止。

3.2.4　共轴调整

几乎所有的光学仪器都要求仪器内部的各个光学元件主光轴相互重合，因此要对各光学元件进行共轴调整，一般可分成粗调和细调两步来进行。

粗调时，用目测法判断，使各元件所在平面基本上相互平行，将各光学元件和光源的中心调到基本上垂直于自己所在平面的同一直线上，各光学元件的光轴就大致接近重合了。

细调时，利用光学系统本身或者借助其他光学仪器，依据光学的基本规律来调整。例如，依据透镜成像规律，用自准直法和二次成像法调整时，移动光学元件，使像没有上下、左右移动。

3.2.5　逐次逼近法

任何调整几乎都不是一蹴而就的，要仔细、反复调节，一个简便有效的技巧是“逐次逼近”。特别是对于运用零示仪器的实验或仪器，采用“反向逐次逼近”调节技术，能较快地达到目的。例如，输入量为 x_1 时，零示仪器向左偏转 5 个分度，输入量为 x_2 时，向右偏转 3 个分度，可判断出平衡位置应出现在输入量为 $x_1<x<x_2$ 范围内；再输入 $x_3(x_1<x_3<x_2)$时，若向左偏 2 个分度，输入 $x_4(x_3<x_4<x_2)$时，向右偏 1 个分度，则平衡位置应出现在输入量 $x_3<x<x_4$ 范围内。如此逐次逼近可迅速找到平衡点，如图 3-2-6 所示。

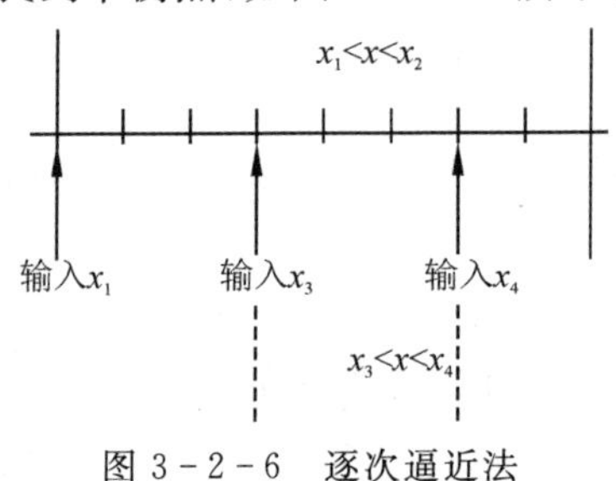

图 3-2-6　逐次逼近法

3.2.6　先定性、后定量

初学者往往急于获得测量结果而盲目操作，当实验进行到中途才发现有问题不得不返工。而一个训练有素的科学工作者则是采用“先定性、后定量”的原则进行实验，在定量测定前，先定性地观察实验变化的全过程，了解变化规律，再着手进行定量测量。例如，实验测定如图3-2-7所示的变化曲线时，可以先观察 y 随 x 的改变而变化的情况，然后在分配测量时间间隔时，采用不等间距测量，在 x_0 附近多测几个点，这样作出的图就比较正确、合理。

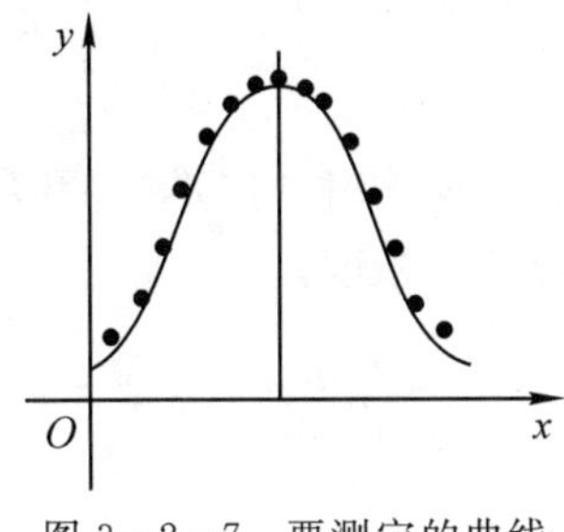

图3-2-7　要测定的曲线

3.2.7　电学实验的操作规程

1. 注意安全

电学实验使用的电源通常是220 V的交流电和0～24 V直流电，但有的实验电压在 10^4 V以上。一般人体接触36 V以上的电压时就有危险，所以在做电学实验的过程中要特别注意人身安全，谨防触电事故发生。实验者要做到：

(1)接、拆线路必须在断电状态下进行；

(2)操作时，人体不能触摸仪器的高压带电部位；

(3)高压部分的接线柱或导线，一般要用红色标志，以示危险。

2. 要正确接线，合理布局

(1)看清和分析电路图中共有几个回路，一般从电源的正极开始，按从高电势到低电势的顺序接线。如果有支路，则应把第一个回路完全接好后，再接另一个回路，切忌乱接。

(2)仪器布局要合理。要将需要经常控制和读数的仪器置于操作者面前，开关一定要放在最容易操作的地方。

(3)各器件要处于正确使用状态。如接通电源前，电源输出电压和分压器输出电压均置于最小值处，限流器的接入电路部分阻值置于最大值处，电表要选择合理的量程，电阻箱阻值不能为零等。

3. 要检查线路

电路接完后，要仔细自查，确保无误后，经教师复查同意，方能接通电源进行操作。合上电源开关时，要密切注意各仪表是否正常工作。若有反常，立即切断电源排除故障，并报告指导教师。

4. 实验完毕仪器要整理

实验完毕，先切断电源，实验结果经教师认可后方可拆除线路，并把各器件按要求放置整齐。

3.2.8 光学实验的操作要点

1. 光学器件的保护

光学实验是“清洁的实验”，对光学仪器和元件应注意防尘，保持干燥以防发霉，不能用手或其他硬物碰、擦光学元件的表面，也不能对着光学元件呼气，必要时可用擦镜纸或蘸有酒精、乙醚溶液的脱脂棉轻擦。

2. 对机械部分操作要轻、稳

光学仪器的机械可动部分很精密，操作时动作要轻，用力要均匀平稳，不得强行扭动，也不要超过其行程范围，否则将会大大降低其精度。

3. 等高共轴调节

见第 6 章光学实验部分。

4. 注意眼睛安全

一方面要了解光学仪器的性能，以保证实验时正确、安全使用；另一方面光学实验中用眼的机会很多，因此要注意对眼睛的保护，不要使眼睛过分疲劳。特别是对激光光源更应注意，绝对不能用眼睛直接观看激光束，以免灼伤眼球。此外，在暗房中工作还要注意用电安全。

第4章　力学和热学实验

4.1　密度的测量

4.1.1　物体密度的测定实验

【预习思考题】

(1)游标卡尺的构造是怎样的？如何确定其精度？其最大误差是多少？
(2)用游标卡尺测长度时如何读出毫米以上和毫米以下的数值？其本身有无估读数？
(3)使用螺旋测微计时应注意些什么？
(4)螺旋测微计初读数的正、负如何确定？确定被测物的长度时可分几个步骤？
(5)使用物理天平的步骤和注意事项是什么？
(6)什么是感量？物理天平的最大误差是多少？

【实验目的】

(1)了解游标卡尺、螺旋测微计、物理天平的原理及其使用方法。
(2)通过测量铜管和小铜块的密度，练习有效数字的运算和误差的计算。

【实验仪器】

游标卡尺、螺旋测微计、物理天平、小铜管、小铜块。

1. 游标卡尺

游标卡尺又称游标尺，它的读数原理在很多仪器上得到广泛应用。游标卡尺由主尺和游标两部分组成，如图 4-1-1 所示，两个量爪用来测量物体的外部长度，两个量钩用来测量物体的内部宽度(如筒的内径)，量杆用来测量深度。主尺上的估读数字可以从游标的刻度上直接读出，从而提高了测量的精确度。

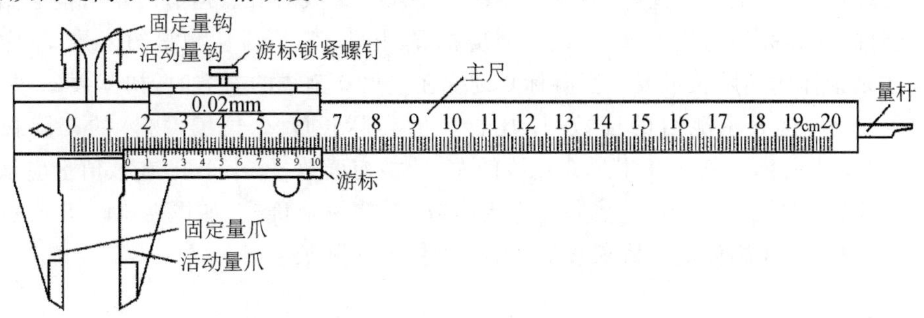

图 4-1-1　游标卡尺

下面以实验室使用的游标卡尺为例,介绍游标卡尺的用法。游标卡尺的主尺上每一小格为 1 mm,将主尺的 49 格均分成 50 格刻在游标上,游标的每一格长度为 49/50 mm,游标上一格的长度比主尺上一格的长度短了 $\Delta d = 1\ \text{mm} - 49/50\ \text{mm} = 0.02\ \text{mm}$,称为精度。由此可知,游标精度可以用 d/n 算得,d 是主尺上的最小分度值,通常 $d = 1$ mm,n 是游标上的刻线总数。上述游标尺为 50 分度,此外,还有 10 分度、20 分度的,其对应的精度分别为 0.1 mm 和 0.05 mm。

将两个量爪合拢,如果游标的 0 刻线与主尺的 0 刻线对齐,则游标的第一条刻线(0 刻线都不算)在主尺的第一条刻线的左边 0.02 mm 处,游标的第二条刻线在主尺的第二条刻线的左边 0.04 mm 处,游标的第三条刻线在主尺的第三条刻线左边 0.06 mm 处,依此类推,如图 4-1-2 所示。由此可见,如果在两个量爪之间放进一张厚度为 0.02 mm 的纸片,那么,与活动量爪相连的游标就要向右移动 0.02 mm,这时游标第一条刻线就与主尺的第一条刻线对齐,游标上的其他各条线都不与主尺上任何一条刻线对齐;如果纸片厚 0.04 mm,那么,游标就要向右移动 0.04 mm,这时游标第二条刻线与主尺的第二条刻线对齐,依此类推。

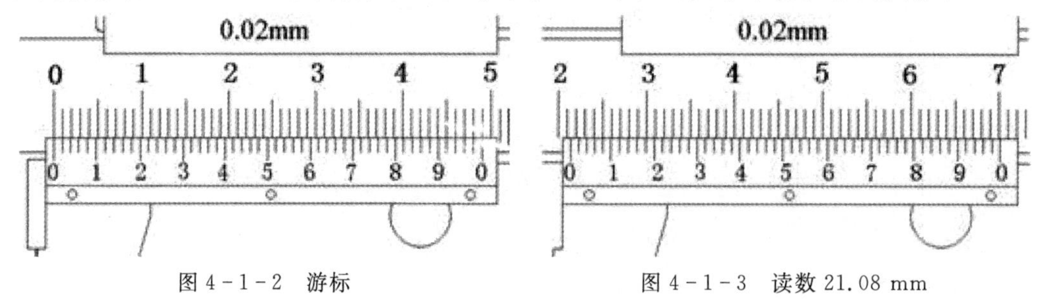

图 4-1-2 游标　　　　图 4-1-3 读数 21.08 mm

游标向右移的数值,1 mm 以上的整数从主尺上读出,1 mm 以下的数值可以从游标的刻线与主尺刻线对齐处读出。例如,游标上第 K 条刻线与主尺的某一条刻线对齐,则读数为 $K \times 0.02$ mm。试问,如图 4-1-3 所示的读数 21.08mm 是如何读出来的? 读数方法如下:

(1)先读 mm 以上的整数:看游标 0 线左边主尺上刻线的数值,是 21.00 mm。

(2)读 mm 以下的小数:图 4-1-3 中游标上仅第 4 条刻线与主尺的刻线对齐,则小数值为 $4 \times 0.02\ \text{mm} = 0.08\ \text{mm}$。

(3)两个读数相加,即为待测物体的长度 21.08 mm。

游标卡尺的精度在尺上都有注明,游标上刻线的数字是方便读数用的。如第 5 条刻线处注明“1”,表示如果此刻线与主尺刻线对齐,毫米以下的读数就是 0.10 mm;第 15 条刻线处注明“3”,即读数为 0.30 mm,依此类推。

前面讲过,当两个量爪合拢时,游标 0 刻线与主尺 0 刻线对齐。但有时也可能遇到对不齐的情况,这时的读数称为初读数 d_0。测量时应把 d_0 记下来,然后从测得的读数 d_1 中减去初读数 d_0,才是物体的实际长度 d。当游标 0 刻线在主尺 0 刻线的右方时,初读数 d_0 大于 0,如图 4-1-4 所示,这表示测得的读数 d_1 比物体的实际长度 d 长了,物体的实际长度 $d = d_1 - d_0 < d_1$;当游标 0 刻线在主尺 0 刻线的左方时,初读数 d_0 小于 0,在数值上应该是 1 减去游标上的读数,或者从游标右 0 线向左直接读数,再补一个负号,如图 4-1-5 所示。负号表示测得的读数 d_1 比物体的实际长度 d 短了,物体的实际长度 $d = d_1 - d_0 > d_1$。

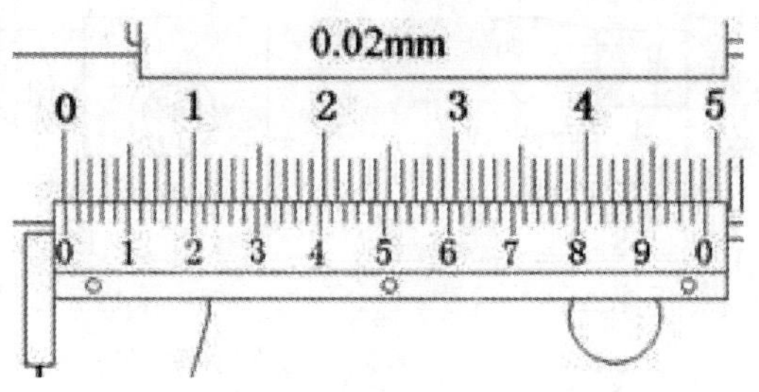

图4-1-4　初读数 $d_0=+0.04$ mm

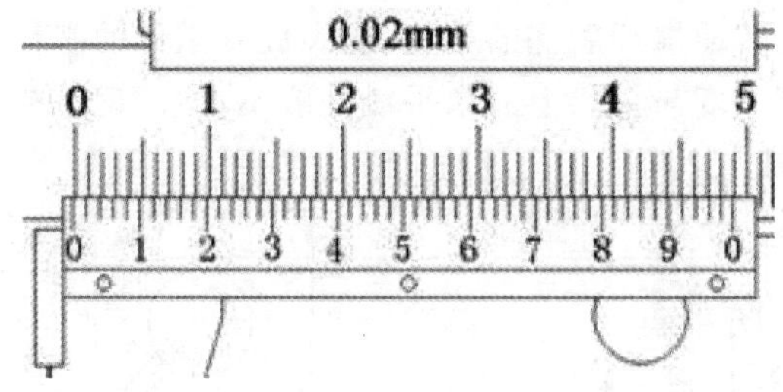

图4-1-5　初读数 $d_0=-(1.00\ \mathrm{mm}-0.98\ \mathrm{mm})=-0.02$ mm

使用游标卡尺时，应左手拿物、右手持尺，右手大拇指推(或拉)游标右下方的凸出部分，使游标沿主尺滑动。把待测物夹在两个量爪或两个量钩之间，轻轻卡住即可，不能用力过大，切不可把被卡紧的物体在卡口内挪动，以免弄坏刀口或卡口；也不允许用游标卡尺测量粗糙物体。游标卡尺用完后应放回盒内，不要随意放在桌上，更不可放在潮湿的地方。

2. 螺旋测微计

螺旋测微计(又称为千分尺)是比游标尺更精密的仪器，其精度至少可达0.01 mm，常见的一种如图4-1-6所示。螺旋测微计具有固定的弓架、砧台、主尺和可旋转的螺杆、套筒、尾轮。将套筒或尾轮转一周，螺杆便沿主尺的轴线方向前进或后退一个螺距，即0.5 mm。套筒外面刻有50个小格，每转过一小格，则螺杆前进或后退了0.5 mm的1/50，即0.01 mm。测量被测物的厚度时，可将被测物夹在螺杆和砧台之间，长度的整数部分(0.5 mm的整数倍)可以从主尺的刻度读出，不足0.5 mm的尾数从套筒上读出(可以准确读到0.01 mm，估读到0.001 mm，即套筒上的0.1小格)。例如，图4-1-7(a)的读数为5.034 mm(最后一位是估读)，图4-1-7(b)的读数为5.534 mm(注意0.5 mm的读数)。

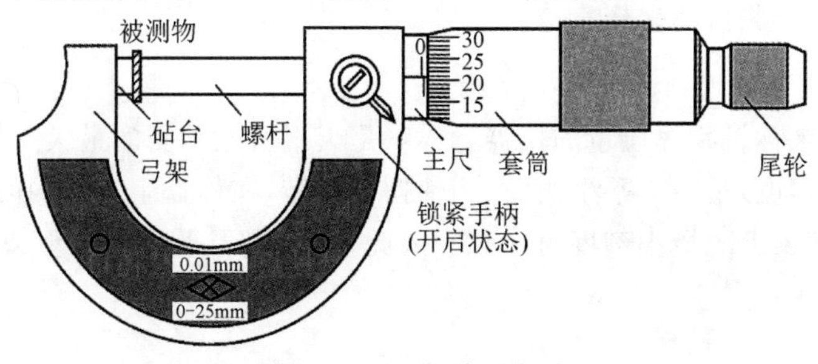

图4-1-6　螺旋测微计

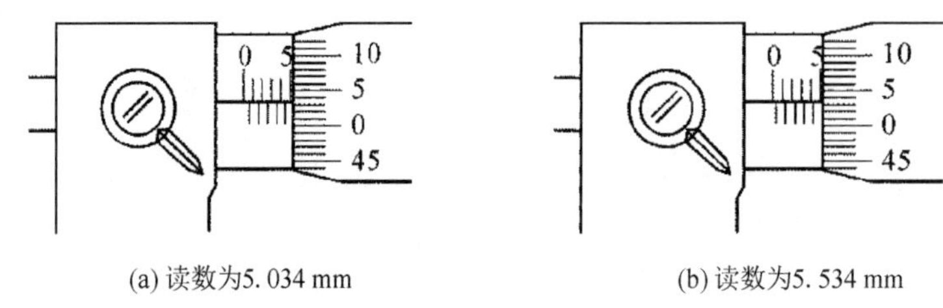

(a) 读数为5.034 mm　　(b) 读数为5.534 mm

图 4-1-7　螺旋测微计的读数

螺旋测微计是一种精密仪器，使用时应注意以下几点：

（1）测量时，应当首先转动螺杆后部的尾轮，使螺旋测微计的螺杆与砧台接触，听到"咔咔"声即可，此时套筒上的"0"刻度与主尺上的水平线一般不重合，记下初读数（注意读数有正负之分，见图 4-1-8，与游标卡尺类似）。读数与初读数之差才是物体的实际长度。

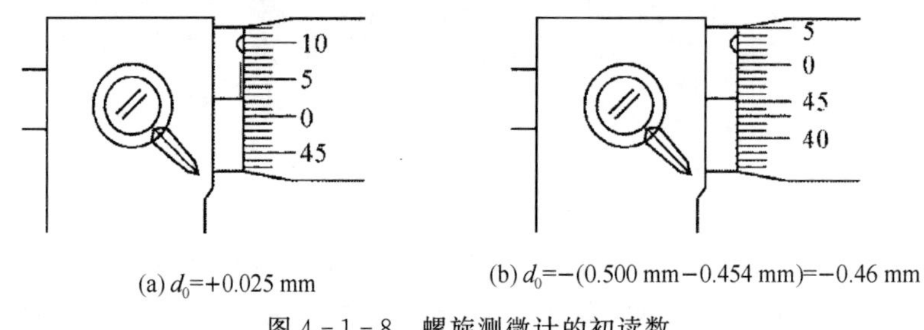

(a) d_0=+0.025 mm　　(b) d_0=−(0.500 mm−0.454 mm)=−0.46 mm

图 4-1-8　螺旋测微计的初读数

（2）左手握住弓架，使螺杆的中心线与物体的被测方向一致，右手轻轻转动尾轮，旋转速度应当缓慢，依靠尾轮与套筒之间的摩擦力来带动套筒旋转，同时使螺杆前进或后退。当被测物被夹紧到一定程度时，尾轮与套筒只能相对滑动，发出"咔咔"的声音，表示物体已被夹紧，这时尾轮就不能带动套筒和螺杆，不要继续旋转尾轮了。不要用力过猛，否则因挤压的缘故将影响测量的精确度，严重时会损坏螺杆。

（3）螺旋测微计的螺距为 0.5 mm，尾轮旋转两周，螺杆前进或后退 1 mm。若尾轮后退一周，则图 4-1-7(a)变成(b)，套筒上的读数虽然仍为 0.034 mm，但读数增加到 5.034 mm＋0.500 mm＝5.534mm。因此，套筒上读数相同，读数可能相差 0.5 mm，要看清楚套筒的边缘是否超过 0.5 mm 的刻度线，这些 0.5 mm 刻度线与 1 mm 刻度线分别在主尺的水平线的上、下两侧。

（4）严防磕碰，不可将螺旋测微计拿在手中挥动或摇转，用完应放回盒内，螺杆与砧台之间要留有空隙，防止热膨胀挤坏螺杆。

3. 物理天平

物理天平是用来称量物体质量的仪器。称量是天平所能承受的最大质量，超过称量，会损坏天平。感量又称精度，是指天平平衡时，为使摆针偏转，在称盘中需添加的最小质量，一般来说，感量的大小与横梁上的最小刻度值一致。因此，不能用天平称量近似或小于感量的质量，否则将引起很大的相对误差。

1）天平的构造

天平的构造如图 4-1-9 所示，称量为 500 g，感量为 0.05 g。横梁依靠刀口架在中柱上，读数指针可随横梁左右摆动，摆动的大小可以从读数标尺读出。天平附有 1 g 到 200 g 的 11 个砝码，1 g 以下由游码代替。游码可沿横梁滑动，其读数相当于在秤盘 2 上加了相同数量的砝码，要求估读到 0.01 g。使用前，用平衡螺丝调节平衡，使读数指针指在读数标尺的中央。水平螺丝用来调节水平，可由水准器的气泡是否在中心来判断，升降旋钮可使横梁升起来而自由摆动或降下去而停止摆动。

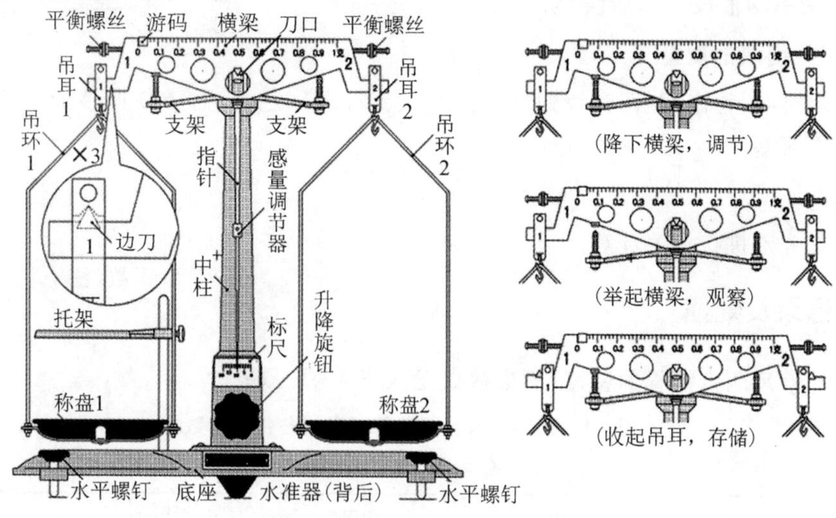

图 4-1-9　500 g 型物理天平

2) **天平的使用方法**

(1)校水平：天平放在稳固的台桌上，调节水平螺丝，使水准器的气泡在圆圈中间。

(2)装横梁：旋转升降旋钮，使横梁下降到支架上。注意，吊耳和横梁两端有“1”“2”编号，盘梁和称盘的编号在它们的底面，左“1”右“2”，不得对调。然后将吊耳挂在边刀上(见图 4-1-9 的“×3”局部放大)，并将横梁上的游码移至 0。

(3)校平衡：旋转升降旋钮，使横梁上升，读数指针在读数标尺前面摆动。如果读数指针没有对准读数标尺的中央，则天平不平衡，必须旋转升降旋钮，使横梁下降到支架上。旋转横梁左右两端的平衡螺丝，然后再旋转升降旋钮，使横梁上升。重复若干次，使读数指针对准读数标尺的中央。

(4)称量：将被称量的物体放在称盘 1，砝码放在称盘 2，砝码、物体尽量放在称盘的中央，砝码不可用手拿取，必须使用镊子。

(5)使用完毕，降下横梁并放稳，取下物体和砝码，两个吊耳向中柱方向脱离边刀。

【注意事项】

一切操作都必须在横梁放下并且放稳以后再实施。当横梁被举起时，只能用眼睛观察天平是否平衡，并且尽快将横梁降下且放稳。

【实验内容和步骤】

1. 测小铜管体积

熟悉游标卡尺的用法，记下初读数 d_0，在不同位置测量铜管内径、外径、长度、孔深的读数 d、D、L、h 各 6 次，求平均值。

2. 测小铜块体积

熟悉螺旋测微计的使用方法，记下初读数 d'_0，在不同的位置测量铜块三条边的读数 a、b、c 各 6 次，求平均值及其标准误差。

3. 测铜管、铜块的质量

把天平调整好，称出铜管、铜块的质量各 6 次。每次称之前，需重新调整天平。分别求平均值及其标准误差。

4. 计算

根据公式分别进行相关计算。

【数据记录及处理】

1. 用游标卡尺测定铜管的密度(测量数据记入表 4-1-1)

表 4-1-1　用游标卡尺测铜管密度的各物理量数据

游标卡尺初读数：$d_0=$　　　　mm，　天平称量：　　　　g，　感量：　　　　g。

读数	d/mm	D/mm	L/mm	h/mm	m/g
1					
2					
3					
4					
5					
6					
平均值					

注：计算标准偏差，通常要测 10 次以上才具有统计意义，作为教学实验，仅测 6 次。

铜管的体积：$V_1=\frac{\pi}{4}(\overline{D}-d_0)^2(\overline{L}-d_0)-\frac{\pi}{4}(\overline{d}-d_0)^2(\overline{h}-d_0)=$

铜管的密度：$\rho_1=\frac{\overline{m}}{V_1}=$

2. 用螺旋测微计测定铜块的密度(测量数据记入表 4-1-2)

表 4-1-2　用螺旋测微计测铜块密度的各物理量数据

初读数 $d'_0=$　　　　mm。

读数	a/mm	b/mm	c/mm	m/g
1				
2				
3				
4				
5				
6				
平均				

$$\bar{\rho}_2=\frac{\bar{m}}{(\bar{a}-d'_0)\cdot(\bar{b}-d'_0)\cdot(\bar{c}-d'_0)}=$$

$$\sigma_{\bar{a}}=\sqrt{\frac{1}{6\times(6-1)}\sum_{i=1}^{6}(a_i-\bar{a})^2}=$$

$$\sigma_{\bar{b}}=\sqrt{\frac{1}{6\times(6-1)}\sum_{i=1}^{6}(b_i-\bar{b})^2}=$$

$$\sigma_{\bar{c}}=\sqrt{\frac{1}{6\times(6-1)}\sum_{i=1}^{6}(c_i-\bar{c})^2}=$$

$$\sigma_m=\sqrt{\frac{1}{6\times(6-1)}\sum_{i=1}^{6}(m_i-\bar{m})^2}=$$

$$E=\sqrt{\left(\frac{\sigma_{\bar{a}}}{\bar{a}-d'_0}\right)^2+\left(\frac{\sigma_{\bar{b}}}{\bar{b}-d'_0}\right)^2+\left(\frac{\sigma_{\bar{c}}}{\bar{c}-d'_0}\right)^2+\left(\frac{\sigma_{\bar{m}}}{\bar{m}}\right)^2}=$$

$$\sigma_{\bar{\rho}_2}=\bar{\rho}_2\cdot E$$

铜块的密度写成标准形式为

$$\bar{\rho}_2\pm\sigma_{\bar{\rho}_2}=$$

【问题讨论】

(1)单次测量一个小球的直径(约 2 cm),精度要求 0.001 cm,需要什么仪器,为什么?若要求相对误差小于 0.1%,需要用什么仪器,为什么?

(2)铜的密度为($\bar{\rho}_2\pm\sigma_{\bar{\rho}_2}$) g/cm^3,是否表示($\bar{\rho}_2+\sigma_{\bar{\rho}_2}$)和($\bar{\rho}_2-\sigma_{\bar{\rho}_2}$)这两个值?

4.1.2　固体密度的测量实验

【预习思考题】

(1)应变式压力传感器用途有哪些?

(2)固体密度测量的方法有哪些?

【实验目的】

(1)测量应变的压力特性。

(2)利用压力传感器测量固体的密度。

(3)利用天平和游标卡尺测量物体密度。

【实验内容】

(1)测量应变式传感器的压力特性,计算其灵敏度。

(2)测量固体的密度。

【实验仪器】

DH-SLD-1 固体与液体密度综合测量仪、测试架、标准砝码、待测固体样品、液体容器等。

【实验原理】

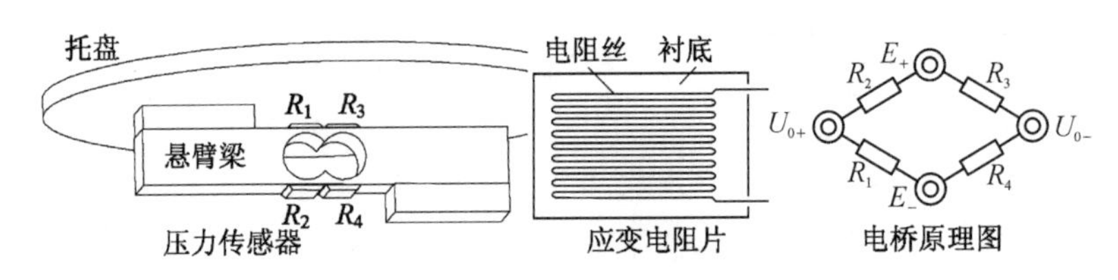

图 4-1-10 压力传感器工作原理图

1. 压力传感器工作原理

压力传感器如图 4-1-10 所示，是将四片电阻分别贴在弹性平行梁的上下两表面适当的位置，梁的一端固定，另一端自由用于加载荷外力 F。弹性梁受载荷作用而弯曲，梁的上表面受拉，电阻片 R_1 和 R_3 亦受拉伸作用，电阻增大；梁的下表面受压，R_2 和 R_4 电阻减小。这样，外力的作用通过梁的形变而使四个电阻值发生变化，这就是压力传感器。应变电阻片 $R_1=R_2=R_3=R_4$，应变电阻片可以把应变转换为电阻的变化，电阻的变化再转化为电压或电流的变化。最常用的测量电路为电桥电路，由应变片组成的电桥原理图如图 4-1-10 所示，当应变片受到压力作用时，引起弹性体的变形，使得粘贴在弹性体上的电阻应变片 $R_1 \sim R_4$ 的阻值发生变化，电桥将产生输出电压 U，当外力为零时，输出电压为 U_0，其输出电压的改变量 $(U-U_0)$ 正比于所受到的压力，即

$$\Delta U = U - U_0 = SF \tag{4-1-1}$$

式中，F 为所承受的拉力；ΔU 为相应的电压改变量；系数 S 为压力传感器的灵敏度。

2. 用标准砝码测量应变式传感器的压力特性并计算其灵敏度

(1)按顺序增加砝码的数量(每次增加 10 g)，测出传感器的输出电压；

(2)逐一减砝码，记下输出电压；

(3)用逐差法求出传感器的灵敏度 S(单位：mV/g)。

$$S = \Delta U / \Delta m \tag{4-1-2}$$

3. 固体密度的测量

实验时，先记录外力为零时的输出电压为 U_0。对于密度为 ρ_x，体积为 V 的物体，用压力传感器测出其在空气中的输出电压为 U_1，由式(4-1-1)得

$$U_1 - U_0 = S\rho_x Vg \tag{4-1-3}$$

再将物体浸没在密度为 ρ_0 的水中，根据阿基米德原理，所受的浮力等于排开的水的质量，输出电压减小到 U_2，由式(4-1-1)得

$$U_2 - U_0 = S\rho_x Vg - S\rho_0 Vg \tag{4-1-4}$$

联立式 (4-1-3)和式(4-1-4)得

$$\rho_x = \frac{U_1 - U_0}{U_1 - U_2}\rho_0 \tag{4-1-5}$$

【实验步骤】

1. 压力传感器的压力特性的测量

(1)将传感器输出插座与实验仪面板上“传感器”插座相连，测量选择置于“内接”。将砝码盘挂在传感器挂钩上，接通电源，调节工作电压为 3 V。预热 5 min，待稳定后，通过“调零旋钮”对毫伏表进行调零，即 $U_0=0$。在砝码盘中依次增加砝码的数量(每次增加 10 g)至 90 g，记录毫伏表对应的传感器输出电压，并记入表 4-1-3。

(2)按顺序减去砝码的数量(每次减去 10 g)至 0，分别测传感器的输出电压。

(3)用逐差法处理数据，求灵敏度 S。

2. 固体密度的测量

(1)分别测出待测固体样品在空气中毫伏表的示数 U_1 及浸没在水中毫伏表的示数 U_2，用温度计测量水的温度，查表得水的密度 ρ_0，利用式(4-1-5)计算出待测固体的密度 ρ_x，数据记入表 4-1-4。

(2)使用天平测量物体质量 m；使用游标卡尺测量圆柱体高度 h 和直径 d。用式 $\rho=\dfrac{4m}{\pi h d^2}$ 计算固体的密度，数据记入表 4-1-5 到表 4-1-7，并与传感器测量结果做比较。

【实验数据】

表 4-1-3　压力传感器灵敏度测量($E=$　　V)

m/g	0	10	20	30	40	50	60	70	80	90
加 ΔU/mV										
减 ΔU/mV										
平均 $\overline{\Delta U_i}$ /mV										

逐差法处理数据：

$$\overline{\Delta U}=\frac{(\overline{\Delta U_{90}}-\overline{\Delta U_{40}})+(\overline{\Delta U_{80}}-\overline{\Delta U_{30}})+(\overline{\Delta U_{70}}-\overline{\Delta U_{20}})+(\overline{\Delta U_{60}}-\overline{\Delta U_{10}})+(\overline{\Delta U_{50}}-\overline{\Delta U_{0}})}{5}=$$

$\Delta m=$______，计算：$S=\overline{\Delta U}/\Delta m=$______(mV/g)

表 4-1-4　固体的密度测量

测量物	物体 1	物体 2	物体 3
U_1/mV			
U_2/mV			
密度 ρ/(kg·m^{-3})			

$\rho_x=\dfrac{U_1-U_0}{U_1-U_2}$，　$\rho_0=1.0\times10^3\ \mathrm{kg/m^3}$

表 4-1-5 固体的密度测量(物体 1)

次序	1	2	3	4	5	平均
高度 h/mm						
直径 d/mm						
质量 m/g						
密度 ρ/(kg · m^{-3})						

表 4-1-6 固体的密度测量(物体 2)

次序	1	2	3	4	5	平均
高度 h/mm						
直径 d/mm						
质量 m/g						
密度 ρ/(kg · m^{-3})						

表 4-1-7 固体的密度测量(物体 3)

次序	1	2	3	4	5	平均
高度 h/mm						
直径 d/mm						
质量 m/g						
密度 ρ/(kg · m^{-3})						

4.2 气垫导轨

4.2.1 气垫导轨实验

气垫导轨是力学实验中重要的仪器之一，它能将摩擦力对测量的影响减至最小。当导轨上的小孔喷出空气时，在导轨表面与滑块之间形成一层很薄的“气垫”，滑块浮起，使它在导轨上做近似无摩擦的运动，从而减少了摩擦力带来的误差，使实验结果基本接近理论值，提高了实验精度。此外，气垫技术还可以减少机械磨损，延长使用寿命，提高机械效率，在机械、电子、纺织、运输等工业生产中已有广泛应用，如气垫船、空气轴承、气垫运输线等。

【预习思考题】

(1)气垫导轨实验中，不同高度测的加速度能平均吗?

(2)气垫导轨实验中的误差有哪些?

【实验目的】

(1)掌握气垫导轨的水平调整和计算机通用计数器的使用方法。

(2)利用气垫导轨测滑块运动的加速度。

(3)验证弹性碰撞过程中动量守恒。

(4)观察简谐振动现象,测定简谐振动的周期,验证简谐振动的周期公式。

【实验原理】

如图 4-2-1、图 4-2-2 所示,空气经气泵压缩,从导轨表面的小孔喷出,在导轨和滑块之间形成很薄的空气层,使两者脱离接触,从而大大减少滑块运动时的摩擦力。滑块上固定有宽度为 Δx 的挡光片,光电门测量挡光片经过的时间 Δt,$\frac{\Delta x}{\Delta t}$ 就是滑块的平均速度,如果 Δx 和 Δt 很小,这个平均速度可近似为瞬时速度。光电门的位置坐标则通过标尺读出。

1. 倾斜法测量重力加速度

在气垫导轨底脚下垫高度为 h 的垫片,使气垫导轨倾斜角为 θ,让滑块匀变速下滑和上行,如图 4-2-1 所示。测得挡光片经过两个光电门的时间分别为 Δt_1 和 Δt_2,计算或从计数器上直接读出相应的 v_1 和 v_2,读出光电门的位置坐标 x_1 和 x_2。下滑和上行的加速度 a 为

$$a=\frac{v_2^2-v_1^2}{2(x_2-x_1)} \tag{4-2-1}$$

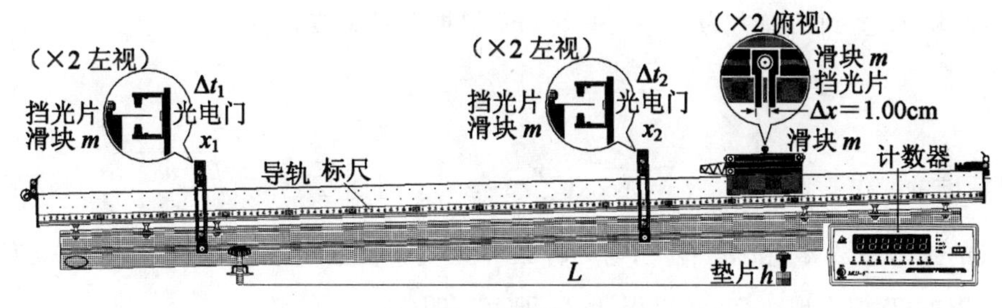

图 4-2-1　倾斜法

测得的加速度 a 包括没有空气阻力时的加速度 $g\cdot\sin\theta$ 和空气阻力产生的 $a_{阻}$,近似认为空气阻力不变即 $a_{阻}$ 不变,滑块下滑和上行时的加速度分别为

$$a_{下}=g\cdot\sin\theta-a_{阻},\quad a_{上}=g\cdot\sin\theta+a_{阻} \tag{4-2-2}$$

气垫导轨倾斜角 θ 与左、右底脚之间的距离 L、垫片的高度 h 满足

$$L\sin\theta=h \tag{4-2-3}$$

由式(4-2-1)、式(4-2-2)、式(4-2-3)可以解得

$$g=\frac{L}{2h}(a_{上}+a_{下}) \tag{4-2-4}$$

2. 完全弹性碰撞(见图 4-2-2)

两个滑块质量分别为 m_1 和 m_2,初速度为 v_{11} 和 v_{21},完全弹性碰撞后速度为 v_{12} 和 v_{22},根据动量守恒定律和动能守恒定律,则

$$m_1v_{11}+m_2v_{21}=m_1v_{12}+m_2v_{22} \tag{4-2-5}$$

$$\frac{1}{2}m_1v_{11}^2+\frac{1}{2}m_2v_{21}^2=\frac{1}{2}m_1v_{12}^2+\frac{1}{2}m_2v_{22}^2 \tag{4-2-6}$$

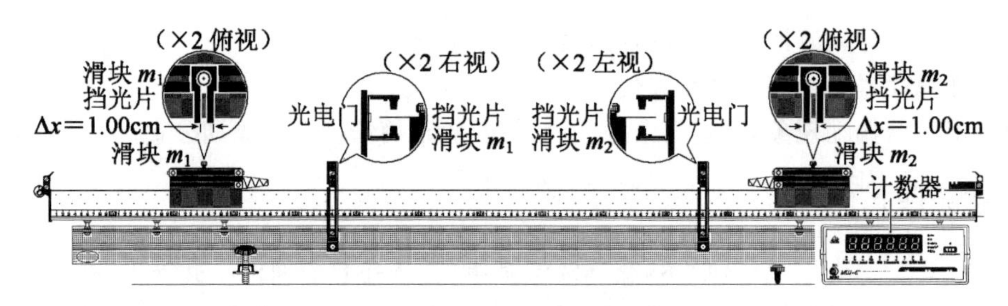

图 4-2-2 完全弹性碰撞

联合解得

$$v_{12}=\frac{(m_1-m_2)v_{11}+2m_2v_{21}}{m_1+m_2} \tag{4-2-7}$$

$$v_{22}=\frac{(m_2-m_1)v_{21}+2m_1v_{11}}{m_2+m_1} \tag{4-2-8}$$

进一步,若 $m_1=m_2$,则 $v_{12}=v_{21}$,$v_{22}=v_{11}$,即质量相等就交换速度。

3. 简谐振动(见图 4-2-3)

滑块 m 两端分别挂上弹力系数为 k_1 和 k_2 的弹簧,让滑块 m 从平衡位置 O 位移 x,根据胡克定律,滑块 m 受到的弹力为 $-(k_1+k_2)x$,根据牛顿第二定律

$$m\frac{\mathrm{d}^2x}{\mathrm{d}t^2}=-(k_1+k_2)x \tag{4-2-9}$$

这是标准的简谐振动方程,$x=A\cos\left(\frac{2\pi}{T}t+\varphi_0\right)$,周期 $T=2\pi\sqrt{\frac{m}{k_1+k_2}}$,只与滑块的质量 m、弹簧的弹力系数 k_1 和 k_2 有关,与外界条件无关。在滑块顶面添加配重片,改变滑块的总质量 m,周期 T 相应地改变,测得周期 T,即可证明 $T\propto\sqrt{m}$。

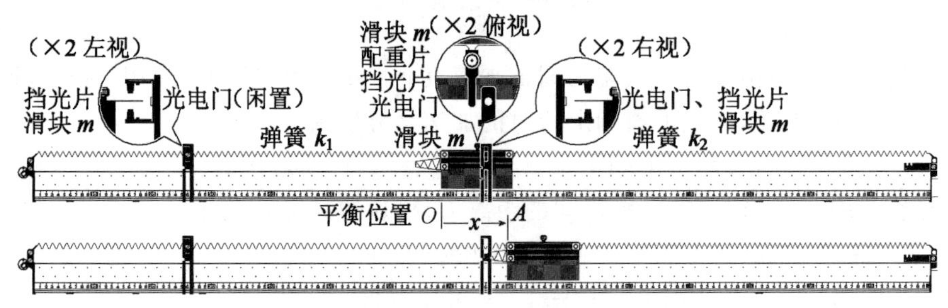

图 4-2-3 简谐振动

【实验仪器】

气垫导轨、气泵、MUJ-6B 型电脑通用计数器。

气垫导轨(见图 4-2-1 至图 4-2-3),长 1.5 m,横截面是等腰直角三角形,铝质表面,加工精细,两侧各有两排小孔,空气经气泵压缩后从小孔喷出,在导轨和滑块之间形成很薄的气垫,托起滑块。导轨安装在钢梁上,下方有标尺,左端有滑轮,两端有弹簧挂孔。横梁下面有三个螺钉,可支撑和调整导轨的水平,在螺钉下加放垫片,可使导轨倾斜。

气垫导轨的附件比较多，主要有滑块、挂钩、弹性碰撞环、挡光片、配重片、弹簧、片状砝码、光电门、垫片。滑块两侧各有两个凹槽，可以安装挂钩、弹性碰撞环，上面的凹槽可以安装挡光片、配重片，并且都可以用螺母压紧。弹簧和牵引线可以挂在挂钩上，光电门安装在钢质横梁侧面，可以移动和固定。

气垫导轨是精密机械产品，表面的平直度、光洁度都很高，滑块内表面加工精细，与轨面紧密配合，不可随便调换，不得碰撞、划伤、摔落。气泵未开启时，决不允许将滑块在导轨上来回滑动。实验完毕，先将滑块从导轨上取下，再关闭气泵。气垫导轨表面和滑块内表面必须保持清洁，如有污物，用纱布沾少许酒精擦净。如小气孔堵塞，用细钢丝疏通。实验完毕，用布将导轨盖好。

MUJ－6B 型电脑通用计数器(见图 4－2－4)，背面有电源开关和两个光电门的插口，光电门的序号 P_1、P_2 由计数器背面的插口定义，面板上方为 6 位 LED 数码管显示窗，显示窗下面是 10 个功能指示灯，右边是 5 个计量单位指示灯和“电磁铁(ELECTROMAGNET)”按钮，右下方是“功能(FUNCTION)”“转换(CHANGOVER)”“取数(DATA FETCH)”三个按钮，被测频率信号从面板左下方的“输入(IMPUT)”处输入。

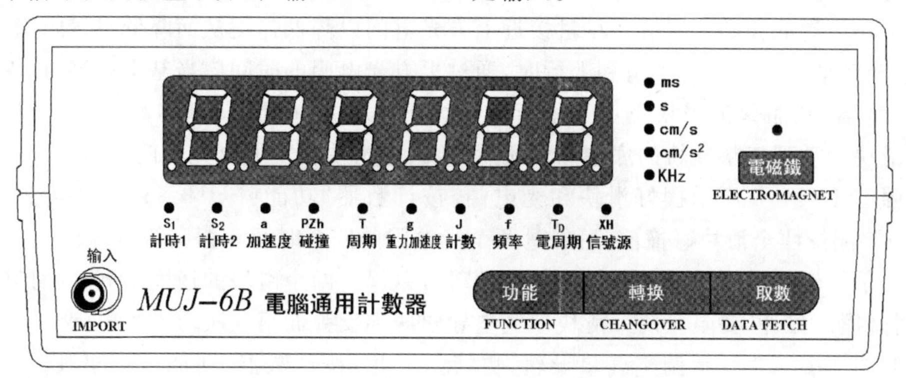

图 4－2－4　MUJ－6B 电脑通用计数器面板

若光电门被挡光，计数器内就有数据，第一次按“功能(FUNCTION)”按钮，屏上显示“0”，清除数据后再按，依照面板顺序向右转换到下一种功能。若光电门未被挡光，计数器内无数据，按一次“功能(FUNCTION)”按钮就向右转换到下一种功能，字母上方对应的指示灯发光。按住“转换(CHANGOVER)”按钮，可设置当前功能下的工作参数。按“取数(DATA FETCH)”，可依次显示测得的数据。

下面简单介绍部分功能。

S_2(计时 2)：测量挡光片挡光时间和速度。默认挡光片宽度为 1.0 cm，宽度设置仅限 1.0 cm、3.0 cm、5.0 cm 和 10.0 cm，若要将挡光片宽度设置为需要的宽度，按住“转换(CHANGOVER)”按钮，显示窗依次显示“1.0”“3.0”“5.0”和“10.0”。当显示到需要的宽度时松手，调整完毕。按“取数(DATA FETCH)”按钮，若依次显示“P1.1”“1.23”“P1.2”“4.56”……表示光电门 P_1 第 1 次被挡光时间是 1.23，光电门 P_1 第 2 次被挡光时间是 4.56……计量单位则由显示窗右侧的计量单位指示灯指示。若要显示挡光片的速度，按“转换(CHANGOVER)”按钮，使计量单位指示灯转换到“cm/s”，再按“取数(DATA FETCH)”按钮。

PZh(碰撞)：测量一次碰撞过程中两个滑块上的挡光片在碰撞前、后两次通过光电门的四个挡光时间。按“取数(DATA FETCH)”按钮,按照“S_2(计时 2)”的方式依次显示数据。

T(周期):测量简谐振动 1 ～ 100 个周期的时间,默认 1 个周期。若需调整周期数,在该功能下,按住“转换(CHANGOVER)”按钮,显示到所需的周期数时松手,调整完毕。测量时,显示的周期数逐步减少,测量完毕,显示总时间。该功能要更换专用的挡光片,参见图 4－2－3。

J(计数):测量光电门的遮光次数。挡光片同“T 周期”。

F(频率):可测量正弦波、方波、三角波、调幅波的频率。

【实验内容和步骤】

(1)调节钢质横梁下的底脚,使气垫导轨基本水平,然后将滑块放上去,如果滑块向一边滑动,说明该方向比较低,仔细调节三个底脚,使滑块居中不动,即气垫导轨已经水平。

(2)按照图 4－2－1 所示用垫片将导轨底脚垫高,确认挡光片正确,按计数器“功能(FUNCTION)”按钮,调到“S_2(计时 2)”,按计数器“转换(CHANGOVER)”按钮,调节 Δx 为 1 cm,分别测量下滑和上行时挡光片经过两个光电门的时间 Δt_1 和 Δt_2,并记录相应的 v_1 和 v_2,记录光电门的位置坐标 x_1 和 x_2。

注意,滑块下滑的开始位置应当尽量接近上方光电门以降低速度从而降低空气阻力;滑块上行则用手轻轻推一下。滑块下滑和上行时,通过上方光电门的时间应当基本相当,以保证空气阻力基本相当,从而保证滑块下滑和上行时阻力产生的加速度 $a_{阻}$ 基本相当,并且尽可能小。另外,滑块运动到气垫导轨的底端和顶端后,要阻止滑块再次通过光电门。

(3)按照图 4－2－2 所示摆好滑块和光电门,按计数器“功能(FUNCTION)”按钮,调到“PZh(碰撞)”,测量两个滑块碰撞前、后经过两个光电门的四个时间和相应的速度。

注意,用手轻轻推滑块时,要控制好力度和节拍,以保证两个滑块的速度不同,并且在两个光电门之间碰撞。另外,要阻止两个滑块被气垫导轨两端反弹而第三次通过光电门。

(4)按照图 4－2－3 所示调整气垫导轨,更换挡光片,按计数器“功能(FUNCTION)”按钮,调到“T 周期”,按计数器“转换(CHANGOVER)”按钮,调到 10 个周期。光电门大致位于挡光片的平衡位置即可(为什么?)。测量不同振幅下 10 个周期的 $10T_0$,计算周期 T_0,然后逐步增加配重片,测量不同振幅下的 10 个周期,计算相应的周期,证明周期与滑块质量的关系 $T \propto \sqrt{m}$。

【数据记录及处理】

1. 倾斜法测量重力加速度 g(数据见表 4－2－1)

表 4－2－1　倾斜法测量重力加速度实验数据

$L=$ 　　　　cm,　$x_1=$ 　　　　cm,　$x_2=$ 　　　　cm。

<table>
<tr><th>h</th><th>光电门 P_1</th><th>光电门 P_2</th><th>加速度 a</th><th>重力加速度 g</th></tr>
<tr><td rowspan="4">$h=1.00$ cm</td><td>$\Delta t_1=$</td><td>$\Delta t_2=$</td><td rowspan="2">$a_{上}=$</td><td rowspan="4"></td></tr>
<tr><td>$v_1=$</td><td>$v_2=$</td></tr>
<tr><td>$\Delta t_1=$</td><td>$\Delta t_2=$</td><td rowspan="2">$a_{下}=$</td></tr>
<tr><td>$v_1=$</td><td>$v_2=$</td></tr>
</table>

($h=2.00$ cm 的表格,请读者自己向下补充。)

2. 完全弹性碰撞(数据见表 4-2-2)

表 4-2-2　完全弹性碰撞实验数据

挡光片宽度:$\Delta x=1.00$ cm,滑块质量 $m_1=$________g,　$m_2=$________g。

光电门 P_1	光电门 P_2	光电门 P_1	光电门 P_2
$\Delta t_{11}=$	$\Delta t_{21}=$	$\Delta t_{12}=$	$\Delta t_{22}=$
$v_{11}=$	$v_{21}=$	$v_{12}=$	$v_{22}=$

计算碰撞前、后的总动量和总动能,并讨论是否守恒

$$\text{动量损失率 } E=\left|\frac{m_1 v_{11}-m_2 v_{22}}{m_1 v_{11}}\right|\times 100\%=\left|\frac{v_{11}-v_{22}}{v_{11}}\right|\times 100\%=$$

3. 简谐振动(数据见表 4-2-3)

表 4-2-3　简谐振动实验数据

滑块 $m=$______g,配重片 $m_0=$______g,周期数:10。

A/cm	8.00	10.00	12.00	14.00	16.00	18.00	平均
$10T$/s							
T/s							
结论	$\overline{T}_0\pm\sigma_{\overline{T}_0}=$　　　　　　, $E=\frac{\sigma_{\overline{T}_0}}{\overline{T}_0}\times 100\%=$						

(加配重片测 T_1、T_2、T_3、T_4 的表格,请同学自己向下补充。)

$$\frac{T_0}{\sqrt{m}}:\frac{T_1}{\sqrt{m+m_0}}:\frac{T_1}{\sqrt{m+2m_0}}:\frac{T_1}{\sqrt{m+3m_0}}:\frac{T_1}{\sqrt{m+4m_0}}=\_\_\_\_:\_\_\_\_:\_\_\_\_:\_\_\_\_:\_\_\_\_$$

结论:

【问题讨论】

(1)调整与判断气垫导轨是否水平的依据是什么?

(2)滑块的速度不同是否会影响加速度的测定?如何减少空气阻力造成的误差?

(3)测量简谐振动周期,为什么光电门大致位于滑块的平衡位置即可?

4.2.2　气垫导轨综合实验

【预习思考题】

(1)什么是物体的平均速度和即时速度?

(2)牛顿第二定律中三个物理量之间的关系是什么?

(3)碰撞中动量守恒怎么验证?

【实验目的】

(1)观察物体的变速直线运动,测定变速直线运动的平均速度和即时速度。

(2)验证 $F=ma$ 关系式,以加深对牛顿第二定律的理解。

(3)在弹性碰撞和完全非弹性碰撞两种情形下,验证动量守恒定律。

【实验原理】

1. 测定变速直线运动的平均速度和即时速度

原理及测量方法:运动体做变速运动时在相等的时间里的位移不相等,它没有恒定的速度,粗略的方法是把它看作匀速运动,即 $v=s/t$。要精确地描述变速直线运动,还需要知道运动体在每一时刻(或位置)的运动速度,这就是即时速度。光电门 G_1、G_2 可以测量物体通过的时间,从而计算(自动或手工)物体通过平均速度,如果物体通过的时间足够小,可以将平均速度近似为即时速度。

2. 验证牛顿第二定律

实验原理:将砝码盘(桶)用细线跨过滑轮穿过端盖上小孔与滑行器相连,此时滑行器在水平拉力 F 的作用下作匀加速运动,用改变牵引砝码的质量来改变作用力,验证 $a\propto F$ 或者用增减滑行器上的配重块来改变滑行器质量,验证 $a\propto 1/m$。

3. 验证动量守恒定律

实验原理:在水平导轨上放两个滑行器,以这两个滑行器作为系统,在水平方向不受外力,两滑行器碰撞前、后的总动量应保持不变。

设两滑行器的质量分别为 m_A 和 m_B,相碰前的速度为 v_A 和 v_B,相碰后的速度为 v_A' 和 v_B',则根据动量守恒定律有

$$m_A v_A + m_B v_B = m_A v_A' + m_B v_B' \tag{4-2-10}$$

只要测出两个滑行器在碰撞前后的速度,称出两个滑行器的质量,即可验证上述动量守恒定律。

【实验仪器】

光电门 2 个、滑行器、砝码盘(桶)、砝码、挡光片、砝码若干、非弹性碰撞器 1 对、弹性碰撞器 2 个、相同尺寸的挡光片 2 个配重块等。

【实验步骤】

1. 验证牛顿第二定律(装置见图 4-2-5)

(1)小心安装,调节导轨上的滑轮,使其既转动自如又松紧适中。

(2)调整导轨水平状态。

(3)将拴在砝码盘(桶)上的细线跨过滑轮并通过端盖上的小孔挂在滑行器侧面的小钩上。

(4)将滑行器选好起始位置,并将两个光电门拉开一定距离固定在气轨底座上,注意当砝码盘(桶)着地前,滑行器要能通过靠近滑轮一侧的光电门,并量出两光电门的中心距离 S。

(5)用天平准确称出各运动部件的质量,让滑行器在力 F 的作用下运动,记录滑行器经过两光电门后计时器所显示的时间 t_1、t_2 或即时速度 v_1、v_2(取决于电脑计时器的功能),其中 $v_1=\Delta S/t_1$,$v_2=\Delta S/_t2$ (ΔS 为挡光片的计时宽度),滑行器运动的加速度 a 可按下式计算

$$a=(v_2^2-v_1^2)/2S$$

(6)逐次改变作用力 F 的大小,重复上述实验,分别测出加速度 a。

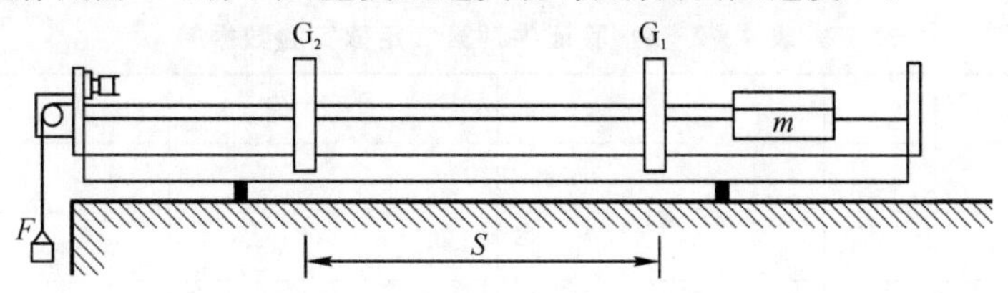

图 4-2-5　砝码桶(盘)验证牛顿第二定律实验装置示意简图

2. 验证动量守恒定律(弹性碰撞)

1)**两滑行器质量相等**(令 $v_A=0$,装置见图 4-2-6)

(1)将两滑行器的碰撞端各装好弹性碰撞器。

(2)将导轨调成水平状态。

(3)将两个质量相等的滑行器放置导轨上,A 滑行器静止放置在两个光电门之间,给 B 滑行器以一定的初速度 v_B,其速度可由光电门 G_2 测定,两滑行器相碰后 B 滑行器静止,而 A 滑行器获得速度 v'_A,其速度可由光电门 G_1 测定,计算 B 滑行器在碰撞前的速度与 A 滑行器碰撞后的速度是否相等。

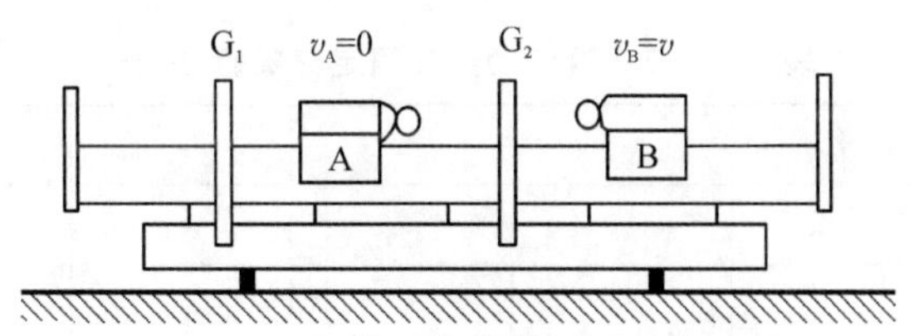

图 4-2-6　弹性碰撞实验装置示意简图一

2)**两滑行器质量不相等**($v_A=0$,装置见图 4-2-7)

(1)令 A 滑行器静止($v_A=0$),B 滑行器两侧加上配重块,给 B 滑行器以一定的初速度,其大小可由光电门 G_2 测定。

(2)相碰后两滑行器的速度 v'_A 和 v'_B 分别由光电门 G_1 测定。

(3)用天平称出两滑行器的质量 m_A 和 m_B。

(4)计算碰撞前后的总动量,验证式(4-2-10)。

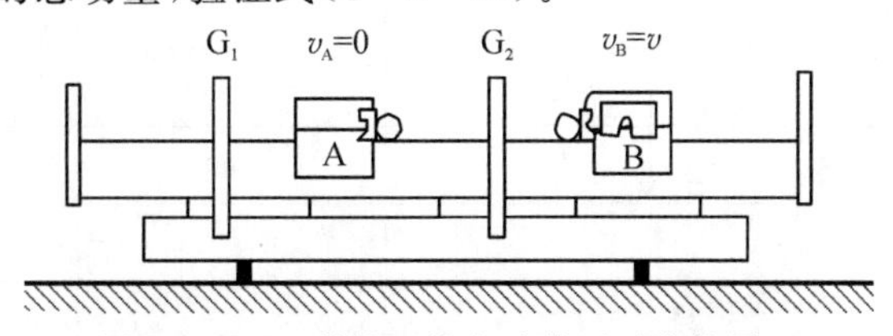

图 4-2-7　弹性碰撞实验装置示意简图二

【实验数据记录】

1. 验证牛顿第二定律(数据见表 4-2-4)

固定 G_1、G_2 距离 $s=$______ m,测量滑块质量 $m_0=$______ kg。

根据公式 $a=(v_2^2-v_1^2)/2S$ 计算加速度，验证 $F=ma$。

表 4-2-4　验证牛顿第二定律实验数据

配重质量 m_i /g					
重力 F/N					
v_1 /(m·s^{-1})					
v_2 /(m·s^{-1})					
加速度 a/(m·s^{-2})					
计算 ma/N					

重力 $F=m_ig$，　质量 $m=m_0+m_i$，重力加速度取 9.8 m/s^2。

计算 ma 的值，并与重力 F 比较，验证是否符合牛顿第二定律。

结论：________________

2. 验证动量守恒定律

测量滑块质量 $m_A=$______ kg，$m_B=$kg。

(1)两滑块质量近似相等，验证 $m_Bv_B=m_Av'_A$(数据见表 4-2-5)。

表 4-2-5　验证动量守恒定律实验数据一

v_B /(m·s^{-1})					
v'_A /(m·s^{-1})					
m_Bv_B /(kg·m·s^{-1})					
$m_Av'_A$ /(kg·m·s^{-1})					

结论：________________

(2)给滑块 B 添加配重块，$P_A=0$，$P_B=(m_B+m_i)v_B$，$P'_A=m_Av'_A$，$P'_B=(m_B+m_i)v'_B$，验证 $P_A+P_B=P'_A+P'_B$(数据见表 4-2-6)。

表 4-2-6　验证动量守恒实验数据二

质量	m_B+m_0	m_B+m_1	m_B+m_2	m_B+m_3	m_B+m_4
v_B /(m·s^{-1})					
v'_A (m·s^{-1})					
v'_B (m·s^{-1})					
P_B /(kg·m·s^{-1})					
P'_A /(kg·m·s^{-1})					
P'_B /(kg·m·s^{-1})					

结论：________________

4.3　转动惯量的测量

4.3.1　用扭摆测定刚体转动惯量实验

转动惯量是表征转动物体惯性大小的物理量，是研究、设计和控制转动物体运动规律的重要工程技术参数。如钟表摆轮、精密电表动圈的设计、枪炮的弹丸、机械零件、导弹和卫星的发射等，都不能忽视转动惯量的大小。因此测定物体的转动惯量具有重要的实际意义。刚体的转动惯量与刚体的质量分布、形状和转轴的位置都有关系。对于形状较简单的刚体，可以通过计算求出它绕定轴的转动惯量；但形状较复杂的刚体计算起来非常困难，通常采用实验方法来测定。本实验是让物体做扭转摆动，通过摆动周期的测定，计算出待测物体的转动惯量与标准物体的转动惯量的相对大小。

【预习思考题】

(1)刚体的转动惯量与哪些因素有关？

(2)在测定摆动周期时，光电探头应放置在光杆平衡位置处，为什么？

(3)数字式计时仪的仪器误差是 0.01 s，实验中为什么要测量 10 个周期的时间？

【实验目的】

(1)用扭摆和标准物体测定螺旋弹簧的扭转系数 k。

(2)测定几种不同形状刚体的转动惯量，并与理论值进行比较。

(3)验证平行轴定理。

【实验原理】

刚体的转动惯量是描述刚体转动时惯性大小的物理量，计算公式为

$$J=\int x^2\mathrm{d}m \qquad (4-3-1)$$

式中，$\mathrm{d}m$ 是刚体中某一质点的质量；r 是该质点到转轴的距离；J 是转动惯量。

转动惯量主要有以下几个性质：

1. 质量分布

转动惯量在刚体转动中的地位类似于质量在质点平动中的地位，但也有区别。同一刚体相对不同的转轴有不同的转动惯量，质点的质量却不因参照系的不同而不同；如果刚体的质量分布(即形状、大小和密度分布)发生变化，转动惯量也相应变化，而质点不存在质量分布这个问题。

2. 叠加原理

如果一个大刚体是由几个小刚体连接而成的，在转轴相同的前提下，大刚体的转动惯量 J 和各小刚体的转动惯量 J_i 满足叠加原理，如下

$$J=\sum J_i \qquad (4-3-2)$$

3. 平行轴定理

如果一个质量为 m 的刚体有两个相互平行的转轴，相距 x，其中一个转轴通过质心，相应的转动惯量为 J_C，另一个转轴相应的转动惯量为 J，则

$$J=J_C=mx^2 \tag{4-3-3}$$

该结论称为平行轴定理。它说明，当转轴通过质心时，转动惯量最小。

4. 定轴转动定律

一个刚体受到外力矩作用时，转动速度会发生变化。外力矩 M、刚体转动惯量 J 和刚体角加速度 α 的关系就是定轴转动定律，如下

$$M=J\,,\ \alpha=J\ \frac{\mathrm{d}^2\theta}{\mathrm{d}t^2} \tag{4-3-4}$$

定轴转动定律在刚体转动中的地位类似于质点平动中的牛顿第二运动定律。

本实验的扭摆如图 4-3-1 所示，转轴上有薄片状的螺旋弹簧，可以产生恢复力矩。转轴上方可安装金属载物圆盘和各种待测刚体，转轴与支架间装有轴承，可以降低摩擦力矩。刚体在水平面内转过角度 θ 后，在恢复力矩作用下绕转轴做往返摆动。根据胡克定律，恢复力矩 M、弹簧的扭转系数 k 和角度 θ 的关系为

$$M=-k\theta \tag{4-3-5}$$

将式(4-3-5)代入式(4-3-4)，并且忽略轴承的摩擦阻力矩，可得

$$\frac{\mathrm{d}^2\theta}{\mathrm{d}t^2}=-\frac{k}{J}\theta \tag{4-3-6}$$

这是标准的简谐振动方程，振动周期 T 为

$$T=2\pi\sqrt{\frac{J}{k}} \tag{4-3-7}$$

设金属载物圆盘和转轴的转动惯量为 J_0，测得空载的振动周期为 T_0，在圆盘上放一个已知转动惯量为 J_1 的标准物体，测得振动周期为 T_1；换上一个转动惯量未知(设为 J_2)的物体，测得振动周期为 T_2，根据式(4-3-7)有

$$T_0=2\pi\sqrt{\frac{J_0}{k}}\,,\ T_1=2\pi\sqrt{\frac{J_0+J_1}{k}}\,,\ T_2=2\pi\sqrt{\frac{J_0+J_2}{k}} \tag{4-3-8}$$

联合解得

$$J_0=\frac{T_0^2}{T_1^2-T_0^2}J_1\,,\ k=\frac{4\pi^2}{T_1^2-T_0^2}J_1\,,\ J_2=\frac{T_2^2-T_0^2}{T_1^2-T_0^2}J_1 \tag{4-3-9}$$

本实验的标准物体是塑料圆柱体，根据它的质量和几何尺寸用理论公式计算出转动惯量 J_1，再测量 T_0 和 T_1，计算出弹簧的扭转系数 k。然后将待测金属圆筒放在仪器顶部的载物圆盘上，测定其摆动周期 T_2，再由式(4-3-9)计算出转动惯量 J_2。

卸下塑料圆柱体和载物圆盘，依次将实心球和金属细长杆直接安装在转轴上，分别测量振动周期。由于卸下了金属载物圆盘，$J_2=\frac{T_2^2}{T_1^2-T_0^2}J_1$(请读者自己推导)。

验证平行轴定理时，测定金属细长杆、转轴、两个滑块组成的大刚体的摆动周期 T，然后求出它们的总转动惯量 J。如果 J 与 x^2 是直线关系，即可验证平行轴定理，这里的 x 是滑块

质心到转轴的距离。求 J 的方法有两个：一是在毫米方格纸上作 $J-x^2$ 曲线；二是与理论公式 $J=J_4+2\times\left\{\left[\frac{1}{16}m(D^2+d^2)+\frac{1}{12}mL^2\right]+mx^2\right\}$ 比较。式中，J_4 是金属细长杆的转动惯量；m、D、d、L 分别是套在金属细长杆上的两个滑块的质量、外径、内径、长度。

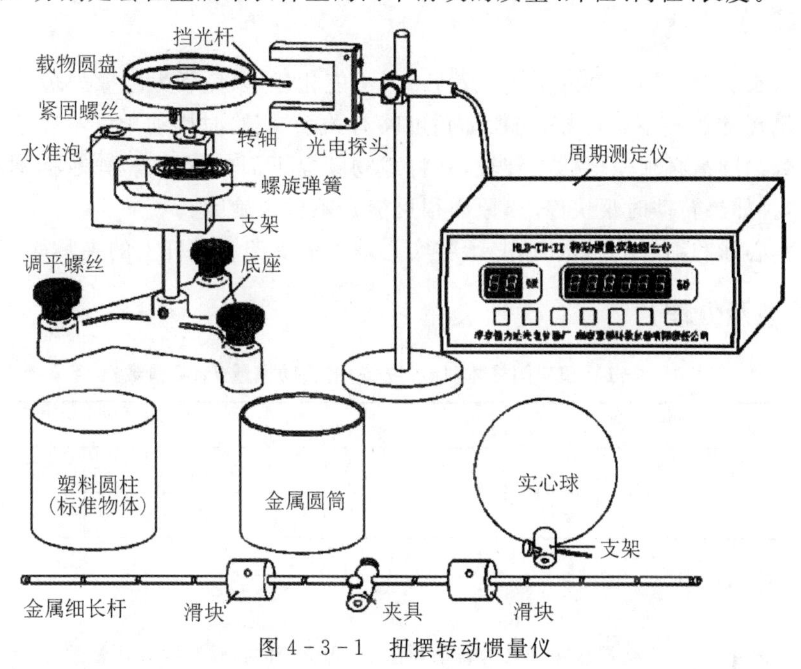

图 4-3-1 扭摆转动惯量仪

【实验仪器】

扭摆、塑料圆柱体、实心球、金属圆筒、金属细长杆（两个滑块可在上面自由移动）、光电探头数字式周期测定仪、物理天平、游标卡尺、钢卷尺。

【实验内容和步骤】

(1)用物理天平、游标卡尺将待测刚体的质量和必要的几何尺寸全部测量完毕。

(2)调整扭摆底座的调平螺丝，使水准泡中的气泡居中。

(3)在转轴上装好金属载物圆盘，调整光电探头的位置，使载物圆盘上的挡光杆位于探头缺口中央，并且能挡住发射、接收红外线的小孔，测量空载时 10 个周期的时间 $10T_0$。然后加载标准物体（塑料圆柱体），再测量 10 个周期的时间 $10T_1$。由式(4-3-8)计算出弹簧的扭转常数 k 和金属载物圆盘的转动惯量 J_0。数据记录在表 4-3-1 和表 4-3-2 中。

(4)将待测金属圆筒放在金属载物圆盘上，测出振动 10 次的时间 $10T_2$。数据记录在表 4-3-3 中。

(5)卸下金属圆筒和金属载物圆盘，装上实心球，测出振动 10 次的时间 $10T_3$。数据记录在表 4-3-4 中。

(6)卸下实心球，装上金属细长杆，细杆中心与转轴重合，测量振动 10 次的时间 $10T_4$。数据记录在表 4-3-5 中。

(7)将滑块对称放置在细杆两边的凹槽内，滑块质心离转动轴的距离 x 分别为 5.00 cm、

10.00 cm、15.00 cm、20.00 cm、25.0 cm，分别测出摆动 10 个周期的时间。计算出相应的转动惯量，数据记录在表 4-3-6 中。作 $J-x^2$ 曲线，验证转动惯量的平行轴定理。

由于夹具的转动惯量与金属细杆的转动惯量相比很小，因此在计算中可以忽略不计。

【注意事项】

(1)光电探头放置在挡光杆的平衡位置，二者不能相碰，以免增大摩擦力矩。

(2)由于扭转常数 k 不是常数，与摆动角度略有关系，实验时摆动角度不要超过 60°。

(3)金属载物圆盘必须完全插入转轴，并将载物圆盘下面的紧固螺丝旋紧，使它与弹簧组成牢固的整体。如果转动时很快停下，原因很可能是螺丝未旋紧。

(4)在称实心球和细杆的质量时，必须将实心球下的支架和细杆上的夹具取下。

【数据记录及处理】

表 4-3-1　塑料圆柱体(标准物体)的转动惯量 J_1 测量数据

测量次数	1	2	3	平均
直径 D/cm				
质量 m/g				

$$J_1=\frac{1}{8}mD^2=$$

表 4-3-2　金属载物圆盘的转动惯量 J_0 和弹簧的扭转系数 k 测量数据

测量次数	1	2	3	平均一个周期
空载 T_0/s				
加载后 T_1/s				

$$J_0=\frac{{T_0}^2}{{T_1}^2-{T_0}^2}J_1= \qquad ,k=\frac{4\pi^2}{{T_1}^2-{T_0}^2}J_1=$$

表 4-3-3　金属圆筒测量数据

测量次数	1	2	3	平均
外直径 D/cm				
内直径 d/cm				
质量 m/g		—	—	—
T_2/s				

实验值 $J_2=\dfrac{T_2^2-T_0^2}{T_1^2-T_0^2}J_1$，理论值 $J_{20}=\dfrac{1}{8}m(D^2+d^2)$

$J_2=$ 　　　　　　，$J_{20}=$ 　　　　　　，相对误差 $E=\dfrac{|J_2-J_{20}|}{J_{20}}\times 100\%=$

表 4-3-4　实心球测量数据

测量次数	1	2	3	平均
直径 D/cm				
质量 m/g		—	—	—
T_3/s				

实验值 $J_3=\dfrac{T_3^2}{T_1^2-T_0^2}J_1$，理论值 $J_{30}=\dfrac{1}{10}mD^2$

$J_3=$　　　　　　，$J_{30}=$　　　　　　，相对误差 $E=\dfrac{|J_3-J_{30}|}{J_{30}}\times 100\%=$

表 4-3-5　金属细长杆测量数据

测量次数	1	2	3	平均
长度 L/cm				
质量 m/g		—	—	—
T_4/s				

实验值 $J_4=\dfrac{T_4^2}{T_1^2-T_0^2}J_1$，理论值 $J_{40}=\dfrac{1}{12}mL^2$

$J_4=$　　　　　　，$J_{40}=$　　　　　　，相对误差 $E=\dfrac{|J_4-J_{40}|}{J_{40}}\times 100\%=$

表 4-3-6　验证平行轴定理测量数据

x/cm	第一次 $10T$/s	第二次 $10T$/s	第三次 $10T$/s	平均周期 T/s	转动惯量 J（实验值）	转动惯量 J（理论值）
5.00						
10.00						
15.00						
20.00						
25.00						

注：实验值和理论值的计算公式见“实验原理”。

滑块 $m=$　　　　，$D=$　　　　，$d=$　　　　，$L=$　　　　。

以 x^2 为横轴、J 为纵轴，用毫米方格纸作 $J-x^2$ 曲线，用两点法求斜率和截距，并讨论。

【问题讨论】

(1)实验中为什么要测量扭转常数？采用了什么方法？

(2)验证平行轴定理实验中，金属细杆的作用是什么？

(3)摆动角的大小是否会影响摆动周期？如何确定摆动角的大小？

(4)根据误差分析，要使本实验做得准确，关键应抓住哪几个量的测量？为什么？

4.3.2 用恒力矩转动法测定刚体转动惯量实验

【预习思考题】

(1)刚体定轴转动定律中力矩与转动惯量和角加速度的定量关系。
(2)转动惯量和哪些因素有关?

【实验目的】

(1)学习用恒力矩转动法测定刚体转动惯量的原理和方法。
(2)观测刚体的转动惯量随其质量、质量分布及转轴不同而改变的情况,验证平行轴定理。
(3)验证角动量守恒。

【实验仪器】

角动量守恒定律实验仪、砝码和挂钩、待测试样、水平仪等。

【实验原理】

1.恒力矩转动法测定转动惯量的原理

根据刚体的定轴转动定律

$$\boldsymbol{M}=J\boldsymbol{\beta} \tag{4-3-10}$$

只要测定刚体转动时所受的合外力矩 $\boldsymbol{M}$ 及该力矩作用下刚体转动的角加速度 $\boldsymbol{\beta}$,就可计算出该刚体的转动惯量 J。

设以某初始角速度转动的空实验台转动惯量为 J_1,未加砝码时,在摩擦阻力矩 $\boldsymbol{M}_\mu$ 的作用下,实验台将以角加速度 $\boldsymbol{\beta}_1$ 做匀减速运动,即

$$-\boldsymbol{M}_\mu=J_1\boldsymbol{\beta}_1 \tag{4-3-11}$$

将质量为 m 的砝码用细线绕在半径为 R 的实验台塔轮上,并让砝码下落,系统在恒外力矩作用下将作匀加速运动。若砝码的加速度为 $\boldsymbol{a}$,则细线所受张力为 $\boldsymbol{T}=m(\boldsymbol{g}-\boldsymbol{a})$。其中 m 是砝码和托盘或挂钩的质量之和。若此时实验台的角加速度为 $\boldsymbol{\beta}_2$,则绕线塔轮边沿处的切向加速度 $\boldsymbol{a}_\tau=\boldsymbol{a}=R\boldsymbol{\beta}_2$。经线施加给实验台的力矩为 $\boldsymbol{T}R=m(\boldsymbol{g}-R\boldsymbol{\beta}_2)R$,此时有

$$m(\boldsymbol{g}-R\boldsymbol{\beta}_2)R-\boldsymbol{M}_\mu=J_1\boldsymbol{\beta}_2 \tag{4-3-12}$$

将式(4-3-11)、式(4-3-12)联立消去 $\boldsymbol{M}_\mu$ 后,可得

$$J_1=\frac{mR(\boldsymbol{g}-R\boldsymbol{\beta}_2)}{\boldsymbol{\beta}_2-\boldsymbol{\beta}_1} \tag{4-3-13}$$

同理,若在实验台上加上被测物体后系统的转动惯量为 J_2,加砝码前后的角加速度分别为 $\boldsymbol{\beta}_3$ 与 $\boldsymbol{\beta}_4$,则有

$$J_2=\frac{mR(\boldsymbol{g}-R\boldsymbol{\beta}_4)}{\boldsymbol{\beta}_4-\boldsymbol{\beta}_3} \tag{4-3-14}$$

由转动惯量的叠加原理可知,被测试件的转动惯量 J_3 为

$$J_3=J_2-J_1 \tag{4-3-15}$$

测得 R 、m 及 $\boldsymbol{\beta}_1$、$\boldsymbol{\beta}_2$、$\boldsymbol{\beta}_3$、$\boldsymbol{\beta}_4$，由式(4-3-13)、式(4-3-14)、式(4-3-15)即可计算被测试件的转动惯量。

2. $\boldsymbol{\beta}$ 的测量

实验中采用测试仪记录遮挡次数和相应的时间。固定的载物台圆周边缘相差 π 角的两遮光细棒，每转动半圈遮挡一次固定在底座上的光电门，即产生一个计数光电脉冲，测试仪记下遮挡次数 k 和相应的时间 t。若从第一次挡光($k=0, t=0$)开始计次、计时，t_m 作为第 k_m 次遮挡时所用的总时间，且初始角速度为 $\boldsymbol{\omega}_0$，则对于匀变速运动中测量得到的任意两组数据 (k_m, t_m)，(k_n, t_n)，相应的角位移 $\Delta\theta_m$，$\Delta\theta_n$ 分别为

$$\Delta\theta_m = k_m\pi = \omega_0 t_m + \frac{1}{2}\boldsymbol{\beta} t_m^2 \tag{4-3-16}$$

$$\Delta\theta_n = k_n\pi = \omega_0 t_n + \frac{1}{2}\boldsymbol{\beta} t_n^2 \tag{4-3-17}$$

从式(4-3-16)、式(4-3-17)中消去 $\boldsymbol{\omega}_0$，可得

$$\boldsymbol{\beta} = \frac{2\pi(k_n t_m - k_m t_n)}{t_n^2 t_m - t_m^2 t_n} \tag{4-3-18}$$

由式(4-3-18)即可计算角加速度 $\boldsymbol{\beta}$。

关于计算角加速度 $\boldsymbol{\beta}$，最好测出角位移 θ 和时间(时刻)t 的关系，通过曲线拟合计算匀加速或者匀减速时的角加速度。

3. 平行轴定理

理论分析表明，质量为 m 的物体围绕通过质心的转轴转动时的转动惯量 J_c 最小。当转轴平行移动距离 d 后，绕新转轴转动的转动惯量为

$$J_{平行} = J_c + md^2 \tag{4-3-19}$$

在上式等式两端都加上系统支架的转动惯量 $J_。$，则有

$$J_{平行} + J_。 = J_c + J_。 + md^2$$

令 $J_{平行} + J_。 = J$，又 J_c，$J_。$都为定值，则实验台与待测物的总转动惯量 J 与 d^2 呈线性关系，实验中若测得此关系，则验证了平行轴定理。

4. 验证角动量守恒定律

对一固定点 O，质点所受的合外力矩为零，则此质点的角动量矢量保持不变，叫作质点角动量守恒定律。例如：茹科夫斯基转椅可定性观察合外力矩为零的条件下，物体系统的角动量守恒。角动量守恒的物体系统的转动惯量变大时，角速度会变小，反之亦然。

5. J 的“理论”公式

设待测的圆盘(或圆柱)质量为 $m_{盘}$、半径为 R，则圆盘、圆柱绕几何中心轴的转动惯量理论值为

$$J_{盘} = \frac{1}{2} m_{盘} R^2 \tag{4-3-20}$$

待测的圆环质量为 $m_{环}$，内外半径分别为 $R_{内}$、$R_{外}$，圆环绕几何中心轴的转动惯量理论值为

$$J_{环}=\frac{m_{环}}{2}(R_{外}^2+R_{内}^2) \tag{4-3-21}$$

【实验仪器介绍】

1. 角动量守恒定律实验仪(测试架)

转动惯量实验仪如图 4-3-2 所示,绕线塔轮通过特制的轴承安装在主轴上,使转动时的摩擦力矩很小。载物台用螺钉与塔轮连接在一起,随塔轮转动。随仪器配的被测试样有 1 个圆盘、1 个圆环、两个圆柱;圆柱试样可插入载物台上的不同孔由内向外半径为 $d=50$ mm 或 $d=75$ mm,便于验证平行轴定理。小滑轮的转动惯量与实验台相比可忽略不计。2 只光电门 1 只作测量,1 只作备用。

仪器的主要技术参数如下:

(1)塔轮半径有 15 mm、20 mm、25 mm、30 mm,共 4 挡;

(2)挂钩(45 g)和 5 g、10 g、20 g 的砝码组合,产生大小不同的力矩;

(3)圆盘质量约 486 g(具体数值在圆盘上已标定),半径 $R=100$ mm;

(4)圆环质量约 460 g(具体数值在圆盘上已标定),外半径 $R_{外}=100$ mm,内半径 $R_{内}=90$ mm;

(5)圆柱体 $R=15$ mm,$h=25$ mm;

(6)大圆柱体质量约 1050 g(具体数值在圆盘上已标定),半径 $R=44$ mm。

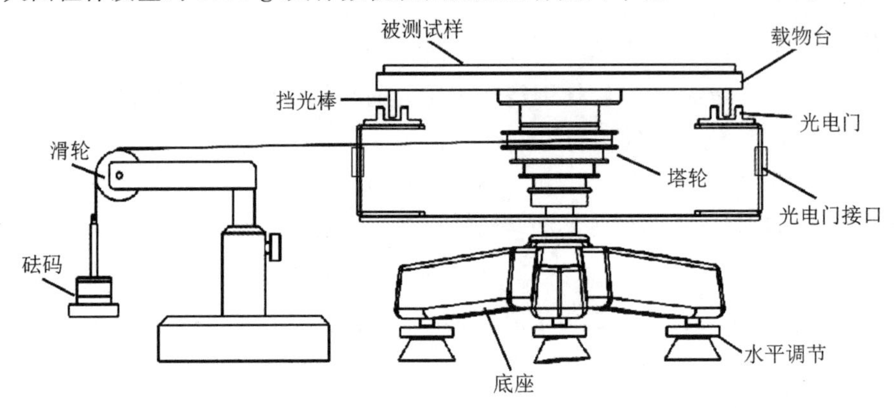

图 4-3-2 角动量守恒定律实验仪(测试架)

2. 测试仪(操作面板见图 4-3-3)

1)转动惯量实验操作方法

(1)将一只光电门与测试仪的传感器 I(或光电门 I)连接起来,检查载物台下方的两个挡光棒在转台旋转过程中是否有效触发光电门。

(2)开启测试仪电源,进入角加速度测量功能,将“设置次数”设定为 50 次,由于挡光棒选择的是两只,所以将“设置弧度”设定为 1π。

(3)参数设定好后,按“开始”准备测量。然后释放砝码,载物台开始旋转,同时测试仪开始计时,挡光棒每经过光电门一次,计数次数+1,直到达到设定的次数为 50 次时停止计时,并自

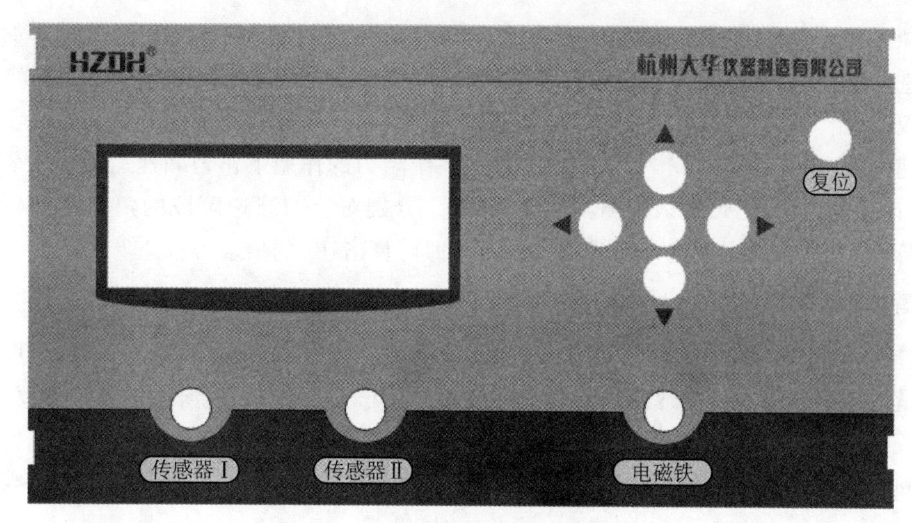

图 4-3-3　测试仪操作面板

动测试出 $\boldsymbol{\beta}_1$(匀减速阶段的角加速度)和 $\boldsymbol{\beta}_2$(匀加速阶段的角加速度)，$\boldsymbol{\beta}_1$ 和 $\boldsymbol{\beta}_2$ 是通过测得的数据，测试仪内部通过数据拟合得到，准确度较高。

(4)数据测试完后，可以按“保存”对数据进行存储。点击进入“数据查询”功能，可以查询测量的数据，数据中的 $t_{01} \sim t_{50}$ 为对应的 n 次挡光总时间，根据时间和弧度关系，也可以计算匀加速阶段的角加速度 $\boldsymbol{\beta}_2$ 和匀减速阶段的角加速度 $\boldsymbol{\beta}_1$，可以借助 Excel 完成。

2)***验证角动量守恒定律实验操作方法***

(1)返回主菜单。进入角速度测量功能，将“设置次数”设定为 50 次，由于挡光棒选择的是两只，所以将“设置弧度”设定为 1π。

(2)参数设定好后，释放砝码，载物台开始旋转，当砝码绳子脱落后，即合外力矩为 0 后，按“开始”键开始测量角速度，随后将待测圆环轻放载物台上，等待计数结束。

(3)数据测试完后，按“保存键”对数据进行存储，点击进入“数据查询”功能，数据中的 $\boldsymbol{w}_{01} \sim \boldsymbol{w}_{50}$ 为对应的 n 次挡光时候的角速度。

(4)通过查看角速度，借助 Excel 做成曲线，找出两次角速度突变的临界值。根据 $J_1\boldsymbol{\omega}_1 \approx J_2\boldsymbol{\omega}_2$，验证角动量守恒定律。(选做)

【实验内容及步骤】

1. 实验准备

在桌面上放置转动惯量实验仪，并利用基座上的调平螺钉将仪器调平(用水平仪)。将滑轮支架放置在实验台面边缘，调整滑轮高度及方位，使滑轮槽与选取的绕线塔轮槽等高，且其方位相互垂直，如图 4-3-2 所示。

将实验仪中的 1 路光电门与测试仪的传感器 I(或光电门 I)连接起来，另外 1 路光电门备用；挡光棒 2 只，180°均布；将测试仪测量次数设定为 50 次，弧度设置为 π，然后开始试验。

2. 测量并计算实验台的转动惯量 J_1

(1)测量 $\boldsymbol{\beta}_1$ 和 $\boldsymbol{\beta}_2$。调整实验台位置使绕线放完时，托盘或挂钩恰好落到地面，调水平。

选择塔轮半径 R =15 mm 及 $m_{砝码}$质量分别为 50 g、55 g、65 g，将细线一端沿塔轮不重叠地密绕于所选定半径的轮上，另一端通过滑轮连接砝码托上的挂钩或托盘上，用手将载物台稳住；按测试仪“开始”键使仪器进入工作等待状态；释放载物台，砝码重力产生的恒力矩使实验台产生匀加速转动；当绕线释放完毕后，载物台将在系统阻力的作用下作匀减速运动。

(2)计时完毕后，记录测试仪测出的 $\boldsymbol{\beta}_1$ 和 $\boldsymbol{\beta}_2$，分别对应匀减速阶段的角加速度(负值)和匀加速阶段的角加速度(正值)，由式(4-3-13)即可算出 J_1 的值。

3. 测量并计算载物台放上试样后的转动惯量 J_2 和试样的转动惯量 J_3

将待测试样放上载物台并使试样几何中心轴与转轴中心重合，按与测量 J_1 同样的方法可分别测量未加砝码时的匀减速阶段角加速度 $\boldsymbol{\beta}_3$ 与加砝码后的匀加速阶段的角加速度 $\boldsymbol{\beta}_4$。由式(4-3-14)可计算 J_2，由式(4-3-15)可计算试样的转动惯量 J_3。

已知圆盘、圆柱绕几何中心轴转动的转动惯量理论值为

$$J_c = mR^2/2$$

圆环绕几何中心轴的转动惯量理论值为

$$J_c = \frac{m}{2}(R_{外}^2 + R_{内}^2)$$

4. 验证平行轴定理

将两圆柱体对称插入载物台上与中心距离为 d 的圆孔中，测量并计算两圆柱体在此位置的转动惯量。将测量值与由式(4-3-19)、式(4-3-20)所得的计算值比较，若一致即验证了平行轴定理。

5. 选择不同的塔轮半径 R 重复前 4 步的实验

6. 验证角动量守恒定律(选做)

(1)实验准备。实验菜单中选择角动量测量，将测试仪测量次数设定为 50 次，弧度设置为 π，然后开始实验。

(2)测量转动惯量。先将圆柱固定座置于实验台，然后测量参照实验步骤 2、3 完成实验台和大圆柱的转动惯量测量。

(3)测量 $\boldsymbol{\omega}_1$ 和 $\boldsymbol{\omega}_2$。选择某一塔轮半径及某一质量的砝码，将细线一端沿塔轮不重叠地密绕于所选定半径的轮上，另一端通过滑轮连接砝码托上的挂钩或托盘，用手将载物台稳住。释放载物台，砝码重力产生的恒力矩使实验台产生匀加速转动。当绕线释放完毕后，载物台将在系统阻力的作用下作匀减速运动。

(4)按测试仪“开始”键使仪器开始计数，随后在载物台迅速放上试样，等待计数结束。

(5)计数结束后保存数据。在数据查询中查看每次经过挡光棒时候的角速度。找到试样落在载物台上前后一段时间的角速度，并记录制作曲线。找到试样落入载物台前后的角速度分别记为 $\boldsymbol{\omega}_1$ 和 $\boldsymbol{\omega}_2$。

(6)结合上面实验内容 2、3 得到的转动惯量 J_1 和 J_2，计算 $J_1\boldsymbol{\omega}_1 \approx J_2\boldsymbol{\omega}_2$，验证在合外力矩为零的情况下，转动系统的角动量守恒。

(7)分析误差来源。

(8)选做：取下圆柱固定座，将待测试样换成圆盘，再次验证角动量守恒。

【注意事项】

(1)绕线放完时,托盘或挂钩恰好落到地面。绕线要紧密且不能重叠。

(2)滑轮绕线水平,其延长线过塔轮切线位置。旋紧挡光棒,防止触碰光电门。

(3)释放砝码瞬间,挡光棒不要离光电门太近,避免误触发。

(4)圆柱体测量时,转速不要过快,防止圆柱体脱落(砝码可以加得小一点)。

(5)计算转动惯量 J 时,$m_{砝码}$ 为砝码挂钩和砝码质量的总和。

【实验数据记录】

本实验数据记录见表 4-3-7 到表 4-3-10。

表 4-3-7　测量实验台的角加速度,计算实验台的转动惯量 J_1

数据组	$R_{塔轮}=$　　mm					
	$m_{砝码}=$　　g		$m_{砝码}=$　　g		$m_{砝码}=$　　g	
	$\boldsymbol{\beta}_2/(\mathrm{rad \cdot s^{-2}})$	$\boldsymbol{\beta}_1/(\mathrm{rad \cdot s^{-2}})$	$\boldsymbol{\beta}_2/(\mathrm{rad \cdot s^{-2}})$	$\boldsymbol{\beta}_1/(\mathrm{rad \cdot s^{-2}})$	$\boldsymbol{\beta}_2/(\mathrm{rad \cdot s^{-2}})$	$\boldsymbol{\beta}_1/(\mathrm{rad \cdot s^{-2}})$
1						
2						
3						
平均值						
J_1						

表 4-3-7 中 $J_1=\dfrac{mR(\boldsymbol{g}-R\boldsymbol{\beta}_2)}{\boldsymbol{\beta}_2-\boldsymbol{\beta}_1}$　(m 为砝码质量,R 为塔轮半径)

表 4-3-8　测量实验台加圆盘试样后的角加速度,计算圆盘的转动惯量 J_3

数据组	$R_{圆盘}=$　　mm,$m_{圆盘}=$　　g					
	$R_{塔轮}=$　　mm					
	$m_{砝码}=$　　g		$m_{砝码}=$　　g		$m_{砝码}=$　　g	
	$\boldsymbol{\beta}_3/(\mathrm{rad \cdot s^{-2}})$	$\boldsymbol{\beta}_4/(\mathrm{rad \cdot s^{-2}})$	$\boldsymbol{\beta}_3/(\mathrm{rad \cdot s^{-2}})$	$\boldsymbol{\beta}_4/(\mathrm{rad \cdot s^{-2}})$	$\boldsymbol{\beta}_3/(\mathrm{rad \cdot s^{-2}})$	$\boldsymbol{\beta}_4/(\mathrm{rad \cdot s^{-2}})$
1						
2						
3						
平均值						
J_2						
$J_3=J_2-J_1$						
理论值 J_3'						
误差						

表 4-3-8 中 J_1 为表 4-3-7 中对应的计算值;

表 4-3-8 中 $J_2=\dfrac{mR(\boldsymbol{g}-R\boldsymbol{\beta}_4)}{\boldsymbol{\beta}_4-\boldsymbol{\beta}_3}$　(m 为砝码质量,R 为塔轮半径);

表 4－3－8 中 $J_3{}'$ 为圆盘转动惯量的理论值，其计算式如下

$$J_3{}'=\frac{1}{2}m_{圆盘}R_{圆盘}{}^2$$

表 4－3－9　测量实验台加圆环试样后的角加速度，计算圆环的转动惯量 J_3

数据组	$R_{外}=$　　mm，$R_{内}=$　　mm，$m_{圆环}=$　　g					
	$R_{塔轮}=$　　mm					
	$m_{砝码}=$　　g		$m_{砝码}=$　　g		$m_{砝码}=$　　g	
	$\boldsymbol{\beta}_3/(\mathrm{rad}\cdot \mathrm{s}^{-2})$	$\boldsymbol{\beta}_4/(\mathrm{rad}\cdot \mathrm{s}^{-2})$	$\boldsymbol{\beta}_3/(\mathrm{rad}\cdot \mathrm{s}^{-2})$	$\boldsymbol{\beta}_4/(\mathrm{rad}\cdot \mathrm{s}^{-2})$	$\boldsymbol{\beta}_3/(\mathrm{rad}\cdot \mathrm{s}^{-2})$	$\boldsymbol{\beta}_4/(\mathrm{rad}\cdot \mathrm{s}^{-2})$
1						
2						
3						
平均值						
J_2						
$J_3=J_2-J_1$						
理论值 $J_3{}'$						
误差						

表 4－3－9 中 J_1 为表 4－3－7 中对应的计算值；

表 4－3－9 中 $J_2=\dfrac{mR(\boldsymbol{g}-R\boldsymbol{\beta}_4)}{\boldsymbol{\beta}_4-\boldsymbol{\beta}_3}$　（m 为砝码质量，R 为塔轮半径）；

表 4－3－9 中 $J_3{}'$ 为圆环转动惯量的理论值，其计算式如下

$$J_3{}'=\frac{1}{2}m_{圆环}(R_{外}{}^2+R_{内}{}^2)$$

表 4－3－10　测量两圆柱试样中心与转轴距离 d 时的角加速度，验证平行轴定理

数据组	$R_{圆柱}=$　　mm，$m_{圆柱}=$　　g，$d=$　　mm					
	$R_{塔轮}=$　　mm					
	$m_{砝码}=$　　g		$m_{砝码}=$　　g		$m_{砝码}=$　　g	
	$\boldsymbol{\beta}_3/(\mathrm{rad}\cdot \mathrm{s}^{-2})$	$\boldsymbol{\beta}_4/(\mathrm{rad}\cdot \mathrm{s}^{-2})$	$\boldsymbol{\beta}_3/(\mathrm{rad}\cdot \mathrm{s}^{-2})$	$\boldsymbol{\beta}_4/(\mathrm{rad}\cdot \mathrm{s}^{-2})$	$\boldsymbol{\beta}_3/(\mathrm{rad}\cdot \mathrm{s}^{-2})$	$\boldsymbol{\beta}_4/(\mathrm{rad}\cdot \mathrm{s}^{-2})$
1						
2						
3						
平均值						
J_2						
$J_3=J_2-J_1$						
理论值 $J_3{}'$						
误差						

表 4－3－10 中 J_1 为表 4－3－7 中对应的计算值；

表 4-3-10 中 $J_2=\dfrac{mR(\boldsymbol{g}-R\boldsymbol{\beta}_4)}{\boldsymbol{\beta}_4-\boldsymbol{\beta}_3}$　（m 为砝码质量，R 为塔轮半径）；

表 4-3-10 中 J_3'为对称圆柱绕转轴距离 d 时转动惯量的理论值。

4.4　金属杨氏弹性模量的测定

4.4.1　静态拉伸法测量金属丝的杨氏模量实验

力作用于物体主要是使受力物体发生形变，物体的形变可分为弹性形变和塑性形变。而固体材料的弹性形变可分为纵向、切边、扭转、弯曲，对于纵向弹性形变可引入杨氏模量来描述材料抵抗形变的能力。杨氏模量是表征固体材料抵抗形变能力的重要物理量，它反映了材料弹性形变与内应力的关系，它只与材料的性质有关，是工程技术中机械构件选材时的重要参数之一。测定杨氏模量的方法主要有静态拉伸法、弯曲法、动态振动法，目前在工程技术和实验教学中多采用静态拉伸法测量金属丝的杨氏模量。

【预习思考题】

（1）什么是视差？如何消除？

（2）加挂初始砝码的作用是什么？

（3）螺旋测微器的半刻线在实际使用时，怎样判断是读还是不读？棘轮如何使用？

【实验目的】

（1）观察金属丝的弹性形变规律，学习用弹性拉伸法测杨氏弹性模量 E。

（2）学会用光杠杆方法测量长度的微小变化。

（3）学习用逐差法处理数据。

【实验原理】

当外力作用于固体时，能使它的形状发生变化，如外力在一定限度内，则当外力停止作用时，物体又能恢复到原来的形状和体积，这种形变为弹性形变。固体能够恢复原状的性质称为弹性，固体的弹性是组成固体的微粒之间相互作用的结果，其特点是：

（1）形变和应力成正比；

（2）形变随应力除去而消失，没有剩余形变。

根据胡克定律，在弹性限度内 $\Delta L/L$ 与外施应力 F/S 成正比，写作 $\Delta L/L=\dfrac{1}{E}\cdot F/S$，式中 E 为该金属的杨氏弹性模量，所以

$$E=\frac{F/S}{\Delta L/L}=\frac{F\cdot L}{S\cdot\Delta L}\tag{4-4-1}$$

式(4-4-1)中，$\Delta L/L$ 为相对伸长；F/S 为胁强；F 为拉力；S 为截面积；L 为被测金属丝长度，都比较容易测量。ΔL 是外力作用在金属丝上产生的一个很小的长度变化，它很难用普通测量长度的仪器测准，为了测量这个微小的变化，实验中采用了光杠杆装置。

杨氏模量仪如图 4-4-1 的右部分所示。三脚底座上装有两根立柱和调平螺丝，调整螺丝可以使立柱铅直，并由悬挂在横梁上的铅垂体来判断。金属丝的上端夹紧在横梁上的夹子中。立柱的中部有一个可以沿立柱上下滑动的夹子，金属丝夹紧在夹子中，夹子下面的金属丝上系有砝码托，用来承托拉伸金属丝的砝码。

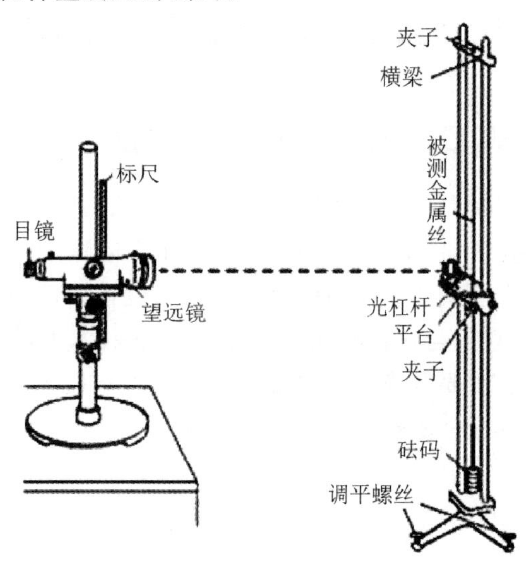

图 4-4-1　杨氏模量仪及光杠杆和望远镜系统

望远镜及光杠杆是用来测量长度的微小变化的实验装置，如图 4-4-2 所示。一块直立的平面镜安装在三足支架的一端，两个前足放在平台上的凹槽内，一个后足放在夹子上。调整平台的上下位置，可使光杠杆 3 个足尖位于水平面上。

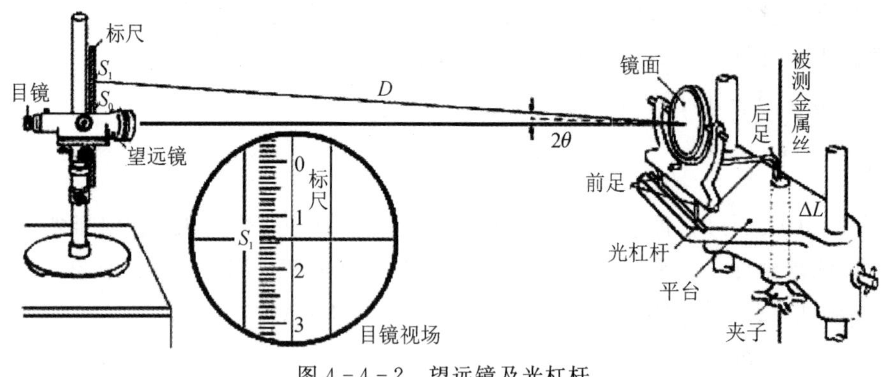

图 4-4-2　望远镜及光杠杆

当被测金属丝被砝码向下拉长 ΔL，光杠杆的后足尖绕前足尖向下转动 θ 角，镜面及其法线相应地向后转动 θ 角。根据几何光学中的反射定律，视线转过 2θ 角，从望远镜通过镜面看到的标尺读数从 S_0 变到 S_1，由于 θ 角非常小，近似地有

$$\theta \approx \frac{\Delta L}{K}, \quad 2\theta \approx \frac{N}{D} \tag{4-4-2}$$

式中，K 为光杠杆的后足尖到两个前足尖连线的垂直距离；$N = |n_1 - n_0|$；D 为镜面到标尺的距离。由式(4-4-1)和式(4-4-2)联合解得

$$\Delta L=\frac{K}{2D}N,\quad E=\frac{F}{S}\cdot\frac{2D}{K}\cdot\frac{L}{N} \tag{4-4-3}$$

式中，$\frac{2D}{K}$是光杠杆的放大系数或放大倍数。由 $S=\frac{1}{4}\pi d^2$（d 是金属丝的直径）得

$$E=\frac{8FLD}{\pi d^2 KN} \tag{4-4-4}$$

式(4-4-4)就是本实验测定金属杨氏模量的理论公式。

【实验仪器】

杨氏模量仪、大砝码、光杠杆、标尺和望远镜、米尺、螺旋测微计、游标卡尺。

【实验内容和步骤】

1. 杨氏模量仪的调整

(1)调节杨氏模量仪三脚底座上的调整螺丝，使立柱铅直。

(2)将光杠杆放在平台上，两个前足放在平台前面的横槽内，后足放在活动夹子上，但不可与金属丝相碰。调整平台的上下位置，使光杠杆3个足尖位于同一水平面上。

(3)将1 kg砝码加到砝码托上，把金属丝拉直，检查夹子是否能在平台的孔中上下自由地滑动，上下夹子是否夹紧金属丝。

2. 光杠杆及望远镜的调节

(1)将望远镜放在离光杠杆镜面约1.5 m处，尽量使望远镜和光杠杆的高度相同，望远镜水平，标尺与望远镜垂直。

(2)调节望远镜时，先从望远镜上方的缺口沿镜筒方向观察，看镜筒轴线的延长线是否通过光杠杆的镜面及镜面内是否有标尺的像。若没有，可整体平移并略微转动望远镜，从而使镜筒的轴线对准光杠杆的镜面，直到沿镜筒方向能看到镜面内有标尺的像为止。

(3)调节目镜，看清楚望远镜内的十字叉丝。调节调焦旋钮，看清楚标尺的像。

(4)仔细调节镜面俯仰和标尺高度，使得从望远镜里看到的标尺与望远镜高度相同。

3. 测量

(1)轻轻地依次将1 kg砝码加到砝码托上，共6次。记录每次从望远镜中读得的标尺的读数。加砝码时注意勿使砝码托摆动，并将砝码缺口交叉放置，以免倒下。

(2)再将所加的6 kg砝码轻轻地依次取下，并记录每取下1 kg砝码时从望远镜中读得的标尺的读数。应当注意，在增加和减少砝码的过程中，当金属丝荷重相等时，读数应基本相同，如果相差很大，必须先找出原因，再重做实验。

(3)测出光杠杆后足到两个前足连线的垂直距离 K，将光杠杆放在纸上，压出3个足痕，用游标卡尺量出后足至两前足连线的垂直距离 K。

(4)用螺旋测微计测量金属丝的直径，要选择金属丝上、中、下3处来测量。每处的测量都要在互相垂直方向上各测量一次，共得6个数据，求平均值。

【注意事项】

测量过程中，不能移动光杠杆、望远镜和标尺构成的光学系统，否则数据全部作废！

【数据记录及处理】

1. 用逐差法处理数据(见表 4-4-1)

表 4-4-1　用逐步法处理数据

次数	砝码/kg	增重时读数/cm	减重时读数/cm	平均值 n_i/cm
1	1.000			
2	2.000			
3	3.000			
4	4.000			
5	5.000			
6	6.000			

$$\overline{N}=\frac{N_1+N_2+N_3}{3}=\frac{|n_4-n_1|+|n_5-n_2|+|n_6-n_3|}{3}$$

$F=(F_4-F_1)=(F_5-F_2)=(F_6-F_3)=3.000\ \text{kg}\times 9.8\ \text{N/kg}=29.4\ \text{N}$

2. 用螺旋测微计测金属丝直径 d,上、中、下各测 2 次,然后取平均值(见表 4-4-2)

表 4-4-2　测金属丝直径数据

测量次数	1	2	3	4	5	6	平均
金属丝直径 d/mm							
误差 Δd/mm							

$d=\overline{d}\pm\overline{\Delta d}$,$S=\frac{1}{4}\pi\overline{d}^2$。

3. 用米尺测量 L、D,用游标卡尺测量 K

$L=$　　　　　cm，　$D=$　　　　　cm，　$K=$　　　　　cm。

4. 测量结果

$$E=\frac{2FLD}{SKN}=\frac{8FLD}{\pi\overline{d}^2\overline{KN}}=\qquad\qquad \text{N/mm}^2。$$

【问题讨论】

(1)在本实验中有几个不同的长度量？分别用哪几种仪器来测量？为什么？

(2)光杠杆有什么优点？怎样提高光杠杆测量微小的长度变化的灵敏度？

(3)是否任何一组数据(包括奇数、偶数)都可以用逐差法处理,为什么？怎样的数据才能用逐差法处理？

【附注】

尺读望远镜

本实验的望远镜全称尺读望远镜,外形参见图 4-4-1 和图 4-4-2,俯视解剖图如图

4－4－3 所示，是根据实物用计算机按比例描绘的。

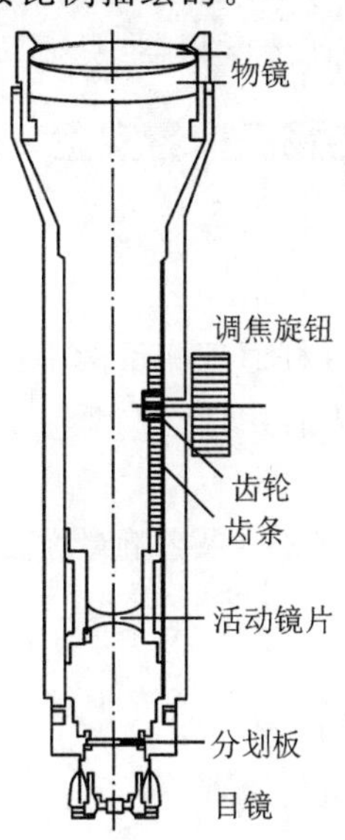

图 4－4－3　尺读望远镜

物镜由一个凸透镜和一个凹透镜组成，这种结构的目的是提高成像质量。因为透镜是以折射定律为理论基础设计的。透镜成像公式$\frac{1}{u}+\frac{1}{v}=\frac{1}{f}$反映的仅是理想化的数量关系，即使在理论上也不可能设计绝对符合透镜成像公式的透镜。实际成像与理想化成像公式之间的差别称为像差，可以细分为由于透镜的几何形状导致的单色球差和由于折射率随波长（即颜色）的不同而不同导致的色差。单色球差可以进一步细分为球差、慧差、像散、场曲、畸变，色差可以进一步细分为位置色差（轴向色差）和倍率色差（垂轴色差）。凸透镜和凹透镜的像差是相反的，可以互相抵消，所以常常被组合在一起。任何一种具有实用价值的透镜仅仅是把像差控制在一定的范围之内。

调节调焦旋钮，通过齿轮、齿条可以使活动镜片前后移动。物镜和活动镜片组成了可以调节焦距的物镜系统，从而保证各种距离的物体都能清晰成像在分划板上。

目镜与分划板的距离略小于目镜的焦距，分划板上刻有十字叉线，分划板通过目镜形成放大的正立虚像。转动目镜，改变目镜与分划板的距离，就可以改变虚像的位置，当这个虚像与观察者的眼睛的距离正好等于观察者的明视距离（约 25 cm，因人而异，稍有差别），观察者就能看清楚分划板上的十字叉线。

望远镜上方有缺口和准星，用于大致对准被观察的物体，下方有螺钉用于俯仰的细调，望远镜可以在立柱上整体升降、转动并锁住。然后调节调焦旋钮，当被观察的物体通过物镜系统成的倒立实像正好成像在分划板上，观察者就能看清楚被观察的物体了。

特别需要指出，光学仪器观察物体的基本原理都是一致的，物镜、目镜、分划板是光学仪器观察物体的部分必不可少的 3 个元件。其中，由于分划板在镜筒内，不太引人注意，而分划板与倒立实像的相对位移是测量工作的技术基础。

尺读望远镜（本实验和实验 4.5）通过调焦旋钮调节物镜系统的焦距，使被观察的物体清晰地成像在分划板上；读数显微镜（实验 6.2）通过整体升降镜筒，改变物距，使被观察的物体清晰地成像在分划板上；分光计（实验 6.3）通过整体推拉目镜系统，改变像距，使被观察的物体清晰地成像在分划板上。它们构成了光学仪器中一个完整的系统。

4.4.2 近距法测定金属丝的杨氏模量实验

【预习思考题】

（1）什么是光杠杆原理？利用光杠杆原理测量微小长度需要注意的事项有哪些？

（2）该实验需要测量哪些物理量？各用什么测量工具？读数时需要注意的事项有哪些及各有几位数字？

（3）本实验中哪一个量的测量误差对结果影响最大？

【实验目的】

（1）学会用拉伸法测量金属丝的杨氏模量。

（2）掌握光杠杆法测量微小伸长量的原理。

（3）掌握各种测量工具的正确使用方法。

（4）学会不确定度的计算和结果的正确表述方法。

【实验仪器】

杨氏模量测定仪（面板图和实物图分别见图 4－4－4 和图 4－4－5）、钢卷尺、游标卡尺、螺旋测微器（千分尺）等。

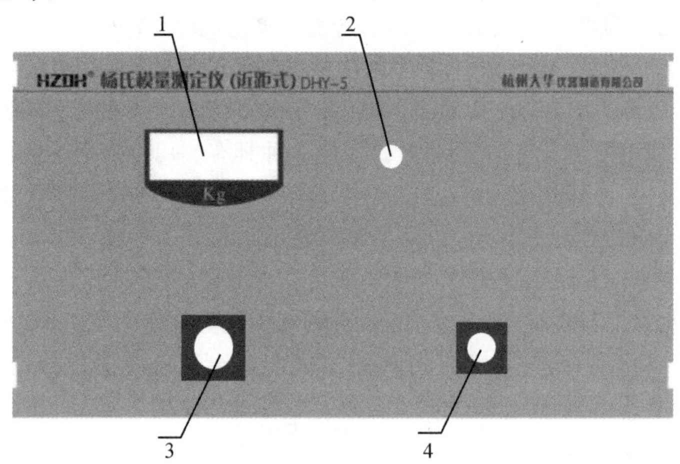

1—数字拉力计显示窗；2—数字拉力计调零；3—拉力传感器接口；4—背光源输出。

图 4－4－4　杨氏模量测定仪面板图

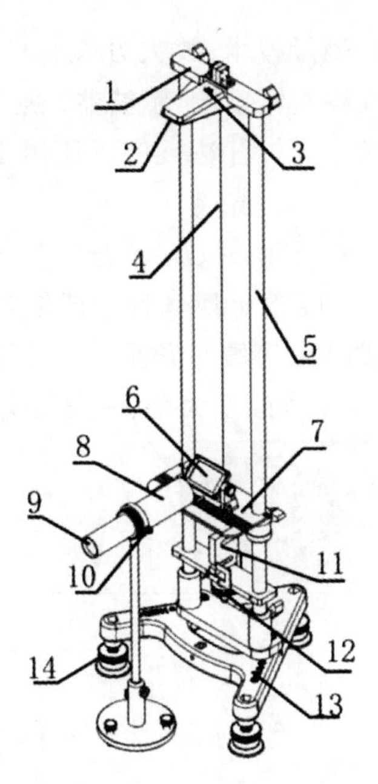

1—横梁；2—发光标尺（测量范围 0～8 cm，分辨率 1 mm）；3—背光源电源输入插座（额定电压 DC3V）；4—待测金属丝；5—立杆；6—光杠杆；7—平台（放置光光杠杆）；8—望远镜调焦镜筒（调节使得视野中标尺的像清晰可见）；9—望远镜目镜手轮（调节使得十字分划线清晰可见）；10—望远镜锁紧螺钉；11—拉力传感器（应与测定仪相连）；12—施力螺母（调节施加在金属丝上拉力大小）；13—A 型底座；14—地脚螺钉（调节仪器水平状态）。

图 4-4-5　杨氏模量测定仪

【实验原理】

设金属丝的原长为 L，横截面积为 S，沿长度方向施力 F 后，其长度改变 ΔL，则金属丝单位面积上受到的垂直作用力 $\sigma=\frac{F}{S}$ 称为正应力，金属丝的相对伸长量 $\varepsilon=\Delta L/L$ 称为线应变。实验结果指出，在弹性范围内，由胡克定律可知物体的正应力与线应变成正比，即

$$\sigma=E\cdot\varepsilon \tag{4-4-5}$$

或

$$\frac{F}{S}=E\cdot\frac{\Delta L}{L} \tag{4-4-6}$$

比例系数 E 即为金属丝的杨氏模量，它表征材料本身的性质。E 越大的材料，要使它发生一定的相对形变所需要的单位横截面积上的作用力也越大。

由式(4-4-6)可知

$$E=\frac{F/S}{\Delta L/L} \tag{4-4-7}$$

对于直径为 d 的圆柱形金属丝，其杨氏模量为

$$E=\frac{F/S}{\Delta L/L}=\frac{mg/\left(\frac{1}{4}\pi d^{2}\right)}{\Delta L/L}=\frac{4mgL}{\pi d^{2}\Delta L} \tag{4-4-8}$$

放大法是一种应用十分广泛的测量技术，放大方式有机械放大、光放大、电子放大等。如螺旋测微计是通过机械放大而提高测量精度的，示波器是通过将电子信号放大后进行观测的。本实验采用的光杠杆法属于光放大。光杠杆法被广泛地用于许多高灵敏度仪表中，如光电反射式检流计、冲击电流计等。

光杠杆法结构示意如图 4-4-6 所示，A、B、C 分别为 3 个尖状足，B、C 为前足，A 为后足（或称动足），实验中 B、C 不动，A 随着金属丝伸长或缩短而向下或向上移动，锁紧螺钉用于固定反射镜的角度。3 个足构成一个等腰三角形，A 到前两足尖 B、C 连线的垂直距离为 D，则 D 称为光杠杆常数，D 可根据需求改变大小（一般固定不动）。

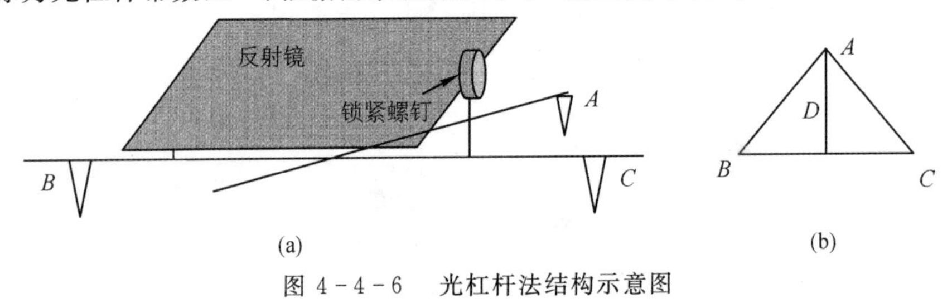

图 4-4-6　光杠杆法结构示意图

测量时两个前足尖放在杨氏模量测定仪测试架上的固定平台上，后足尖放在待测金属丝的测量端面上，该测量端面就是与金属丝下端夹头相固定连接的水平托板。当金属丝受力后，产生微小伸长，后足尖便随测量端面一起作微小移动，并使光杠杆绕前足尖转动一微小角度，从而带动光杠杆反射镜转动相应的微小角度，这样标尺的像通过光杠杆的反射镜反射到望远镜里，便把这一微小角位移放大成较大的线位移。这就是光杠杆产生光放大的基本原理，如图 4-4-7 所示。

光杠杆实际测量放大原理：

实验过程中 $D \gg \Delta L$，所以 θ 甚至 2θ 会很小。从几何关系中可以看出，当 $Ox_2 \approx H$，且 2θ 很小时，$\Delta L \approx D \cdot \theta$，$\Delta x \approx H \cdot 2\theta$，故有

$$\Delta x = \frac{2H}{D} \cdot \Delta L \tag{4-4-9}$$

式中，$\frac{2H}{D}$ 为光杠杆的放大倍数；H 为平面镜转轴与标尺的垂直距离。仪器中 $H \gg D$，这样便能把一微小位移 ΔL 放大成较大的容易测量的位移 Δx。将式(4-4-9)代入式(4-4-8)得

$$E = \frac{8mgLH}{\pi d^2 D} \cdot \frac{1}{\Delta x} = \frac{8gLH}{\pi d^2 D} \cdot \frac{m}{\Delta x} \tag{4-4-10}$$

如此，可以通过测量式(4-4-10)右边的各参量得到被测金属丝的杨氏模量，式中各物理量的单位取国际单位。

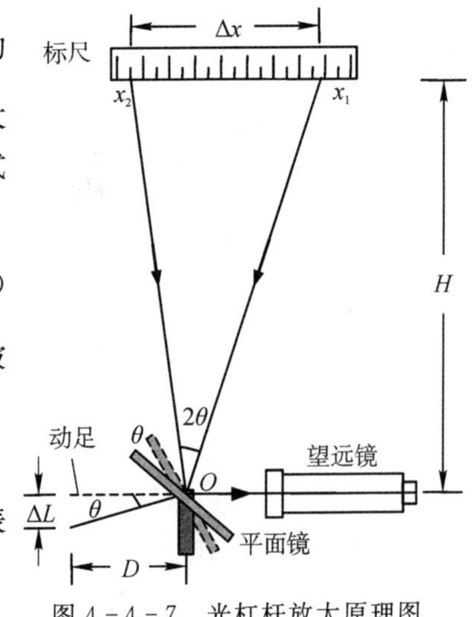

图 4-4-7　光杠杆放大原理图

1. 测量工具

实验过程中需用到的测量工具及其相关参数、用途见表 4-4-3。

表 4-4-3　测量工具及其相关参数

量具	量程/mm	精度/mm	误差限/mm	用于测量
标尺	80.0	1	0.5	Δx
钢卷尺	2000.0	1	0.5	L 、H
游标卡尺	150.00	0.02	0.02	D
螺旋测微器(千分尺)	25.000	0.01	0.005	d

【实验内容及步骤】

1. 实验架调节

实验前应保证上下夹头均夹紧金属丝,防止金属丝在受力过程中与夹头发生相对位移。确保用手能自由转动平面镜,且镜架与转轴有一定阻尼,手释放后不自由旋转。

(1)将光杠杆动足尖 A 自由放置在下夹头上表面,使动足尖能随之一起上下移动,但不能触碰到金属丝。

(2)将测试架顶端 LED 背光源输入插座与测定仪面板上的“背光源”插座对应连接起来,将拉力传感器与测定仪面板“传感器”连接起来。

(3)打开测定仪电源,此时 LED 背光源点亮呈绿色,标尺刻度清晰可见;数字拉力计显示窗显示此时加到金属丝上的拉力,旋转施力螺母使金属丝不受拉力,调节测定仪面板“调零”电位器,使拉力计显示窗指示为 0 kg。

(4)旋转施力螺母,给金属丝施加一定的预拉力 m_0(0.50 kg±0.01 kg),将金属丝原本可能存在弯折的地方拉直。此时下夹头的第一排紧固螺钉顶部与平台上表面应基本共面。

2. 望远镜调节

(1)粗调望远镜,使望远镜大致水平,且与平面镜转轴等高共轴。

(2)细调望远镜。

①调节目镜手轮,使十字分划线清晰可见。

②细调调焦镜筒(顺时针或逆时针旋转),使视野中标尺的像清晰可见。

③松开望远镜锁紧螺钉,通过滚花手轮旋转望远镜,使十字分划线的水平刻线与标尺中刻度线平行,再次锁紧望远镜;若视场中标尺的像倾斜明显,需要稍微旋转实验架顶端的标尺托盘进行校正。

④调节支架高度并适当调节平面反射镜的角度,使十字分划线横线与标尺刻度线平行,并对齐不大于 2.0 cm 的刻度线(避免实验做到最后超出标尺最大量程)。水平移动支架,使十字分划线纵线对齐标尺中心。

3. 数据测量

(1)用钢卷尺测量金属丝的原长 L 并记入表 4-4-3 中,钢卷尺的始端放在金属丝上夹头的下表面(即横梁上表面),另一端对齐平台的上表面。

(2)用钢卷尺测量标尺(即横梁下表面)到平面镜转轴的垂直距离 H 并记入表 4-4-3 中。

(3)用游标卡尺测量光杠杆常数 D 并记入表 4-4-3 中。

(4)用螺旋测微器测量不同位置、不同方向的金属丝直径 d (至少 5 处),注意测量前记下

螺旋测微器的零差 d_0。将实验数据记入表 4-4-4 中,并计算金属丝的平均直径 $\bar{d}$。

(5)测量标尺刻度的位移 Δx 与拉力视值 m 之间的关系。从 1.00 kg 拉力视值开始,缓慢旋转施力螺母加力,逐渐增加金属丝的拉力视值,每隔 1.00 kg 记录一次标尺的刻度 x_i 于表 4-4-5 中(最大拉力视值应小于或等于 10.00 kg)。然后反向旋转施力螺母,逐渐减小金属丝的拉力视值,同样地,每隔 1.00 kg 记录一次标尺的刻度 x_i 于表 4-4-5 中,直到拉力视值为 1.00 kg。注:实验过程中不能再调整望远镜,并尽量保证实验桌不要有震动,以保证望远镜稳定。加力和减力过程,施力螺母不能回旋,以避免回旋误差。

(6)实验完成后,旋松施力螺母,使金属丝自由伸长,并关闭数字拉力计。

【实验数据处理】

表 4-4-3 L、H、D 测量数据

游标卡尺初读数 d_0 = cm

L/cm	H/cm	D/cm

表 4-4-4 金属丝直径 d 测量数据

螺旋测微器初读数 d_0 = mm

序号 i	1	2	3	4	5	6	平均值 $\bar{d}$
直径 d_i /mm							

表 4-4-5 加减力时标尺刻度与对应拉力的数据

拉力视值 m_i /kg	1	2	3	4	5	6	7	8
加力时标尺刻度 x_{i+} /mm								
减力时标尺刻度 x_{i-} /mm								
平均标尺刻度 $x_i=\dfrac{x_{i+}+x_{i-}}{2}$ /mm								
标尺刻度改变量 $\Delta x_i=x_{i+4}-x_i$ /mm					$\overline{\Delta x}$			

1. 逐差法计算金属丝的杨氏模量(方法一)

金属丝直径的平均值为

$$\bar{d}=\frac{1}{n}\times\sum_{i=1}^{n}d_i=\frac{1}{n}\times(d_1+d_2+\cdots+d_{n-1}+d_n)$$

取 m=4.00 kg 拉力视值造成的标尺刻度改变量的平均值为

$$\overline{\Delta x}=\frac{1}{4}\sum_{i=1}^{4}\Delta x_i=\frac{1}{4}\times[(x_5-x_1)+(x_6-x_2)+(x_7-x_3)+(x_8-x_4)]$$

根据式(4-4-10),杨氏模量 $\bar{E}=\dfrac{8gLH}{\pi\bar{d}^2D}\cdot\dfrac{m}{\overline{\Delta x}}=$________。注意:$m$=4.00 kg。

2. 线性拟合法计算金属丝的杨氏模量(方法二)(选做内容)

根据表 4-4-3 数据,以 m 为 Y 轴、x 为 X 轴绘制 $m-x$ 曲线,并对曲线作直线拟合,得到直线斜率 K,根据式(4-4-10)计算杨氏模量。

4.5　金属线胀系数的测定实验

绝大多数物质都具有“热胀冷缩”的特性，这是由于物质内部分子热运动加剧或减弱造成的。这个性质在工程结构的设计、机械和仪器的制造、材料的加工（如焊接）中都应考虑到，否则将影响结构的稳定性和仪表的精度。考虑不当可能会造成工程的损毁、仪器的失灵及加工焊接中的缺陷和失败等。

【预习思考题】

（1）光杠杆利用了什么原理？有什么优点？D 的大小对 $S \sim S_0$ 有何影响？

（2）如何才能在望远镜中迅速找到标尺的像？最关键的一步是什么？

（3）如何确定 K、S、D、L_0、t 的最大误差？哪些误差可以忽略，哪些必须仔细测量？

【实验目的】

（1）测定铜管的线膨胀系数。

（2）学会用光杠杆方法测量长度的微小变化。

【实验原理】

当固体温度升高时，固体内微粒间距离（它们平衡位置间的距离）增大，结果发生固体的热膨胀现象。因热膨胀增加的长度称为线膨胀。设温度为 t_0 时，金属杆长度为 L_0，当温度上升至 t 时，长度为 L，则

$$L = L_0[1 + \alpha(t - t_0)] \tag{4-5-1}$$

式中，α 是线膨胀系数，简称线胀系数，其数值因材料的不同而不同，反映了不同的物质有不同的热性质。严格地说，同一材料的线胀系数因温度不同也有些改变，但改变很小，一般可以忽略这种变化。所以通常用平均线胀系数，如下

$$\alpha = \frac{L - L_0}{L_0(t - t_0)} = \frac{\Delta L}{L_0(t - t_0)} \tag{4-5-2}$$

式中，ΔL 是温度从 t_0 上升至 t 时金属杆增加的长度。平均线胀系数 α 在数值上等于温度高 1 ℃时，金属杆每单位原长的相对伸长量，即伸长的相对比例。

由于固体的线膨胀很小，所以 ΔL 不能用通常的米尺或游标卡尺来测量，在实验中，我们用光杠杆的方法来测量（见图 4－5－1），根据光杠杆的原理（参阅实验 4.4）可知

$$\Delta L = \frac{K|S - S_0|}{2D} \tag{4-5-3}$$

所以

$$\alpha = \frac{K|S - S_0|}{2DL_0(t - t_0)} \tag{4-5-4}$$

式中，K 为光杠杆下端刀口到后足尖的垂直距离；S_0、S 分别为 t_0、t 温度时标尺上的对应读数；D 为镜面到标尺的垂直距离；L_0 为 t_0 时被测铜管的长度。

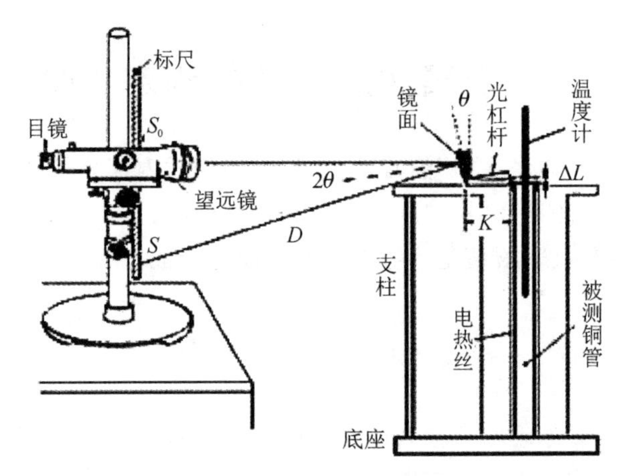

图 4-5-1　光杠杆(线胀仪)实验装置

【实验仪器】

线胀仪、铜杆、光杠杆、望远镜及标尺、0～100 ℃温度计、钢卷尺、游标卡尺。

【实验内容和步骤】

(1)调好光杠杆、望远镜和标尺(调节方法见实验 4.4),三者应当基本在同一高度。

(2)记下铜管的长度 L_0、室温 t_0 和标尺初读数 S_0,S_0 应当与望远镜基本在同一高度。

(3)接通电源,调节电位器旋钮,使指示灯发出微弱的光亮。

(4)观察温度变化以及望远镜中的读数,每当温度变化 10 ℃左右时,记下 t 与 S 的值。

(5)用钢卷尺测量光杠杆镜面到标尺的距离 D,用游标卡尺测量 K 值(方法见实验 4.4)。

(6)以 t 为横坐标,S 为纵坐标,用毫米方格纸作 $S-t$ 曲线,在 $S-t$ 曲线上取两个计算点 (t_1,S_1)和(t_2,S_2),两点应在曲线两端,不能取实验点,不能太接近。

(7)记下测量 t、S、D 所使用的量具的最小刻度,计算 α 和误差,得出结果。

【注意事项】

在通电以后的实验过程中不可再移动光杠杆、望远镜和标尺构成的光学系统,否则数据作废,实验必须重做。因此,调节电位器旋钮的动作要轻缓。

【数据记录及处理】

测定金属线膨胀系数的数据记录及处理见表 4-5-1。

表 4-5-1　测量金属线膨胀系数的数据记录及处理

线胀仪号码:　　　　,　$L_0=$　　　　cm,　　$t_0=$　　　　℃。

t/℃								
S/cm								

$D=$　　　　cm,　$K=$　　　　cm,　　$S_0=$　　　　cm

被测物理量	L_0	$t_{0,t}$	$S_{0,s}$	D	K
测量仪器的最小刻度					
直接测量误差[注]	$\Delta L_0=$	$\Delta t=$	$\Delta S=$	$\Delta D=$	$\Delta K=$

注:用仪器最小刻度的一半(游标卡尺用其精密度 0.02 mm)作为直接测量误差。

$$\alpha = \frac{K \mid S_2 - S_1 \mid}{2DL_0(t_2 - t_1)} =$$

相对误差：$E = \frac{\Delta\alpha}{\alpha} \times 100\% = \frac{\Delta K}{K} + \frac{2\Delta S}{S - S_0} + \frac{\Delta D}{D} + \frac{\Delta L}{L} + \frac{2\Delta t}{t - t_0} \times 100\% =$

式中，S、t 是末读数。

绝对误差：$\Delta\alpha = E \cdot \alpha =$

铜杆的线胀系数：$\alpha \pm \Delta\alpha =$

【问题讨论】

（1）推导 α 的相对误差的计算公式，并分析 α 的误差主要取决于哪一项。为什么 D 的误差相对来说可略去？

（2）计算铜管在实验温度范围内的线膨胀 ΔL，能不能用米尺或游标卡尺直接测量？

4.6　气体比热容比的测定实验

气体的定压比热容 C_p 与定容比热容 C_V 之比称为 γ 值（$\gamma = C_p/C_V$），在热力学过程特别是绝热过程中，γ 是一个很重要的参量。测定 γ 值的方法有很多种，本实验中介绍一种比较新颖的方法，即通过测定物体在特定容器中的振动周期来计算 γ 值。

【预习思考题】

（1）什么是视差？如何消除？

（2）螺旋测微器的半刻线在实际使用时，怎样判断是读还是不读？棘轮如何使用？

（3）试确定本实验中所使用的各测量仪器的最小分度值。

【实验目的】

（1）测定气体的定压比热容 C_p 与定容比热容 C_V 之比 γ 值。

（2）进一步理解绝热过程，并间接验证气体绝热方程。

（3）了解气压表，并掌握对其测量结果进行完整修正的方法。

【实验原理】

如图 4-6-1 所示是气体比热容比测定仪。烧瓶上方插一根精密玻璃管，精密玻璃管中放一钢珠，钢珠的直径比精密玻璃管的内径小约 0.01 mm，它能在精密玻璃管中上下自由运动。烧瓶侧面开有一个小孔，并插入一根细嘴玻璃管，通过它可以把待测气体注入烧瓶中。微型气泵为本实验提供一个稳定的气流，通过缓冲瓶的缓冲作用，使进入烧瓶中的气流更加稳定。精密玻璃管中钢珠直径比玻璃管内径小约 0.01 mm，钢珠不振动时由弹簧托住。通过气流调节旋钮调节，使钢珠在玻璃管内做简谐振动，必要时可以通过针型阀门放气配合。简谐振动周期由周期测定仪测定。

利用本装置对空气 γ 值进行测定非常简便，如需对其他气体进行测量，只要将钢瓶装的其他气体通过橡皮管通入缓冲瓶中，一般先通过减压阀将压力调节为约 1 kg/cm^2，气流量约

0.1 L/min 即可。注意，在变换气体种类时，应先将钢珠取出，并将气流量增大到 1 L/min 保持 10 min，以驱走原有气体。

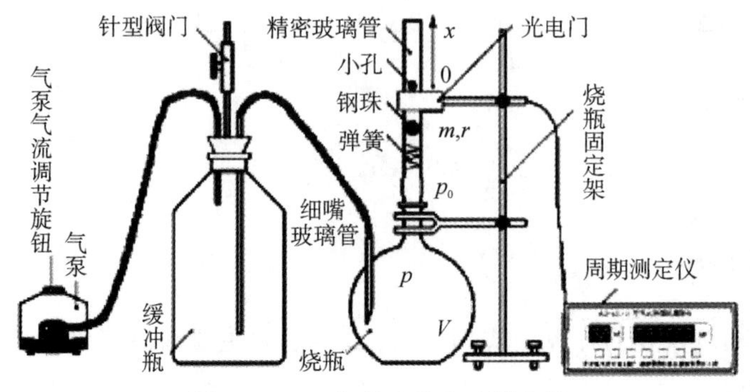

图 4-6-1　气体比热容比测定仪

设钢珠质量为 m、半径为 r、大气压为 p_0，当烧瓶内气压 p 满足下面条件时

$$p = p_0 + \frac{mg}{\pi r^2} \tag{4-6-1}$$

钢珠在精密玻璃管内处于平衡状态。如果钢珠偏离平衡位置的距离 x 比较小，烧瓶内气压变化为 $\mathrm{d}p$，根据牛顿第二定律，钢珠的运动方程为

$$m\frac{\mathrm{d}^2 x}{\mathrm{d}t^2} = \pi r^2 \mathrm{d}p \tag{4-6-2}$$

因为钢珠振动得很快，可近似视为绝热过程，对绝热方程 $pV^\gamma =$ 常数，求导数可得

$$\mathrm{d}p = \frac{p\gamma}{V}\mathrm{d}V = -\frac{p\gamma}{V}\pi r^2 x \tag{4-6-3}$$

将式(4-6-3)代入式(4-6-2)，得

$$\frac{\mathrm{d}^2 x}{\mathrm{d}t^2} + \frac{\pi^2 r^4 p\gamma}{mV}x = 0 \tag{4-6-4}$$

这是标准的简谐振动方程，圆频率 $\omega = \sqrt{\dfrac{\pi^2 r^4 p\gamma}{mV}}$，振动周期 $T = \dfrac{2\pi}{\omega} = \sqrt{\dfrac{4mV}{r^4 pV}}$，所以

$$\gamma = \frac{4mV}{r^4 pT^2} = \frac{64mV}{d^4 pT^2} \tag{4-6-5}$$

式(4-6-5)中的各量均可以方便地测出，因而可以求出气体比热容比 γ 的值。

由分子运动论可知，γ 仅仅与气体分子的自由度 i 有关，与气体的温度等其他因素无关，它们的关系为

$$\gamma = \frac{i+2}{i} \tag{4-6-6}$$

对于单原子气体，如 He、Ne、Ar …… 只有 3 个平动自由度，$\gamma = \dfrac{5}{3}$；

对于双原子气体，如 H_2、N_2、O_2 …… 有 3 个平动自由度和 2 个转动自由度，$\gamma = \dfrac{7}{5}$；

对于多原子气体，如 CO_2、NH_3、CH_4 …… 则有 3 个平动自由度和 3 个转动自由度，$\gamma = \dfrac{8}{6}$。

【实验仪器】

气体比热容比测定仪、螺旋测微器、物理天平、气压表。

【实验内容和步骤】

(1)调节烧瓶固定架底座上的 3 个螺丝,用目测的方法使玻璃管处于铅直状态。

(2)将气泵上气流量调节旋钮打到最小,关闭针型阀门。然后插上气泵电源插头,开动气泵,稍等片刻后,钢珠在玻璃管小孔附近做简谐振动,调节气流调节旋钮和针型阀门,使钢珠振动的振幅大小适当。

(3)将光电门放在钢珠简谐振动处,用周期测定仪测量钢珠振动 50 个周期的时间,共测量 6 次,然后求出振动周期 T 的平均值。

(4)用螺旋测微器测量钢珠的直径 d,在不同位置测量 6 次,求平均值。

(5)用物理天平测出钢珠的质量 m,测量 6 次,求平均值。

(6)用气压表读出气压表上的读数,根据修正项计算真实大气压 p_0 和烧瓶内气压 p。

(7)本实验仪器的体积由实验室给出。

【注意事项】

(1)实验过程中玻璃仪器应小心使用,防止损坏。

(2)精密玻璃管价格昂贵,实验时不要碰触,更不允许擅自拿下。

(3)用烧瓶固定夹将烧瓶固定即可,切不可使劲拧紧,以防夹碎烧瓶瓶颈。

(4)调整精密玻璃管铅直时,应从两个方向进行观察。

(5)针形阀门一般应关闭,调节气流调节旋钮即可。

(6)各接口处橡皮管已接好,不要拔下。

(7)正常情况下气流量较小时钢珠就能做简谐振动,如有异常,应重点检查是否漏气。

【数据记录及处理】

测定气体比热容比的数据记录及处理见表 4-6-1。

表 4-6-1　测定气体比热容比的数据记录及处理

$V=$　　　　　cm^3

<table>
<tr><td>T/s</td><td></td><td></td><td></td><td></td><td></td><td></td><td>$\overline{T}=$</td></tr>
<tr><td>d/cm</td><td></td><td></td><td></td><td></td><td></td><td></td><td>$\overline{d}=$</td></tr>
<tr><td>m/g</td><td></td><td></td><td></td><td></td><td></td><td></td><td>$\overline{m}=$</td></tr>
<tr><td>读数修正 ΔP_s</td><td colspan="4">读数:</td><td colspan="3">$\Delta p_s=$</td></tr>
<tr><td>温度修正 Δp_t</td><td colspan="4">温度:</td><td colspan="3">$\Delta p_t=$</td></tr>
<tr><td>补充修正 Δp_d</td><td colspan="4"></td><td colspan="3">$\Delta p_d=-1.0\mathrm{hPa}$</td></tr>
</table>

注:$1\ \mathrm{hPa}=100\ \mathrm{N/m^2}$。

$p_0=$读数$+$读数修正 Δp_s+温度修正 Δp_t+补充修正 $\Delta p_d=$

$$p=p_0+\frac{mg}{\pi r^2}=p_0+\frac{4mg}{\pi d^2}=$$

$$\gamma=\frac{64\bar{m}V}{\bar{d}^4 p\bar{T}^2}=$$

【问题讨论】

(1)试分析本实验的误差来源,并提出减小这些误差的措施和方法。
(2)能否用其他方法测定空气的比热容比,请说明实验原理。
(3)入气量的大小对钢球的运动有何影响?如何调节入气量的大小?

【附注】

YM3 型空盒气压表

YM3 型空盒气压表采用真空膜盒作为测量大气压力的感应元件,携带方便,使用和维护简便。由于其无汞污染,广泛应用于各个领域,是测量大气压力的常规仪器。

气压表的结构如图 4-6-2 所示,它将大气压力转换成膜盒的弹性位移,通过杠杆与传动机构使指针转动。当真空膜盒的弹性与大气压力平衡时,其指针指示的气压值就是当地当时的大气压数值。

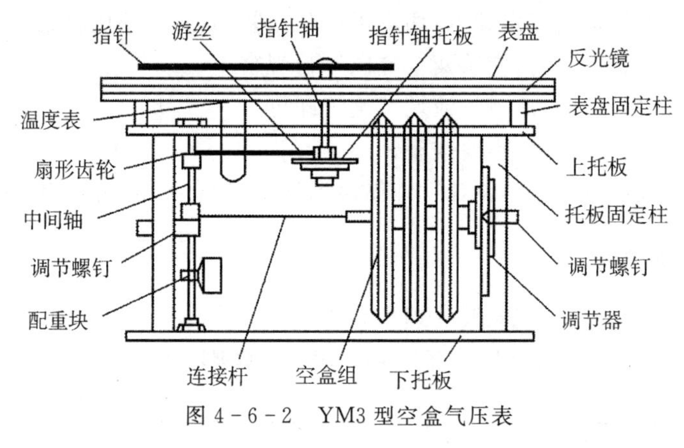

图 4-6-2 YM3 型空盒气压表

气压表的测量范围为 800～1 060 hPa(百帕斯卡);环境温度范围为 −10～+40 ℃;测量误差经修正后不大于 2.0 hPa;示度最小分度值为 1 hPa;附属温度计最小分度值为 1 ℃。

使用气压表时应当水平放置,读数前应轻击仪表外壳或表面玻璃,以消除内部传动机构的摩擦;读数时应使视线与指针及其影像重叠,此时指针所指的刻度值即为当时气压的读数,读数应精确到小数点后一位,单位为 hPa。附属温度计的读数应当精确到小数点后一位。真实大气压 p_0 必须经过下列修正:

(1)读数修正 Δp_s,见表 4-6-2。

表 4-6-2　读数修正表

读数/hPa	1 090	1 080	1 070	1 060	1 050	1 040	1 030	1 020	1 010	1 000
修正值/hPa	—	—	—	−0.5	−0.4	−0.3	−0.2	−0.1	0.0	0.0
读数/hPa	990	980	970	960	950	940	930	920	910	900
修正值/hPa	0.0	0.0	0.0	0.0	0.0	+0.1	+0.2	+0.3	+0.4	+0.4
读数/hPa	890	880	870	860	850	840	830	820	810	800
修正值/hPa	+0.3	+0.2	+0.1	+0.1	+0.1	+0.1	+0.1	+0.2	+0.2	—

(2)温度修正 Δp_t＝温度系数×温度计读数补充修正 Δp_d＝−1.0 hPa。温度系数为−0.06 hPa/℃。

(3)真实大气压 p_0＝读数＋读数修正 Δp_s＋温度修正 Δp_t＋补充修正 Δp_d

使用气压表时不得擅自调节螺钉,以免增加误差。由于气压表的修正值随时间和环境而变化,最多 6 个月就需要重新校对,若有变化,以实验室通告的数据为准。

4.7　液体黏滞系数的测定实验

在稳定流动的液体中,当液体内各液层之间有相对运动时,接触之间存在内摩擦力,阻碍液体的相对运动,这种性质称为液体的黏滞性。液体的内摩擦力称为黏滞力,黏滞力的大小与接触面面积以及接触面处的速度梯度成正比,比例系数 η 称为黏度(或黏滞系数)。

对液体黏滞性的研究在流体力学、化学化工、医疗和水利等领域都有广泛应用。例如,在用管道输送液体时,要根据输送液体的流量、压力差、输送距离及液体黏度设计输送管道的口径。

测量液体黏度可以用落球法、毛细管法和转筒法等。其中,落球法适用于黏度较高的液体。

黏度的大小取决于液体的性质与温度,温度升高,黏度将迅速减小。例如,对于蓖麻油,在室温附近温度改变 1 ℃时,黏度值改变约 10%。因此,测定液体在不同温度的黏度有重要的实际意义。要准确测量液体的黏度,必须精确测量液体的温度。

【预习思考题】

在温度不同的两种蓖麻油中,同一小球下降的最终速度是否不同? 为什么?

【实验目的】

(1)用落球法测量不同温度下蓖麻油的黏度。

(2)观察液体的内摩擦现象。

(3)练习用停表计时。

(4)了解 PID 温度控制的原理。

【实验原理】

一个在静止液体中下落的小球受到重力、浮力和黏滞阻力 3 个力的作用,如果小球的速度

v 很小，且液体可以看成在各方向上都是无限广阔的，则从流体力学的基本方程可以导出表示黏滞阻力的斯托克斯公式

$$F=3\pi\eta vd \tag{4-7-1}$$

式中，d 为小球直径。由于黏滞阻力与小球速度 v 成正比，小球在下落很短距离后，所受 3 个力达到平衡，小球将以 v_0 匀速正落，此时有

$$\frac{1}{6}\pi d^3(\rho-\rho_0)g=3\pi\eta v_0 d \tag{4-7-2}$$

式中，ρ 为小球密度；ρ_0 为液体密度。由式(4-7-2)可解出黏度 η 的表达式

$$\eta=\frac{(\rho-\rho_0)gd^2}{18v_0} \tag{4-7-3}$$

本实验中，小球在直径为 D 的玻璃管中下落，液体在各方向无限广阔的条件不满足，要考虑器壁的影响，此时，黏滞阻力的表达式可以加修正系数 $\left(1+2.4\frac{d}{D}\right)$，则式(4-7-3)可修正为

$$\eta=\frac{(\rho-\rho_0)gd^2}{18v_0(1+2.4d/D)} \tag{4-7-4}$$

【实验仪器】

变温黏度测量仪、开放式 PID 温控实验仪、停表、螺旋测微计和若干钢球。

1. 落球法变温黏度测量仪

变温黏度测量仪的外形如图 4-7-1 所示，待测液体装在细长的样品管中，能使液体温度较快地与加热水温达到平衡。样品管壁上有刻度线，便于测量小球下落的距离。样品管外的加热水套连接到温控仪，通过热循环水加热样品。底座下有调节螺丝，用于调节样品管的铅直。

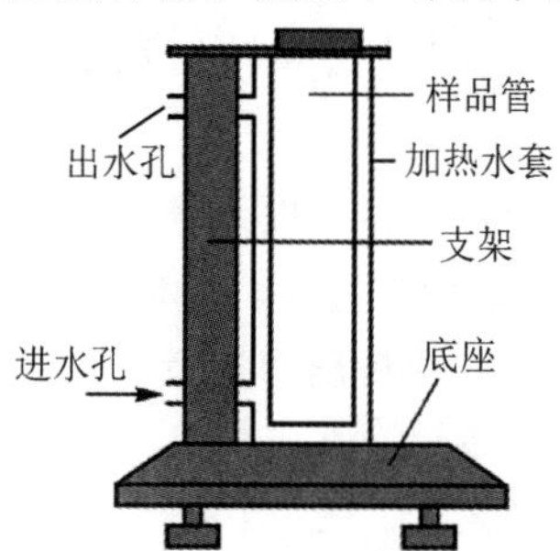

图 4-7-1　变温黏度测量仪

2. 开放式 PID 温控实验仪

该温控实验仪包含水箱、水泵、加热器及显示电路等部分。温控实验仪内置微处理器，带有液晶显示屏，操作菜单化，能根据实验对象选择 PID 参数以达到最佳控制效果，能显示温控过程的温度变化曲线和功率变化曲线、温度和功率的实时值，能存储温度及功率变化曲线，且控制精度较高。温控实验仪面板如图 4-7-2 所示。

开机后，水泵开始运转，显示屏显示操作菜单，可选择工作方式，输入序号及室温，设定温度及 PID 参数。使用"← →"键选择项目，"↑ ↓"键设置参数，按"确认"键进入下一屏，按"返回"键返回上一屏。

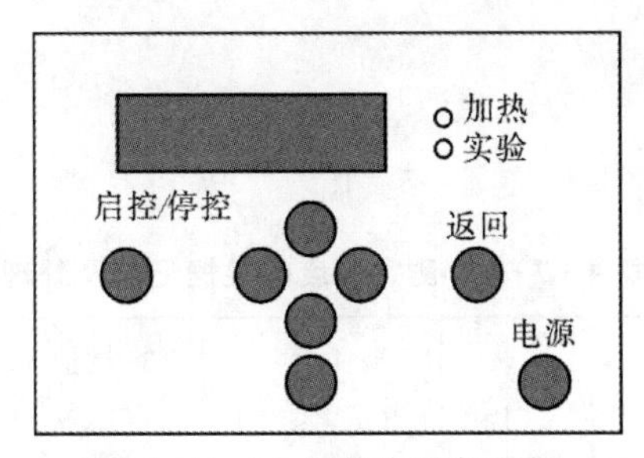

图 4-7-2　温控实验仪面板

进入测量界面后，屏幕上方的数据栏从左至右依次显示序号，设定温度 R、初始温度 T_0、当前温度 T、当前功率 P、调节时间 t 等参数。图形区以横坐标代表时间，纵坐标代表温度（以及功率），并可用“↑↓”键改变温度坐标值。仪器每隔 15 s 要记录一次温度及加热功率值，并将采得的数据标示在图上。温度达到设定值并保持两分钟且温度波动小于 0.1 ℃时，仪器自动判定达到平衡，并在图形区左边显示过渡时间 t_s、动态偏差 σ 和静态偏差 e。一次实验完成退出时，仪器自动将屏幕按设定的序号存储（共存储 10 幅），以供必要时查看、分析和比较。

3. 停表

PC396 电子停表具有多种功能。按“功能转换”键，待显示屏上方出现符号“——————”且第 1 和第 6、第 7 短横线闪烁时，即进入停表功能。此时，按“开始/停止”键可以开始或停止计时，多次按“开始/回零”键使数字回零，准备进行下一次测量。

【实验内容与步骤】

1. 检查仪器后面的水位管，将水箱的水加到适当值

平常加水从仪器顶部的注水孔注入。若水箱排空后第一次加水，应该用软管从出水孔将水经水泵加入水箱，以便排出水泵内的空气，避免水泵空转（无循环水流出）或发出嗡鸣声。

2. 设定温度参数

开机后水泵运转，工作方式选“进行实验”，确认后输入序号并设定温度（设定温度大于室温）。确认后进入下一屏，屏幕上方的数据栏从左至右依次显示序号，设定温度 R、初始温度 T_0、当前温度 T、当前功率 P、调节时间 t 等参数，“启动”后加温。以后设定温度时，重复上述步骤即可。

3. 测定小球在液体中的下落速度并计算黏度

（1）温控仪温度达到设定值后必须等 18 min 以上，使样品管中的待测液体温度与加热水温完全一致，才能测量液体的黏度。

（2）用镊子夹住直径为 1 mm 的小球沿样品管中心轻轻放入液体，观察小球是否一直沿中心下落，若样品管倾斜，应调节其铅直。测量过程中尽量避免对液体的扰动。

（3）在所设定的温度下，用停表测量小球下落一段距离（3.00×10^{-1} m）的平均时间，并计算小球的速度 v_0，根据式（4-7-4）计算黏度 η。

（4）实验全部完成后，用磁铁将小球吸引至样品管口，用镊子夹入蓖麻油中保存，以备下次实验使用。

【数据记录及处理】

测定黏度的数据记录及处理见表 4-7-1。

表 4-7-1　测定黏度的数据记录及处理

	时间/s				v_0 /(m·s^{-1})	测量值 η /(Pa·s)	标准值 η^* /(Pa·s)	$\frac{\lvert\eta-\eta^*\rvert}{\eta^*}$
温度/℃	1	2	3	平均				
10							2.42	
15							1.52	
20							0.986	
25							0.621	
30							0.451	
35							0.312	
40							0.231	
45								
50								
55								
$\rho=7.800\times10^3$ kg/m^3, $\rho_0=0.950\times10^3$ kg/m^3, $D=2.00\times10^{-2}$ m, $d=1.000\times10^{-3}$ m								

根据上表中 η 的测量值(至少 5 个值)在坐标纸上作图，标明黏度随温度关系。

4.8　单摆测量重力加速度实验

单摆实验有着悠久历史，当年伽利略在观察比萨教堂中的吊灯摆动时发现，摆长一定的摆，其摆动周期不因摆角而变化，因此可用它来计时，后来惠更斯利用了伽利略的这个观察结果，发明了摆钟。本实验是用经典的单摆公式测量重力加速度 g，对影响测量精度的因素进行分析，学习如何改进测量方法，以进一步提高测量精度。

【预习思考题】

(1)什么叫单摆？写出其计算公式，在摆角不超过 5°时，其振动周期是什么？

(2)用单摆测量重力加速度是根据什么物理原理？重力加速度的计算式是怎样的？

(3)该实验需要测量哪些物理量？各用什么测量工具？读数有几位数字？计算出来的重力加速度有几位有效数字？如果摆线的质量不可忽略，单摆的周期比一般公式的表达式数值大还是小或者不变？

【实验目的】

(1)用单摆测定重力加速度。

(2)学习使用计时仪器(光电计时器)。

(3)学习在直角坐标纸上正确作图及处理数据。

(4)学习用最小二乘法作直线拟合。

【实验仪器】

单摆装置、带卡口的米尺、游标卡尺、电子停表、光电计时器。

【实验原理】

把一个金属小球拴在一根细长的线上,如图 4-8-1 所示。如果细线的质量比小球的质量小很多,而球的直径又比细线的长度小很多,则此装置可看作是一根不计质量的细线系住一个质点,这就是单摆。略去空气的阻力和浮力以及线的伸长不计,在摆角很小时,可以认为单摆作简谐振动,其振动周期 T 为

$$T=2\pi\sqrt{\frac{l}{g}}\ ,\ g=4\pi^2\frac{l}{T^2} \tag{4-8-1}$$

式中,l 是单摆的摆长,就是从悬点 O 到小球球心的距离;g 是重力加速度。因而,单摆周期 T 只与摆长 l 和重力加速度 g 有关。如果我们测量出单摆的 l 和 T,就可以计算出重力加速度 g。

【注意事项】

(1)要注意小摆角的实验条件,例如控制摆角 $\theta<5°$。

(2)要注意使小球始终在同一个竖立平面内摆动,防止形成“锥摆”。

(3)本仪器提供的铁质小球的直径为 20 mm。

(4)挡光针为长 15 mm,直径为 2.7 mm 的中空塑料圆柱,实验时将其插在小球的底部孔中。

【实验内容】

1. 固定摆长,测定 g。

(1)测定摆长(摆长 l 取 80 cm 左右)。先用带刀口的米尺测量悬点 O 到小球最低点 A 的距离 l_1,如图 4-8-1 所示,单摆实验仪结构如图 4-8-2 所示。

(2)测量单摆周期。使单摆作小角度摆动。通过计算可知,当小球的振幅小于摆长的 1/12 时,摆角 $\theta<5°$。小球的振幅通过档板在水平方向的位置而确定。从档板方向平稳放开小球,开始自由摆动,待摆动稳定后,用光电计时器测量摆动周期。

通用计数器测量单摆周期的使用方法:将光电门 I 与计时器传感器 I 相连,开机通电后,选择周期测量功能,按确认键。接着通过设置周期数 n:xx,设置测量周期为 xx=30 个。选择开始测量,按确认键准备计时,等小球第一次经过光电门挡光时,计时开始,小球每遮挡光电门一次,计数加 1,一个周期内共挡光两次,所以在第 61 次挡光时停止计时,显示 30 个周期的总时间 t 和单个平均周期 T。可以设定不同周期数 xx 进行测试。(通用计数器 DHTC-1A 的具体操作详见其使用说明书)

测量摆动 30 个周期所需的时间 t 和平均周期 T,并重复测量多次,求平均值。

(3)由 $g=\frac{4\pi^2 l}{T^2}$ 计算 g 和 g 的标准不确定度 δ_g。

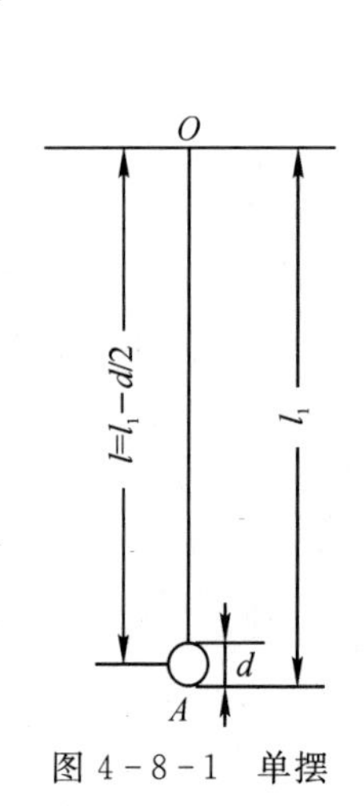

图 4-8-1 单摆

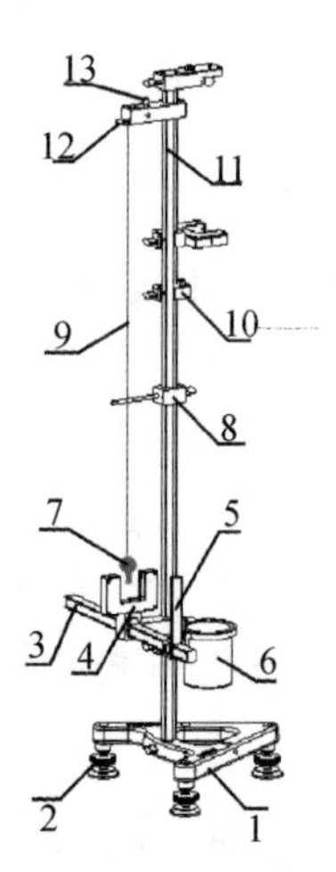

1—三角底座；2—水平调节机脚；3— 水平尺(测量摆角)；
4—光电门I；5—挡板；6—落球盒(自由落体用)；
7—摆球；8—挡杆(仅开展单摆周期叠加实验用)；
9—摆线；10—水平泡机构(用于指示立杆垂直度)；
11—立杆；12—摆线固定螺钉；13—线盒锁紧螺钉。

图 4-8-2 单摆实验仪结构图

2. 改变摆长，测定 g

(1)用直角坐标纸作 $l-T^2$ 图，由直线得斜率，求 g。

(2)以 l 及相应的 T^2 数据，用最小二乘法作直线拟合，求其斜率，并由此求出 g。

【数据记录与处理】

1. 固定摆长测定数据记录及处理(见表 4-8-1 和表 4-8-2)

表 4-8-1 摆长测量数据及处理

悬点 O 的位置 x_1 /cm	小球最低点 A 的位置 x_2 /cm	$l_1=\|x_1-x_2\|-1.000$ cm

表 4-8-2 周期测量数据及处理

次数	1	2	3	4	5	平均
T/s						
ΔT/s						

求出 $\overline{T}$，则 $T=$________ ± ________(   )；

计算 $g=$________ ± ________(   )(写出单位符号)。

2. 变摆长数据测量

使 l 分别为 30 cm、40 cm、50 cm、60 cm、70 cm，测出不同摆长下的 T 记录于表 4-8-3 中。

表 4-8-3　变摆长测量数据及处理

摆长 l /cm	30	35	40	45	50	55	60	65	70
$10T$/s									
周期 T/s									
T^2 / s^2									

用毫米方格纸绘制 T^2-l 图线。

用两点法求得 T^2-l 直线的斜率：$k=$ 　　　　　　 s^2/cm；

重力加速度：$g=\dfrac{4\pi^2}{k}$ 　　　　　　 cm/s^2；

本地重力加速度为 979.4 cm/s^2，相对误差 $E=\dfrac{|g-979.4|}{979.4}\times 100\%=$ 　　　　。

第5章　电磁学实验

5.1　电磁学实验常用基本仪器简介

电磁测量具有准确、方便且迅速的特点，许多非电学量可以转变为电学量进行测量(非电量电测法)，同时电磁仪器的使用有可能远距离操作，为生产的集中管理和远程控制提供了条件。随着生产过程自动化、电气化程度的提高，电磁测量的应用也越来越广泛，电磁实验技术在现代各种实验技术中占有极为重要的地位。因而电磁学实验技能是每个工程技术人员必须具备的。

在电磁学实验里，要求掌握电磁学基本量的测量方法、电学基本仪器的正确使用和实验的操作技能(如读线路图、接线、选择仪器量程等)以及实验数据的处理等。下面对电源和一些常用基本仪器及接线要领作简单介绍。

1. 电源

电源有交、直流之分。实验室用的交流电由电厂供电，电压为220 V，频率为50 Hz，习惯称为市电，要增高或降低电压，可使用变压器来实现。常用的直流电源是干电池、蓄电池和晶体管直流稳压电源。直流电源有正、负极之分，干电池的中心为正极，外面锌皮为负极。稳压电源的正极标明“+”号并用红色接线柱，负极标明“-”号并用黑色接线柱。

使用电源时应特别注意：

(1)实验所用电源应该是交流的还是直流的，直流电源要弄清正、负极，切勿接错。

(2)每一电源都有最大输出电流和最大输出电压，使用时不能超过其最大输出值。

(3)严防电源短路，即不能将电源两极直接接通使外电路电阻为零。特别是接干电池时，稍不留意就会把正负极的接线片碰在一起，损坏干电池。

(4)对高压电源应防止触电，布置线路时应远离人身。

2. 电表

电表的种类很多，按照它们的工作原理不同，有电磁式电表、磁电式电表、电动式电表等；按照它们适用电流的不同，有直流表、交流表和交直流两用表；按照用途的不同，有检流计、安培表(毫安表、微安表)、伏特表(毫伏表)、欧姆表以及功率表等。

实验中常用的是磁电式直流电表，简称磁电式电表。磁电式电表是根据磁场对载流线圈有相互作用的原理制成的，内部构造如图5-1-1所示。磁电式电表由一对固定磁铁和一个带有指针的可转动的线圈组成。无电流流过时，指针指在零点(若不指在零点，可以调节机械零点)；当有电流流过时，磁场对线圈有一力矩作用使线圈偏转，当此力矩与螺旋弹簧(游丝)的反力矩相平衡时，指针偏转到某一位置，其偏转角度与通过线圈的电流大小成正比，通过刻度盘上的刻度可以很方便地读出被测量的大小。

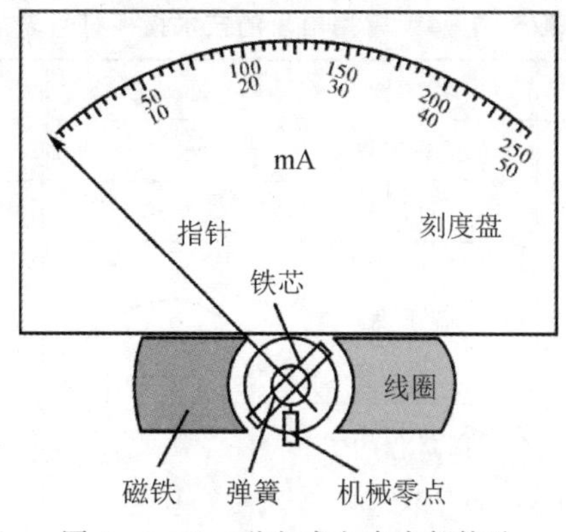

图 5-1-1　磁电式电表内部构造

使用电表时，首先要根据电表刻度盘上注明的符号来识别电表的种类和规格，然后根据测量的需要合理选用。下面详细说明：

(1)电表名称：A 表示安培表，mA 表示毫安表，μA 表示微安表，V 表示伏特表，mV 表示毫伏表，G 表示检流计。其中，检流计用于测量微小电流或检查线路中有无电流，将检流计进行改装，可制成安培计或伏特计。

(2)构造形式：∩ 表示磁电式电表。

(3)适用电流：—(或=)表示直流；～表示交流；≃表示交直流两用。

(4)量程：量程就是电表所能测量的最大范围，即指针偏转满刻度(允许的最大偏转角度)时电流或电压的大小。如果被测量的物理量超过使用的量程，电表就会由于机械的或热的原因而损坏。大多数电表是多量程电表，用旋钮可以变换量程；少数电表，每一个量程有一个相应的接线柱。

(5)等级：电表等级是电表结构精密程度的标志，它反映了电表质量的好坏。根据我国国标规定，电表的准确度分为 0.1、0.2、0.5、1.0、1.5、2.5、5.0 共 7 个等级。其中 0.1、0.2 级是标准表，0.1、1.0、1.5 级是实验用表，2.5、5.0 级是配电盘及工业用表。0.1、0.2…… 表示电表本身的基本误差为刻度盘量程的 0.1%、0.2%……基本误差越少，表示电表越精密。基本误差是电表在正常使用条件下，由于电表本身在结构上和制造上的不完善(如线圈轴承的摩擦，反作用力矩的螺旋弹簧质量的好坏，刻度尺分度不准确，等等)而产生的误差，它是系统误差的一种。

按照规定，电表指针指示在任一测量值时，最大可能绝对误差为：量程 × 等级%。

例如，等级为 0.5 级的电表，使用 300 mA 量程测量时，不管指针指示哪个读数，绝对误差都是 300 mA × 0.5% = 1.5 mA。

(6)刻度盘(表面)放置：┌┐(或 →)表示水平放置，⊥(或 ↑)表示垂直放置，∠60°表示倾斜 60°放置。如果不按照规定的方法放置，会带来附加的误差。

(7)绝缘电压：2 kV 表示电表外壳的绝缘电压为 2 000 V，也就是说，如果加在电表外壳的电压超过 2000 V，外壳将导电或被击穿。

电表的技术指标符号都标在电表的刻度盘上，见表 5-1-1。

表 5-1-1 常用电表的技术指标符号表

名称	符号	名称	符号	名称	符号
磁电系仪表	⋂	水平放置	⊓ →	垂直放置	⊥ ↑
交流	～	直流	—	交直流两用	≃
公共端钮	*	调零器	⌒	接地端钮	⏚
以指示值的百分数表示的准确度级	(1.5)	以量程的百分数表示准确度等级	1.5	绝缘强度试验电压为2KV	☆ ϟ2kv
整流系仪表	⌒┼	二级防外磁场及电场	[Ⅱ]	A 组仪表（0～40 ℃）	△A

使用电表时必须注意：

(1)直流电表接入电路时，还应注意电表上接线柱旁标明的正负号。"＋"号应接电路中的高电位，"－"号应接电路中的低电位，否则指针反打，极易损坏电表。

(2)电表接入电路时，必须注意是串联还是并联(并联是对负载而言)，凡是用来测量电路中电流强度的电流表，都应串联在待测电流强度的电路中；凡是用来测量电路中两点间电压的电压表，应并联在待测电压的两点上。绝对不能将电流表并联在电路中！

(3)读数：测量前首先要注意有无初读数。若有，即指针不指零，可用表面中间的螺钉(又称机械零点)调节，使指针指在零点上(此螺丝易损坏，调节时要谨慎)。单量程的电表，测量值可直接从表面上刻度获得；对于多量程的电表，如果表面只有一排刻度，则示数还要乘上某一倍数才是测量值，这个倍数等于所用量程除以表面的最大刻度。读数时应正确判断指针位置，为了减少视差，必须使视线垂直于刻度表面读数。比较精密的电表上都有平面镜，读数时应使指针在镜中的像与指针重合，这样读出的数值才准确。

3. 电阻器

1)旋转式电阻箱

电阻箱用于调节电路中电阻的阻值，电阻箱内部有数组电阻串联，每组电阻又由几个准确的固定电阻串联。图 5-1-2 中，(a)是面板，(b)是线路图。面板上有 6 个旋钮、4 个接线柱。每个旋钮与一组电阻对应。每个旋钮的边缘上都标有 0、1、2… 9 的数字，靠旋钮边缘的面板上刻有标志"• "，并有× 0.1、× 1… × 1 000 等字样，称为倍率。当某个旋钮旋到对应的数字时，用倍率乘上旋钮的数字，就是对应的电阻。在图 5-1-2(b)中旋钮所对应的电阻分别为：8×10 000 Ω、7×1 000 Ω、6×100 Ω、5×10 Ω、4×1 Ω、3×0.1 Ω；当接线接在 A，D 两接线柱上时，总电阻为

$$8\times10000\ \Omega+7\times1000\ \Omega+6\times100\ \Omega+5\times10\ \Omega+4\times1\ \Omega+3\times0.1\ \Omega=87654.3\ \Omega$$

接线接在 B、D 之间时，电阻为 $4\times1\ \Omega+3\times0.1\ \Omega=4.3\ \Omega$。

显然在 C、D 之间的电阻值为 $3\times0.1\ \Omega=0.3\ \Omega$。

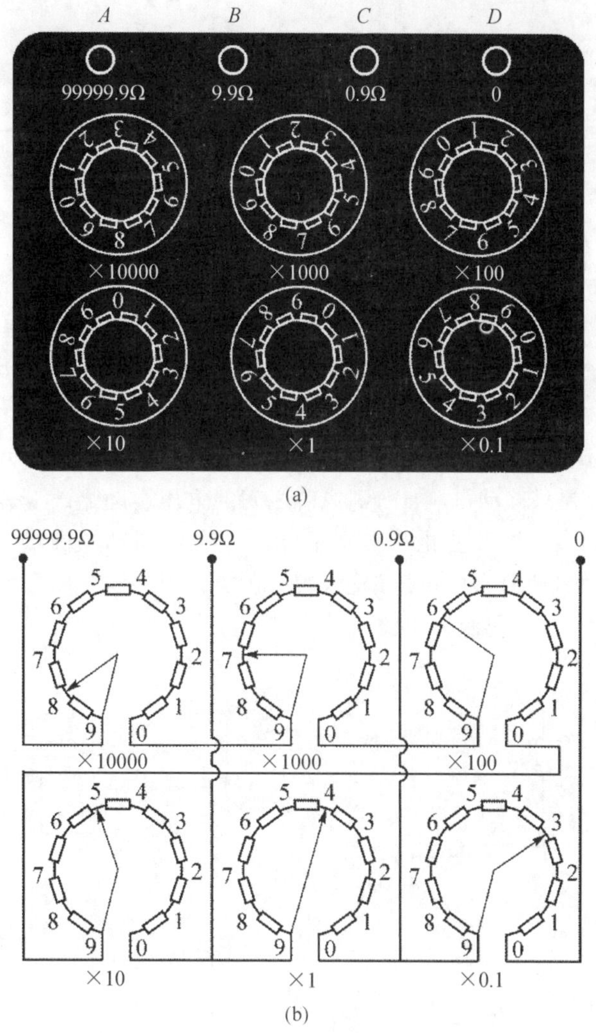

图 5-1-2　旋转式电阻箱

使用时，如果阻值只需要在 0.1～0.9 Ω 或 0.1～9.9 Ω 之间变化，则应将导线接在“0”和“0.9”或“0”和“9.9”两接线柱上，可以避免电阻箱其余部分的接触电阻和电线电阻。

使用电阻箱时，要注意不要在超过其额定功率下使用。电阻箱的额定功率一般为 0.25 W，根据公式 $P=I^2\times R$ 可算出额定电流。电阻越大，允许电流越小。

2）**滑线电阻**

图 5-1-3 中，(a)和(b)分别是滑线电阻的实物图和符号，它是将涂有绝缘漆的电阻丝均匀地绕在圆柱形瓷筒上，电阻丝两端与接线柱 A，B 连接，在瓷筒的上面装有一根和圆柱平行的铜杆，铜杆一端有一个接线柱 C，铜杆上有一滑动电刷 C'，电刷下部与电阻丝有良好接触，移动电刷 C' 时，它与电阻丝的接触点也随之改变。

滑线电阻按接法的不同，有两种用途。

(1)用作控流器（又称变阻器接法），用来改变电路中电流的大小，接法如图 5-1-4 所示。接线柱 A、B、C 中只用到两个，一个代表滑动电刷 C' 的接线柱，另一个代表电阻丝端点的接线柱 A（或 B），还有一个接线柱 B（或 A）是空着的。移动 C' 可改变串联在电路中的电阻值，

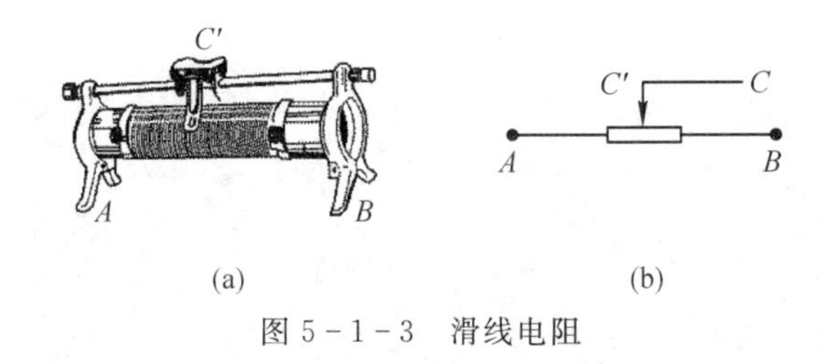

(a) (b)

图 5-1-3 滑线电阻

因此，可改变电路中的电流强度。实验开始时，必须把滑动电刷 C' 放在最大电阻位置，在图 5-1-4 中就是 B 端(称安全端)，也就是说，必须让电阻丝的全部电阻串联接入电路，以便使电路中的电流最小。实验完毕，C' 先返回到 B 端，再断开电路。

(2)用作分压器(又称电位计接法)，用以把一定电压分出一部分，以供使用。如图 5-1-5 所示，接线柱 A、B 接电源两端，再从其中之一 A(或 B)与接线柱 C 引出两根导线，与外电路相连(图中为负载及电压表)，移动电刷 C'，则 AC 之间的电压会随之改变，当 C' 从 A 滑到 B 时，AC 之间的电压从 0 到 U_{AB} 连续变化。实验开始时，必须把滑动电刷 C' 放在最小电压位置，在图 5-1-5 中就是 A 端，使分出的电压最小，然后在实验中根据需要慢慢增大 AC' 间的电压。实验完毕，C' 先返回到 A 端，再断开电路。

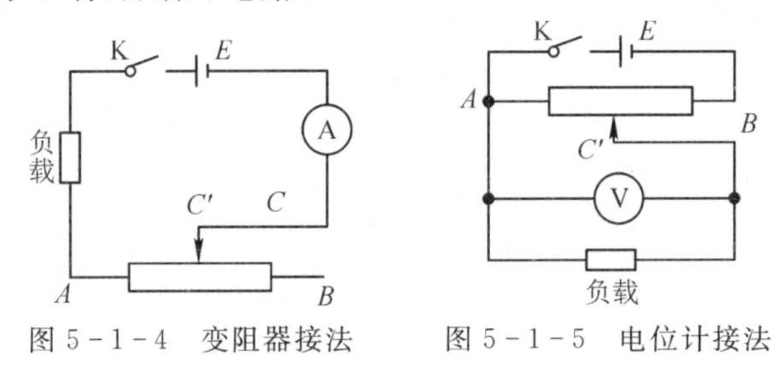

图 5-1-4 变阻器接法　　图 5-1-5 电位计接法

4. 开关

开关用来接通或切断电路，或用作其他用途。

(1)单刀单向开关如图 5-1-6(a)所示，用来接通或切断电路。

(2)单刀双向开关如图 5-1-6(b)所示，用来接通两个电路中的一个。

(3)双刀双向开关如图 5-1-6(c)所示，可以接通两个回路中的一个。

(4)换向开关如图 5-1-6(d)、(e)、(f)所示，把双刀双向开关的两个对角线上的接头彼此连接起来即可，用来改变电路中电流的方向。

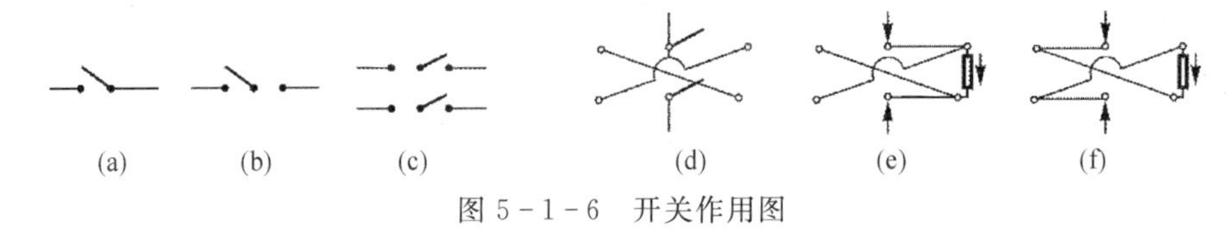

(a) (b) (c) (d) (e) (f)

图 5-1-6 开关作用图

在电路里，常把各种仪器用符号表示，见表所示。

表 5-1-2　电路中常用的仪器符号

符　号	仪器名称	符　号	仪器名称	符　号	仪器名称
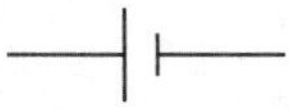	直流电源	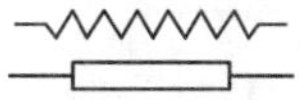	固定电阻		单刀单向开关
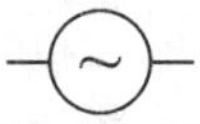	交流电源	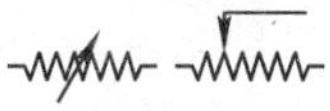	可变电阻	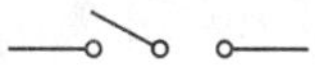	单刀双向开关
	线圈	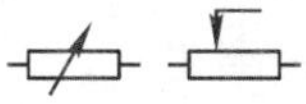	可变电阻	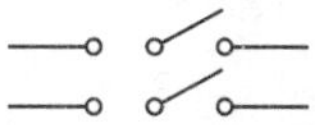	双刀双向开关
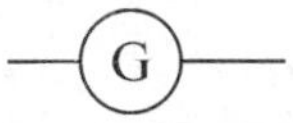 G	检流表	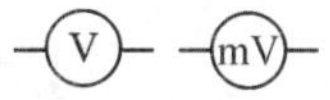 V　mV	伏特表 毫伏表	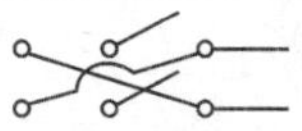	换向开关
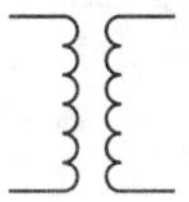	变压器	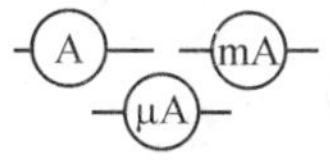 A　mA　μA	安培表 毫安表 微安表	—	—

5. 仪器布置和线路连接

在电学实验中，仪器的布置和线路的正确连接非常重要。若仪器布置不当，实验操作就不顺手，而且容易造成接线混乱，不便于检查线路，易出差错，轻则测不准确，重则损坏仪器，造成事故。因此，学习和训练正确布置仪器和接线非常重要。

在电学实验的电路图中，各种仪器都是用一定图形符号表示的，并用直线将它们连接起来。接线时首先要了解图中每个符号的含义、各个仪器的作用，然后按照“走线合理、操作方便、易于观察、实验安全”的原则布置仪器。就是说仪器设备的布置不一定要完全按照实验电路中的相应位置一一对应，可以调整，要使读数的仪表放在近处，其他仪器可以放在远处。若有高压电源，要远离人身。

接线时要把所有开关都打开，从电源正极开始一个一个回路接线，但不得接通电源。即遇交流电源暂不接上；遇直流电源只接正极（或负极）一个接头，把另一极的接线空着不接上，也就是说，必须遵守“先接线路、后接电源”的操作规程。实验完毕拆线时，必须遵守“先断电源、后拆线路”的操作规程。

电路接好后，自己先仔细检查一遍，再请教师复查，复查无误后方可接通电源。接通电源开关时，要用跃试法，即轻轻合上开关，又立即打开它，同时观察各电表指针偏转情况。如没有发现指针猛烈偏转、反打、跳火、冒烟等现象，方可正式接通电源。若有不正常现象，保持原样，请教师检查。

接线时应充分利用电路中的等位点，避免在一个接线柱上集中 3 根以上的导线。

实验完毕，打开开关，勿拆线路，自己先判断数据是否合理，有无遗漏，是否达到预期目的。自己确认无疑后，再交教师复核，认为合格后，方可拆除电路，并整理好仪器。

6. 问题讨论

（1）连接电路时分哪几个步骤？应注意些什么？

（2）使用电流表或电压表时，应注意些什么？等级为 0.5 是什么意思？设有一电压表量程是 50 V，使用时指针在 30 V 处，此时，最大误差可能是多少？

（3）使用电阻箱和滑线电阻时，应注意些什么？

（4）什么是短路？使用电源时为什么不能短路？

(5)接如图5-1-5所示的分压电路时,如果输出电压从 BC' 两端引出,这样做可以吗?这时 C 端是"+"端还是"-"端?当 C' 移至B时,输出电压多大?试把线路图画出来。

5.1.1 万用电表的使用实验

万用电表是比较常用的一种电学仪表,可用来测量交流电压、直流电压、直流电流和电阻,有的万用表也可测交流电流,而且每一种可测量的电学量又有多个量程。结构简单、使用方便,但准确度稍低。万用电表作为电学量的粗略的量测工具,也常用来检查电路故障。

【预习思考题】

(1)万用电表可测量哪些电路元器件?

(2)交流电压的测量方法有哪些?

【实验目的】

学会使用万用电表,并用万用电表检查电路故障。

【实验原理】

本实验使用MF-47型万用电表,面板如图5-1-7所示。

面板下方的旋钮是选择旋钮,可分别转至 $\underline{V}$、$\underset{\sim}{V}$、mA和Ω四个区域,依次表示直流电压、交流电压、直流电流(毫安)和电阻,每个区域又有若干个量程。例如,将选择旋钮转至 $\underset{\sim}{V}$ 250,而红、黑色表笔分别插在电表的"+""-"插孔中时,表示用于测量交流电压,测量上限为250 V,其余类推。测量交直流上限为2 500 V时,红色表笔插在表下方的±2 500V的插孔中,旋钮转至交流1 000 V或直流1 000 V位置。刻度盘共有6条刻度线,从上到下依次为电阻刻度线、交直流电压和电流刻度线、晶体管放大倍数刻度线、电容刻度线、电感刻度线、音频电平刻度线。

图5-1-7 MF-47型万用电表

1. 测量电阻

将红、黑表笔分别插入电表的"+""-"插孔中,把旋钮旋至电阻区。具体倍率要看被测电阻的大小,一般希望指针偏转到中间或中间偏右的位置,因为这样容易读数,误差也小。靠近左边的刻度太密,误差就大,如待测电阻是6.2 kΩ时,用×1档根本不能读数,用×1 k档,读数就方便,误差也小。倍率选好后,应先将两表笔直接相接,此时电阻为零,看看指针是否指在0 Ω处,若不为零,可调节电阻调零旋钮(它位于大旋钮右上方,旁边有Ω符号),使指针指零,这称为校准电阻零点。每次改变电阻倍率时,都要校准电阻零点。如果调节调零旋钮不能使指针指零,说明表内电池要换新的。

2. 测量电压

表笔的用法和测电阻时一样，手握长的表棒，注意高压电击。先确定待测电压是交流还是直流，然后将旋钮转到相应的量程。若电压的数值预先无法估计，则先用最大量程；若指针偏转太小，再逐步降低量程，直至能清楚读数。测直流电压时，红笔要接电位高的一端，黑笔接电位低的一端，接错了指针会反偏，容易损坏电表。

3. 测量电流

测量电流时一定要把电表串联到电路中，不能并联到电池的两端(即不能用电流挡去测电池端电压)，也不能和电路中的负载并联，否则非常容易烧毁电表。注意：MF-47 型万用电表只能测量直流电流。MF-47 型万用表还可以测音频电平、电容、电感、晶体管直流参数等，详见仪器使用说明书，本次实验不做这些练习。

4. 检查电路故障

电路发生故障的原因很多，在接线正确和工作条件正常时，还会有其他故障：①导线、电键或接线柱接触不良，断路或短路；②电表或元件损坏等。这些故障有的可以从仪表直接显示出来或推断出来，有的则不能，需用万用表检查。用万用表检查电路故障的方法一般有两种：

(1)伏特计法。即用万用表的电压挡来检查电路是否正常。方法是：在电源接通的情况下，从电源两端开始，用万用表的电压挡检查电压分布情况，电压分布出现反常之点就是发生故障之处。例如，在如图 5-1-8 所示的电路中，合上开关，若毫安表无指示，电压表有指示，则故障一定出现在毫安表回路中，用万用表量得 $U_{gh}=0$，$U_{hi}=U_{fp}=0$，故障就发生在 hi 之间(为什么?)，可能是 hi 导线断了或 i 处接触不良。若合上开关后，电压表、毫安表均无指示，则电压表以前的回路一定有故障。检查时从电源开始，先固定一个黑表笔在电源负极 b，另一个表笔从电源正极 a 开始，沿着电路从前向后依次检查，如果量得 $U_{ab}=U_{de}\neq 0$，那么电源、开关、滑线电阻器两端及这些导线均无问题，红表笔固定在 d，黑笔向 e 移动，若 $U_{db}=U_{de}\neq 0$，说明 b，e 之间无问题；若 $U_{de}=0$，说明 b，e 之间中断。

用伏特计法检查时不必拆开电路，可带电测量，因此，能检查运转状态下的电路，这是此法的优点。但在检查电压太小的部位时，因为不够灵敏，所以不适用。由于测量电流需拆开电路再串联安培计，很不方便，所以安培计法不适用于检查电路。

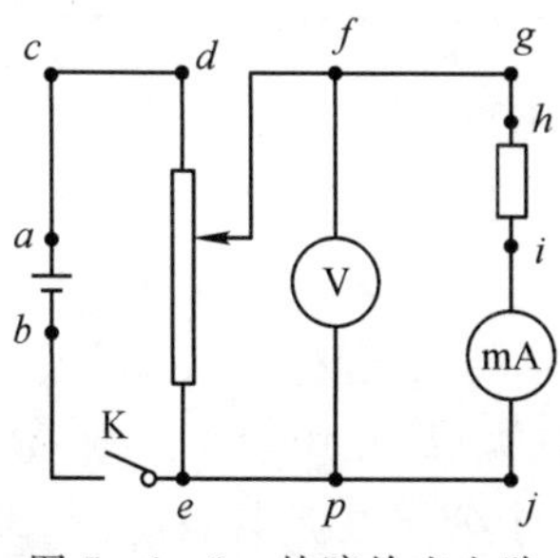

图 5-1-8　故障检查电路

(2)欧姆计法。即用万用表欧姆挡来检查电路中各部分的电阻是否正常，如量得导线电阻无穷大或量得某电阻阻值与标称值相差很大，这都说明导线及该电阻有问题。例如，在图 5-1-2 中，将 g 断开，量得导线 gf 是通的，即电阻为零，说明导线 gf 是完好的；而量得 hi

的电阻为无穷大，则故障必在 hi 之间；若拆下导线 h 端，量得导线也是好的，则必然是 h 或 i 处接触不良；如果量得导线电阻为无穷大，则说明导线 hi 断了。

用欧姆计法检查时一定要断开电源，拆开电路，不能带电检查待查部分，也不能与其他部分并联，同时也不能直接去测量检流计或电流计的内阻。所以，这种方法有一定的局限性。这种方法常用来初步检查个别元件、导线等是否正常，因而也是很重要的检查方法之一。

使用万用电表时应注意：

(1)确定测量对象，如是电阻还是电压或电流，是交流电压还是直流电压等，然后将选择旋钮转到相应的位置，拿表笔时，手不要接触金属部分。

(2)如果不知测量值的大小，应先放在大量程中进行测试，再拨到适当量程。

(3)测量电阻时，应先校正零点(将两表笔短路，旋转调零旋钮使指针指零)。每次换挡都需调零，电阻的大小等于表面读数和倍率的乘积，不得测量带电电阻。

(4)电表使用完毕，应把选择旋钮转到高压交流挡(500 V)，这样下次使用较安全，同时可以防止表内电池因表笔短路而消耗。

【实验仪器】

万用电表、直流稳压电源、电阻板(内有几十欧、几百欧、几千欧的 3 个电阻)、单刀开关、电路故障分析实验仪。

【实验内容和步骤】

1. 测量电阻

测量电阻板上的 3 个电阻阻值及它们的串联值。正确读数、记录和计算，注意有效数字。

2. 测量直流电压

将电阻板上的 3 个电阻按图 5－1－9 接好，分别测出 AB、BC、CD 及 AD 间的电压。正确读数、记录和计算，注意有效数字。

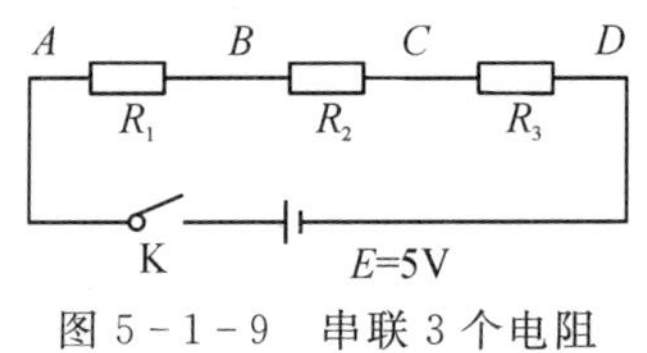

图 5－1－9　串联 3 个电阻

3. 用万用电表检查电路的故障

故障检查在“电路故障分析实验仪”上进行。仪器有 5 个基本电路，本次实验只做 1 号和 5 号电路。每个电路上都设有专门的测试孔用于检查故障，故障查出后，无须焊接，用插头线接上即可排除故障。整套仪器有一个公用直流电源，接入 220 V 交流电源后，打开电源开关，转动“电压调节”旋钮，这时“电压输出”的两端即有 0～9 V 直流电压输出，电压值由电压表读出。实验时要用插头线将电源和各个实验电路的接线连接才能供电，电压大小根据各实验电路要求调节。仪器电源线和插头线是专用的，实验完毕要放回仪器箱内的小口袋里。

(1)1 号电路(见图 5－1－10)故障的检查。

① 故障设置开关可在不同位置产生故障，具体设置方案在上课时由教师指定。接入 8 V

电源，将电位计 W 调至最下，灯泡不发光，表明电路有故障。

② 用万用表检查故障并加以排除(用插头线接上)，调节电位计 W 至最下端，使灯泡正常发光，表明故障已排除。

③ 电路中标出故障的位置(打“×”)，简要说明检查故障的过程。

(2)5 号电路(见图 5－1－11)故障的检查。故障设置开关按教师指定的方案设置，然后检查和排除故障，并在图中标明故障的位置(在故障处打“×”)。

(3)继续用 5 号电路测量 R_x 的电阻值。计算电阻值 R_x，并正确表示有效数字。

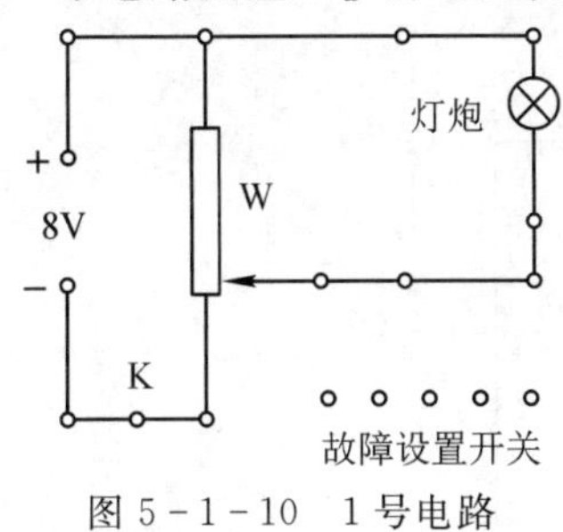

图 5－1－10　1 号电路

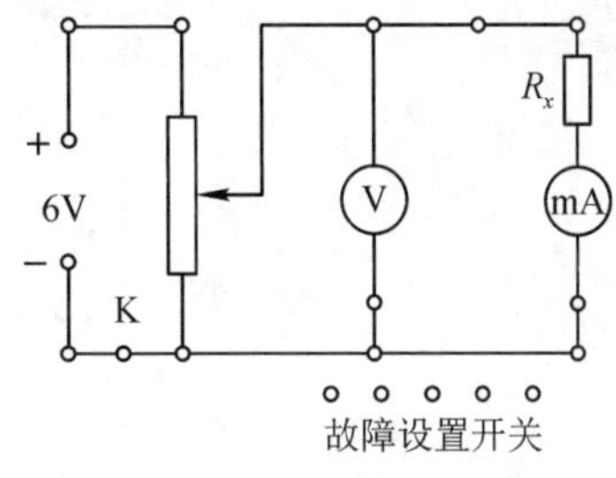

图 5－1－11　5 号电路

【数据记录及处理】

1. 测电阻与电压并记录(见表 5－1－3 和表 5－1－4)

表 5－1－3　电阻记录表

电阻	R_1	R_2	R_3	$R_1+R_2+R_3$
倍率				
读数				
电阻				
计算：$R_1+R_2+R_3=$				

表 5－1－4　电压记录表

电压	V_1	V_2	V_3	$V_1+V_2+V_3$
量程				
读数				
计算：$V=V_1+V_2+V_3=$				

2. 检查电路故障

故障检查结果在图上标出，测试 R_x 电阻值的表格自拟。

【问题讨论】

(1)用完万用电表后，如果把选择开关放在欧姆挡或电流挡，为什么不安全？

(2)比较万用电表、惠斯顿电桥和伏安法测电阻的优缺点。

【附注】

万用电表原理

万用电表中的伏特计及毫安计的原理就是“改装电表”的原理。下面仅把欧姆计的原理简述一下，其原理电路如图 5-1-12 所示。

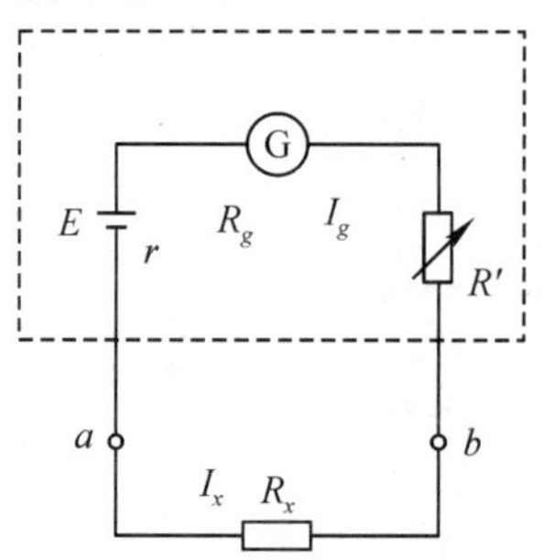

图 5-1-12　欧姆计原理电路

图 5-1-12 中虚线框部分为欧姆计，a，b 两端为表笔插孔，待测电阻接在 a 和 b 处，E 为干电池(测量电阻时电表内需安装电池)，r 为干电池的内阻，G 为表头，R_g，I_g 为表头内阻和满刻度电流，R'为调零电阻(同时起限流作用)。根据欧姆定律，回路电流 I_x 为

$$I_x=\frac{E}{r+R_g+R'+R_x} \tag{5-1-1}$$

由此可见，当 E、r、R_g、R'给定时，I_x 只由 R_x 决定，这样我们就可把表头的电流读数标度为对应的 R_x 值，这样就成了欧姆计。$R_x=0$ 时，回路电流最大，适当设计 R'的值，可使此最大电流等于表头满刻度电流 I_g，即

$$I_g=\frac{E}{r+R_g+R'}$$

由图 5-1-12 可看出，上式的 $r+R_g+R'$ 即为欧姆计内阻，当 $R_x=r+R_g+R'$ 时，式(5-1-1)变为

$$I_x=\frac{E}{2(r+R_g+R')}=\frac{I_g}{2} \tag{5-1-2}$$

这时表头指针正指在欧姆计刻度中央，此刻度值称为中值电阻 $R_{中}$，显然

$$R_{中}=r+R_g+R \tag{5-1-3}$$

因此式(5-1-1)、式(5-1-2)可改写为

$$I_x=\frac{E}{R_{中}+R_x} \tag{5-1-4}$$

$$I_g=\frac{E}{R_{中}} \tag{5-1-5}$$

由式(5-1-4)看出，欧姆计的刻度是不均匀的。当 $R_x \ll R_{中}$ 时，$I_x \approx \frac{E}{R_{中}} I_g$，指针偏转接近满刻度，并且随 R_x 的变化不明显，因而测量误差很大；当 $R_x \gg R_{中}$ 时，$I_x \approx 0$，指针偏转很

小,测量误差也很大。所以用欧姆计测电阻,总是尽量利用中央附近的刻度,一般在 $R_中/5$～$5R_中$这段刻度内。实际上欧姆计都有几个量程,每个量程的 $R_中$都不同,但每个量程的可用范围都是 $R_中/5$～$5R_中$。如 $R_中=100\ \Omega$,可以使用的刻度范围是 20～500 Ω;$R_中=1\ 000\ \Omega$,可用刻度范围是 2 000～5 000 Ω。

欧姆计的刻度是根据设计的电源电动势 E 标出的,但由于使用等原因,电源电动势 E 会发生变化。因此,在欧姆计中要有调零电阻 R',以解决电源电动势 E 与设计值不符的问题。使用前必须将表笔短路,调节调零电阻 R',使指针指零。注意,每次改变量程都必须重新调节,在使用过程中,也要经常检查表笔短路时指针是否指零。

5.1.2　电学综合实验

电表在电测量中有着广泛应用,因此了解电表和如何使用电表就显得十分重要。电流计(表头)由于构造的原因,一般只能测量较小的电流和电压,如果要用它来测量较大的电流或电压,就必须进行改装,以扩大其量程。万用表就是对微安表头进行多量程改装而来的,在电路的测量和故障检测中得到了广泛应用。

【预习思考题】

(1)电流表在电路中的作用是什么?

(2)电压表在电路中的作用是什么?

【实验目的】

(1)测量表头内阻 R_g 及满度电流 I_g。

(2)掌握将 100 μA 表头改成较大量程的电流表和电压表的方法。

(3)学会校准电流表和电压表的方法。

【实验原理】

1. 磁电式电流计

常见的磁电式电流计主要由放在永久磁场中的由细漆包线绕制的可以转动的线圈,用来产生机械反力矩的游丝,指示用的指针和永久磁铁所组成。当电流通过线圈时,载流线圈在磁场中就产生一磁力矩 $M_磁$,使线圈转动,从而带动指针偏转。线圈偏转角度的大小与通过的电流大小成正比,所以可由指针的偏转直接指示出电流值。

电流计允许通过的最大电流称为电流计的量程,用 I_g 表示;电流计的线圈有一定内阻,用 R_g 表示。I_g 与 R_g 是两个表示电流计特性的重要参数。测量内阻 R_g 常用方法有如下两种:

(1)半电流法(也称中值法),其测量原理图如图 5-1-13 所示。当被测电流计接在电路中时,使电流计满偏,再用电阻箱与电流计并联作为分流电阻,改变电阻值即改变分流程度,当电流计指针指示到中间值,且标准表读数(总电流强度)仍保持不变,可通过调电源电压和 R_W 来实现,显然这时分流电阻值就等于电流计的内阻。

(2)替代法,其测量原理图如图 5-1-14 所示。当被测电流计接在电路中时,用电阻箱替代它,且改变电阻值。当电路中的电压不变且电路中的电流(标准表读数)亦保持不变时,电阻箱的电阻值即为被测电流计内阻。

替代法是一种运用很广的测量方法，具有较高的测量准确度。

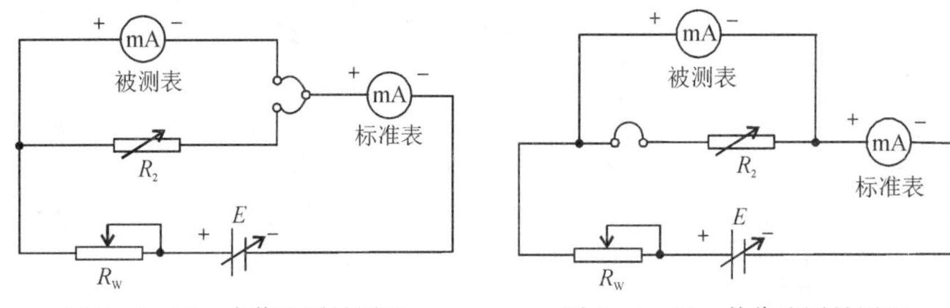

图 5-1-13　中值法测量原理　　　图 5-1-14　替代法测量原理

2. 改装为大量程电流表

根据电阻并联规律可知，如果在表头两端并联上一个阻值适当的电阻 R_2（见图 5-1-15），可使表头不能承受的那部分电流从 R_2 上分流通过。这种由表头和并联电阻 R_2 组成的整体（图中虚线框住的部分）就是改装后的电流表。如需将量程扩大 n 倍，则不难得出

$$R_2=R_g/(n-1) \tag{5-1-6}$$

用电流表测量电流时，电流表应串联在被测电路中，所以要求电流表应有较小的内阻。另外，在表头上并联阻值不同的分流电阻，便可制成大量程的电流表。

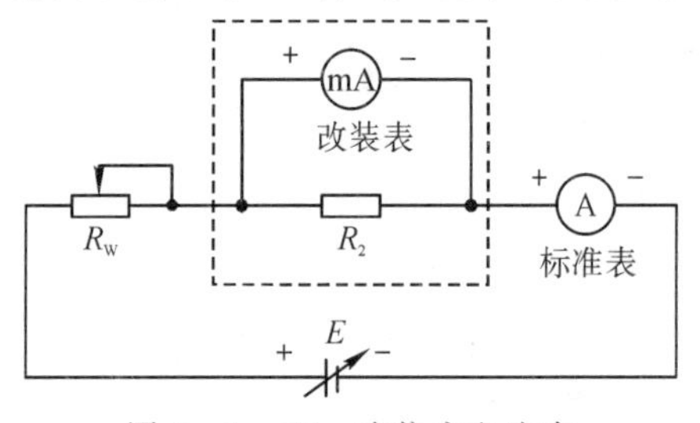

图 5-1-15　改装为电流表

3. 改装为电压表

一般表头能承受的电压很小，不能用来测量较大的电压。为了测量较大的电压，可以给表头串联一个阻值适当的电阻 R_M，如图 5-1-16 所示，使表头上不能承受的那部分电压降落在电阻 R_M 上。这种由表头和串联电阻 R_M 组成的整体就是电压表，串联的电阻 R_M 叫作扩程电阻。选取不同大小的 R_M，就可以得到不同量程的电压表。由图 5-1-16 可求得扩程电阻值为

$$R_M=\frac{U}{I_g}-R_g \tag{5-1-7}$$

实际的扩展量程后的电压表原理如图 5-1-16 所示。

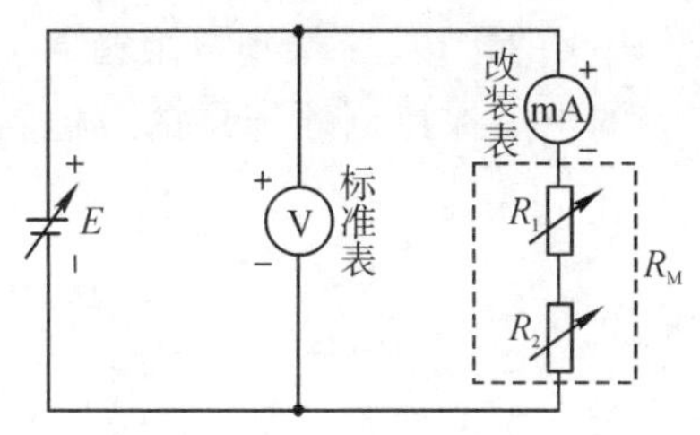

图 5－1－16　改装为电压表

用电压表测电压时，电压表总是并联在被测电路上，为了不因并联电压表而改变电路中的工作状态，要求电压表应有较高的内阻。

【实验仪器】

DHEI－1 型电学综合实验仪 1 台、专用连接线若干。

【实验内容与步骤】

1. 用中值法或替代法测出表头的内阻

中值法测量可参考图 5－1－17 接线。先将 E 调至 0 V，接通 E 、R_W(滑线变阻器)，先不接入电阻箱 R(断开虚线)，调节 E 和 R_W 使改装表头满偏，记下标准表的读数 I，此电流即为改装表头的满度电流 I_g，再接入电阻箱 R(连接虚线)。改变 R 数值，使被测表头指针从满度 100 μA 降低到 50 μA 处。注意调节 E 或 R_W，使标准电流表的读数 I 保持不变，这时电阻箱 R 的数值即为被测表头内阻 R_g。

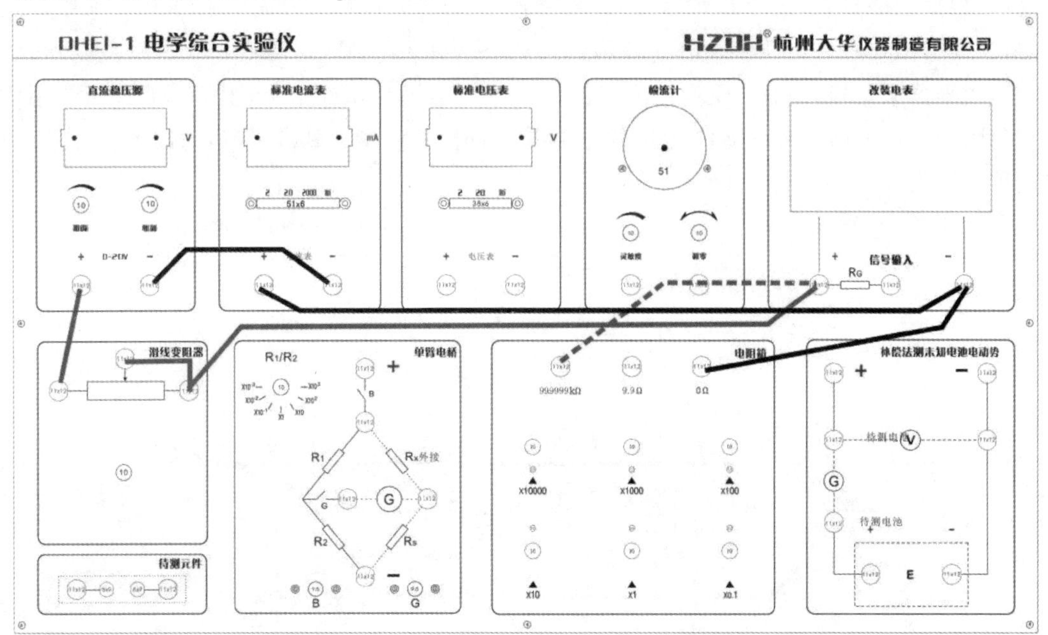

图 5－1－17　中值法测量表头内阻

替代法测量可参考图 5－1－18 接线(图中将 L7－1 连接，将 L7－2 断开)。先将 E 调至 0 V，接通 E 、R_W，调节 E 和 R_W 使改装表头满偏，记录标准表的读数，此值即为被改装表头

的满度电流 I_g；再断开接到改装表头的接线，转接到电阻箱 R（图中将 L7－1 断开，将 L7－2 连接起来），调节 R 使标准电流表的电流保持刚才记录的数值。这时电阻箱 R 的数值即为被测表头内阻 R_g。

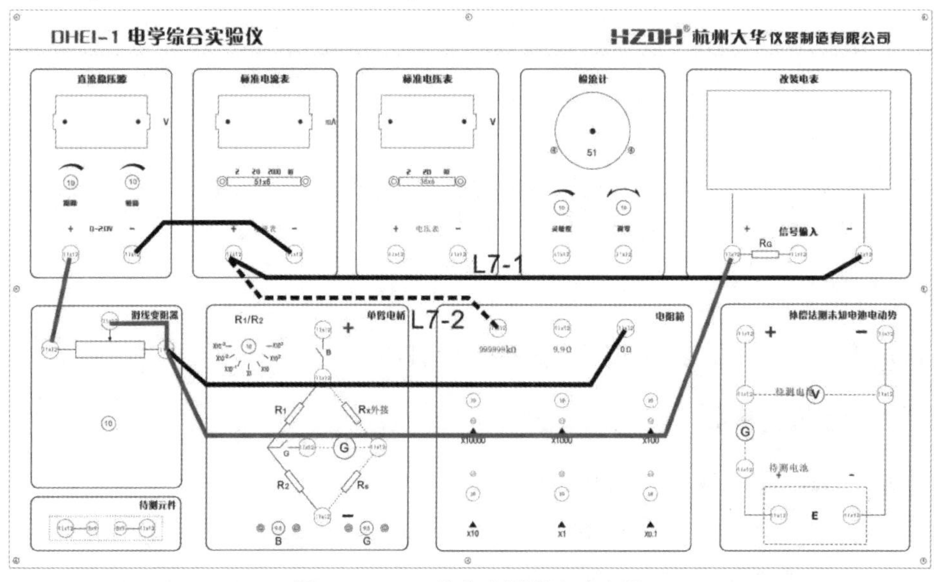

图 5－1－18　替代法测量表头内阻

2. 将一个量程为 100 μA 的表头改装成 1 mA（或自选）量程的电流表

（1）根据电路参数，估计 E 值大小，并根据式（5－1－6）计算出分流电阻值。

（2）参考图 5－1－19 接线，先将 E 调至 0 V，检查接线正确后，调节 E 和滑动变阻器 R_W，使改装表指到满量程，这时记录标准表读数。注意：R_W 作为限流电阻，阻值不要调至最小值。然后每隔 0.2 mA 逐步减小读数直至零点，再按原间隔逐步增大到满量程，每次记下标准表相应的读数于表 5－1－5。

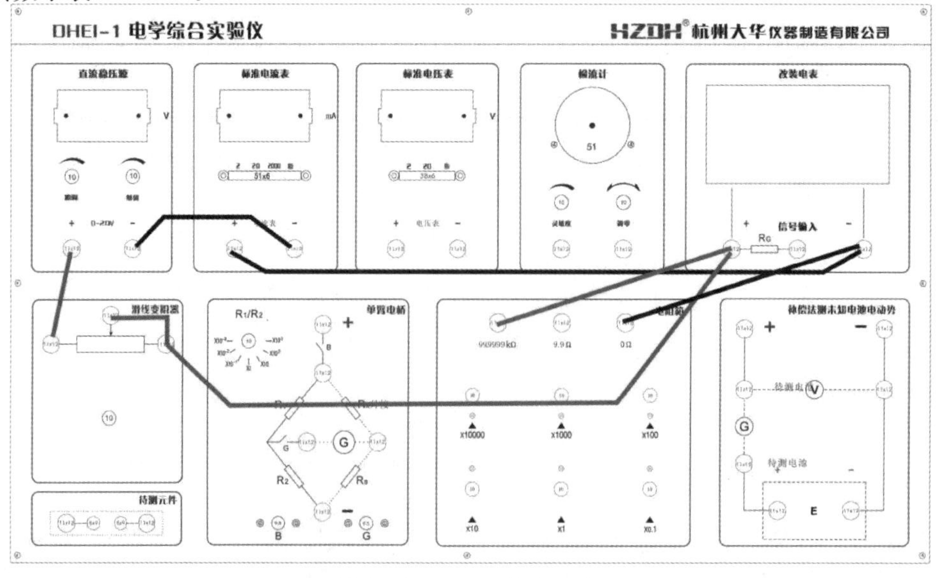

图 5－1－19　改装电流表

(3)以改装表读数为横坐标,标准表由大到小及由小到大调节时两次读数的平均值为纵坐标,在坐标纸上作出电流表的校正曲线,并根据两表最大误差的数值定出改装表的准确度等级。

3. 将一个量程为 100 μA 的表头改装成 1.5 V(或自选)量程的电压表

(1)根据电路参数估计 E 的大小,根据式(5-1-7)计算扩程电阻 R_M 的阻值,可用电阻箱 R 进行实验。按图 5-1-20 进行连线,先调节 R 值至最大值,再调节 E;用标准电压表监测到 1.5 V 时,再调节 R 的值,使改装表指示为满度。于是 1.5 V 电压表就改装好了。

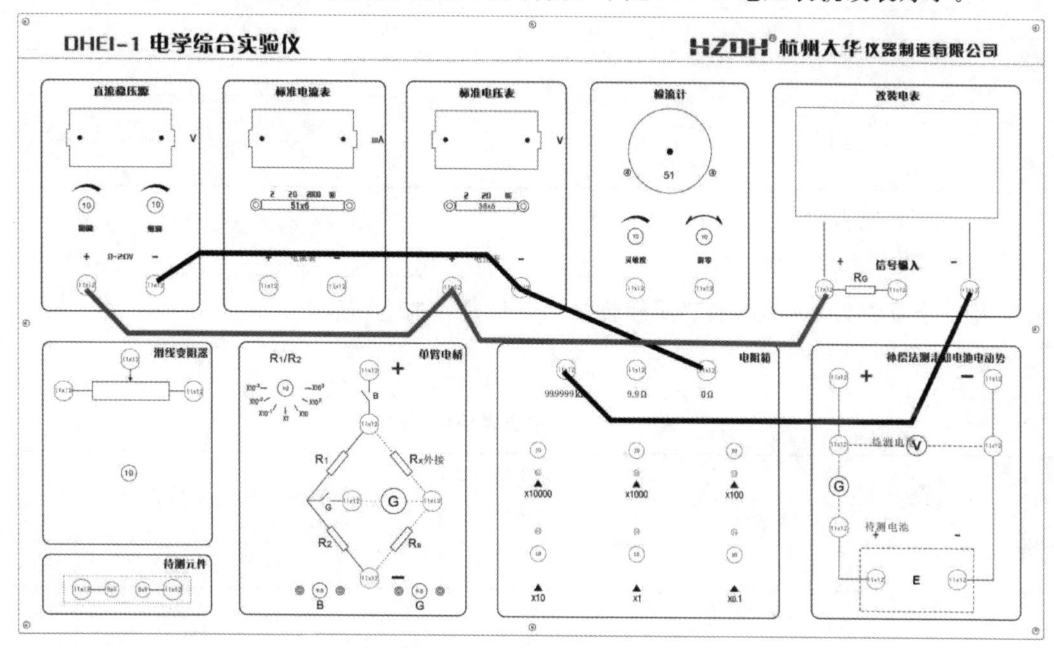

图 5-1-14　改装电压表

(2)用数显电压表作为标准表来校准改装的电压表。调节电源电压,使改装表指针指到满量程(1.5 V),记下标准表读数,然后每隔 0.3 V 逐步减小改装读数直至零点,再按原间隔逐步增大到满量程,每次记下标准表相应的读数于表 5-1-6。

(3)以改装表读数为横坐标,标准表由大到小及由小到大调节时两次读数的平均值为纵坐标,在坐标纸上作出电压表的校正曲线,并根据两表最大误差的数值定出改装表的准确度等级。

(4)重复以上步骤,将 100 μA 表头改成 10 V 表头,可按每隔 2 V 测量一次(选做)。

(5)将 R_G 和表头串联,作为一个新的表头,重新测量一组数据,并比较扩程电阻有何异同(选做)。

【数据记录与处理】

1. 用中值法和替代法测出表头的内阻

中值法数据记录:满偏电流 I_g = ________ μA,表头内阻 R_g = ________ Ω;

替代法数据记录:满偏电流 I_g = ________ μA,表头内阻 R_g = ________ Ω。

2. 将一个量程为 100 μA 的表头改装成 1 mA 量程的电流表

分流电阻值 R_A =________。

表 5-1-5 电流表相应读数

改装表读数/μA	标准表读数/mA			误差 ΔI /mA
	减小时	增大时	平均值	
20				
40				
60				
80				
100				

画出改装电流表数据处理图。

确定改装电流表的准确度:____。

3. 将一个量程为 100 μA 的表头改装成 1.5 V 量程的电压表

扩程电阻 R_M =________。

表 5-1-6 电压表相应读数

改装表读数/V	标准表读数/V			示值误差 ΔU/V
	减小时	增大时	平均值	
0.3				
0.6				
0.9				
1.2				
1.5				

画出改装电压表数据处理图。

确定改装电压表的准确度:____。

5.2 模拟法测绘静电场实验

模拟法是科学研究的一种方法,它不直接研究物理现象或过程的本身,而用与这些现象或过程相似的模型来进行研究。例如,用振动台模拟地震对工程结构物强度的影响,用电流场模拟水坝渗流,用光测弹性法模拟工程构件内应力分布等。用模拟实验方法研究静电场分布,在电子管、示波管和电子显微镜等电子束器件的设计和研究中具有实用意义。

【预习思考题】

(1)用电流场模拟静电场的理论依据是什么?模拟的条件是什么?

(2)等势线和电场线之间有什么关系?

【实验目的】

(1)掌握一种模拟的实验方法。

(2)测绘等位线,根据等位线画出电力线,加深对静电场分布规律的认识。

【实验原理】

带电体在其周围空间产生的电场,可用电场强度 $\boldsymbol{E}$ 或电位 U 的空间分布来描述。为了形象地表示电场的分布情况,常常采用电力线和等位面来描述电场。电力线是按空间各点电场强度的方向顺次连成的曲线,等位面是电场中电位相等的各点构成的曲面。电力线和等位面互相正交,有了等位面的图形就可以画出电力线,反之亦然。测绘静电场中电力线和等位面的分布图形,可以了解电场中的一些物理现象,或了解控制带电粒子在电磁场中运动所必须解决的问题,对科研和生产十分有用,如测量电子管、示波管、显像管、电子显微镜等多种电子束管内部电场的分布,研制其电极的形状。但是直接对静电场进行测量相当困难。首先,静电场没有电流,磁电式电表就失去了作用;其次,仪器和测量探针引入静电场,必将在静电场的作用下出现感应电荷,而感应电荷产生的电场与原静电场叠加,使原静电场发生畸变,得到的结果必然严重失真。所以,直接测量是不可行的,只有采取间接的办法(模拟法),即仿造另一个场(称模拟场),使它与原静电场相似,当用探针对这种模拟场进行测量时,它不受干扰,从而间接地测出被模拟的静电场。

用模拟法测量静电场的方法之一是用电流来代替静电场。由电磁学理论可知,电流场无源区域中的电流密度矢量 $\boldsymbol{j}$ 和静电场无源区域中的电场强度矢量 $\boldsymbol{E}$ 分别满足:

$$\oiint j \cdot \mathrm{d}s = 0,\ \oint j \cdot \mathrm{d}l = 0 \tag{5-2-1}$$

$$\oiint E \cdot \mathrm{d}s = 0,\ \oint E \cdot \mathrm{d}l = 0 \tag{5-2-2}$$

由式(5-2-1)和式(5-2-2)可看出,电流场中的电流密度矢量和静电场中的电场强度矢量所遵从的物理规律具有相同的数学形式,所以,这两种场具有相似性。在相同的场源分布和相同的边界条件下,它们的解的表达式具有相同的数学形式。如果把连接电源的两个电极放在不良导体(如水)中,将产生电流场。电流场中有许多电位相等的点,测出这些点,描绘成面,就是电流场中的等位面,也是静电场中的等位面。通常电场的分布是在三维空间中,但在水中进行模拟实验时,测出的电场分布在水平面内,等位面就变成了等位线。根据电力线与等位线互相正交的关系即可画出电力线,这些电力线上每一点的切线方向就是该点电场强度 $\boldsymbol{E}$ 的方向。这就可以用等位线和电力线形象地表示静电场的分布了。

为了在检测电流场中各等位点时不影响电流线的分布,测量电路不能从电流场中取出电流,因此必须使用高内阻电压表或平衡电桥法进行测绘。但是,直流电压长时间加在电极上,会使电极产生"极化作用"而影响电流场的分布,若把直流电压换成交流电压,就能消除这种影响。当电极接上交流电压时,产生交流电场的瞬时值是随时间变化的,但交流电压的有效值与直流电压是等效的。所以在交流电流场中用高内阻交流电压表测量有效值的等位线与在直流电场中测量同值的等位线的效果和位置完全相同。

如图 5-2-1 所示是四种电极的外形(上)和平面 M 内的电流场(下),其中同轴电缆画得比较大。以此为例，将该电极置于水中，在电极 A 和 B 之间加上电压 V_0，电流自 A 流向 B，由于电极形状是轴对称的，因而会在水中形成一个径向均匀、内正外负、电位差为 V_0 的稳恒电流场，与带有等量异号电荷、内正外负、电位差为 V_0 的静电场相似。静电场中带电导体的表面是等位面，电流场中的电极是良导体，电导率远远大于水的电导率，可以认为电极也是等位面，可以定量分析它们的相似性。

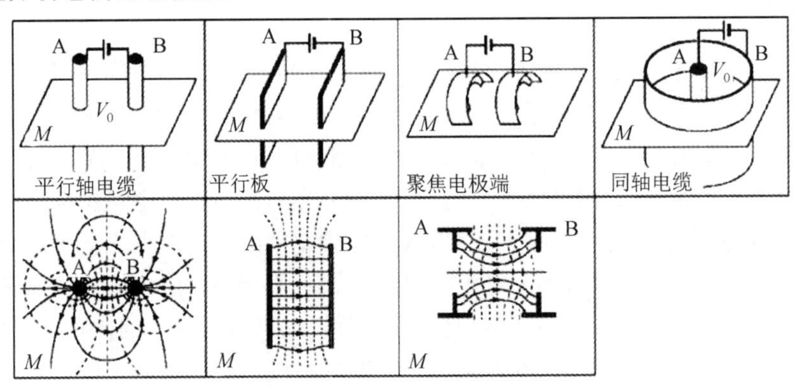

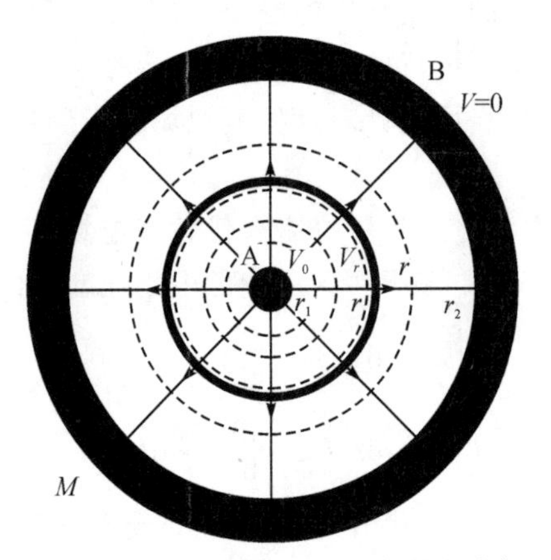

图 5-2-1　四种电极与对应的电流场

1. 电场

如图 5-2-1 所示，根据高斯定理，同轴圆柱面间的电场强度 $\boldsymbol{E}$ 为

$$E=\frac{\lambda}{2\pi\varepsilon_0 r} \tag{5-2-3}$$

式中，λ 是圆柱面上电荷线密度；r 是两圆柱面间任意一点距轴心的距离。设 r_1、r_2 分别为内、外圆柱的半径，则两柱面间的电位差 V_0 和距轴线为 r 的任意点与外柱面间的电位差分别为

$$V_0=\int_{r_1}^{r_2} E\mathrm{d}r=\frac{\lambda}{2\pi\varepsilon_0}\ln\left(\frac{r_2}{r_1}\right) \tag{5-2-4}$$

$$V_r=\int_{r}^{r_2} E\mathrm{d}r=\frac{\lambda}{2\pi\varepsilon_0}\ln\left(\frac{r_2}{r}\right) \tag{5-2-5}$$

由式(5-2-4)和式(5-2-5)得

$$V_r = V_0 \frac{\ln\left(\frac{r_2}{r}\right)}{\ln\left(\frac{r_2}{r_1}\right)} = V_0 \frac{\ln\left(\frac{r}{r_2}\right)}{\ln\left(\frac{r_1}{r_2}\right)} \tag{5-2-6}$$

2. 电流场

同样如图 5-2-1 所示，设不良导电介质（水）薄层深度为 t，电阻率为 ρ，则任意半径 r 到 $r+\mathrm{d}r$ 的圆周之间的电阻为

$$\mathrm{d}R = \rho \frac{\mathrm{d}r}{s} = \rho \frac{\mathrm{d}r}{2\pi r t} \tag{5-2-7}$$

积分得到半径 r 到半径 r_2 之间的总电阻和半径 r_1 到半径 r_2 之间的总电阻为

$$R_{rr_2} = \int_r^{r_2} \mathrm{d}R = \frac{\rho}{2\pi t}\ln\left(\frac{r_2}{r}\right) \tag{5-2-8}$$

$$R_{r_1 r_2} = \int_{r_1}^{r_2} \mathrm{d}R = \frac{\rho}{2\pi t}\ln\left(\frac{r_2}{r_1}\right) \tag{5-2-9}$$

假设半径 r 处与外柱面（即电极 B，$V=0$）的电位差是 V_r，两柱面（即电极 A 和 B）之间的电位差是 V_0，根据串联中电位差（电压）与电阻的关系 $V_r : V_0 = R_{rr_2} : R_{r_1 r_2}$ 解得

$$V_r = V_0 \frac{\ln\left(\frac{r_2}{r}\right)}{\ln\left(\frac{r_2}{r_1}\right)} = V_0 \frac{\ln\left(\frac{r}{r_2}\right)}{\ln\left(\frac{r_1}{r_2}\right)} \tag{5-2-10}$$

比较式（5-2-10）和式（5-2-6）可见，静电场与电流场的电位分布完全相同。

以上是边界条件相同的静电场与电流场的电位分布的一个实例。对于电极形状复杂的静电场，用解析法计算非常困难，甚至不可能，用电流场模拟静电场将显示出更大的优越性。

【实验仪器】

如图 5-2-2 所示，水槽放在底板上，上方平行地安装一块胶木板，将稿纸压在上面。下探针在水中的电场移动时，上探针同步、相应地移动，在稿纸上压出印迹，描绘出等位线的图形。

“上位电位”和“下位电位”即电源的“＋”和“－”，分别通过水槽旁边的接线柱接到内电极 A 和外电极 B；“移动电位”即待测电压的输入端，通过四位数码显示。将“上位电位”和“移动电位”接触即可显示电源电压。

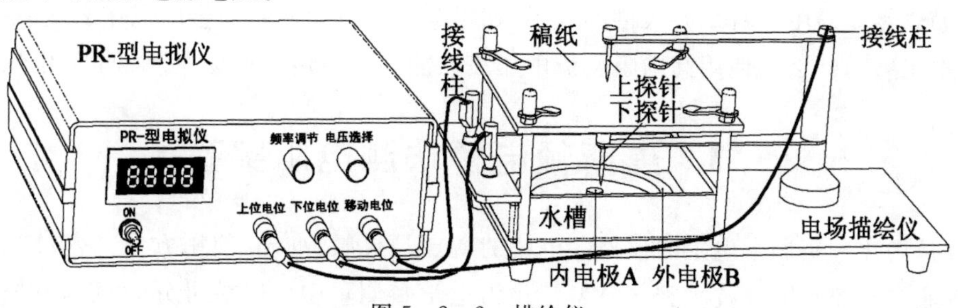

图 5-2-2　描绘仪

【实验内容和步骤】

(1)测绘同轴电缆的等位线。按图 5-2-2 接线,水槽中放自来水,水面与电极高度相同(约 5 mm),放好后就不能移动。先用探针测绘出内、外电极在稿纸上的位置,然后在内、外电极之间每 2 V 测绘出一条等位线,每条等位线至少有 8 个测量点,最好能多一些测量点。

(2)用同样的方法测绘平行轴电缆的电场分布图。

【注意事项】

水槽是有机玻璃制成的,要防止摔裂。实验完毕,将水槽中的自来水倒净、晾干。实验中动作要轻缓,以防碰断探针。

【数据处理】

在测绘出的等位线图上画出电力线和电极,标出等位线的数值。其中,等位线是虚线,有数值无方向;电力线是实线,有方向无数值。等位线和电力线互相垂直,电力线不可能进入电极内部。

在绘出的等位线图上,量出等位线的半径 r,根据式(5-2-10)作 $V-\ln r$ 曲线,根据其直线程度,评价实验的质量,也可以根据 r_1、r_2 和 V_0 的数值作 $V-r$ 的理论曲线,标出实验点,根据实验点和理论曲线的相符程度,评价实验的质量。

【延伸性数据处理】

对于平行轴电缆的等位线图和电力线分布图,推导出 $V(x,y)$ 的函数关系式,简化成电极 A、B 连线上的函数关系式 $V(x)$(x 轴是电极 A 和 B 连线),根据 r_1、r_2 和 V_0 的数值,作 $V(x)-x$ 的理论曲线,再在绘出的等位线图上量出等位线的坐标值 x,标出实验点,根据实验点和理论曲线的相符程度评价实验的质量。

【问题讨论】

(1)如果电源的电压增大一倍或减少一半,等位线和电力线的形状是否变化?电场强度和电位分布是否变化?

(2)若在水中放入金属块和绝缘体,分别会出现什么现象?

(3)如果在实验中没有调好水槽的水平(如沿某一个方向倾斜),会出现什么现象?

(4)本实验为什么要使用高内阻交流电压表?能不能不用模拟法直接测量静电场?

5.3 惠斯顿电桥法测电阻实验

电桥是用比较法测量电阻的仪器。电桥的特点是灵敏、准确、使用方便,它被广泛地应用于现代工业自动控制电气技术和非电量转化为电学量测量中。电桥可分为直流电桥、交流电桥。直流电桥可以用于测电阻,交流电桥可用于测电容、电感。通过传感器还可以将压力、温度等非电学量转化为传感器阻抗的变化量进行测量。

【预习思考题】

(1)电桥平衡的条件是什么？

(2)厢式电桥中比例臂倍率选取的原则是什么？

【实验目的】

(1)掌握惠斯顿电桥法测电阻的原理和方法。

(2)学会正确使用检流计、电阻箱、箱式惠斯顿电桥。

【实验原理】

测量常用电阻的阻值可用伏安法和惠斯顿电桥法。其中伏安法误差较大，惠斯顿电桥法误差较小。伏安法误差较大的原因除了使用的电流表和电压表精度不够高带来的随机误差外，还有线路本身的缺点不可避免地带来系统误差。而惠斯顿电桥法是用比较的方法来测量电阻阻值，即将被测电阻和标准电阻比较，以确定被测电阻是标准电阻的多少倍。由于标准电阻的误差很小，测量中又不使用电压表和电流表，从而克服了上述缺点，可达到很高的精度。但由于较小的电阻(如1～10 Ω)，惠斯顿电桥法一般有1%的误差；10～100 Ω的电阻，惠斯顿电桥法一般有0.5%的误差。因此，若要求十分准确地测定电阻值，惠斯顿电桥法还是不适用的，特别是小电阻，要用电位差计或双臂电桥来测量。另外，测量0.1 Ω以下的低电阻和10 MΩ以上的高电阻，伏安法和惠斯顿电桥法都不适用(惠斯顿双臂电桥可测低电阻)，要用特殊方法来测量。本实验介绍惠斯顿电桥法测电阻。

惠斯顿电桥测电阻的原理如图5-3-1所示。其中，R_x为未知电阻，R_0、R_1、R_2为已知电阻，G为检流计。一般情况下，当接通电源时，因为B、D两点的电位不同，故G中有电流通过而偏转。此时，若适当调节R_0、R_1、R_2，使B，D两点的电位相同，则G中没有电流通过，指针不发生偏转，称电桥平衡。

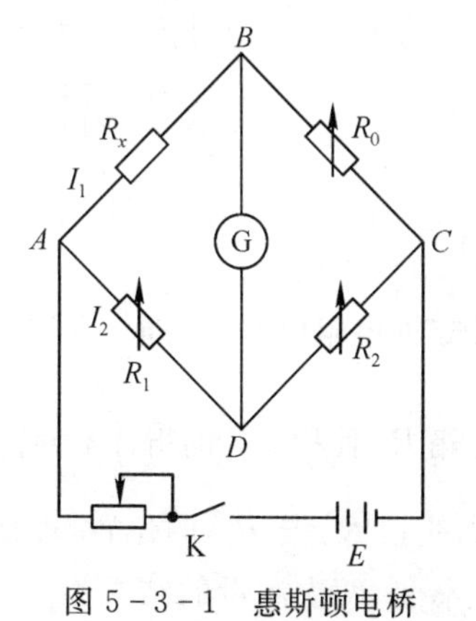

图5-3-1　惠斯顿电桥

当电桥平衡时有下列关系式

$$U_{AB}=U_{AD}，即\ I_1R_x=I_2R_1 \tag{5-3-1}$$

$$U_{BC}=U_{DC}，即\ I_1R_0=I_2R_2 \tag{5-3-2}$$

式(5-3-1)除以式(5-3-2)得

$$\frac{R_x}{R_0}=\frac{R_1}{R_2}$$

所以

$$R_x=\frac{R_1}{R_2}R_0=KR_0 \tag{5-3-3}$$

式中，$K=\frac{R_1}{R_2}$ 称为比率臂或倍率。这样就把待测电阻 R_x 的值用 3 个电阻值表示出来了，只要知道 R_0 和 K，便可求得 R_x。

本实验中有滑线式惠斯顿电桥和箱式惠斯顿电桥，先做滑线式，后做箱式。

1. 滑线式惠斯顿电桥

滑线式惠斯顿电桥线路如图 5-3-2 所示，构造如图 5-3-3 所示。AC 为一均匀电阻丝，画有斜线部分是宽金属片(电阻不计)，K_2 为滑动电键，其接触点为 D，D 点将电阻丝分为 a、b 两段，其电阻分别为 R_1、R_2。因为电阻丝是均匀的，故有

$$\frac{R_1}{R_2}=\frac{AD}{DC}=\frac{a}{b} \tag{5-3-4}$$

将式(5-3-4)代入式(5-3-3)得

$$R_x=\frac{a}{b}R_0 \tag{5-3-5}$$

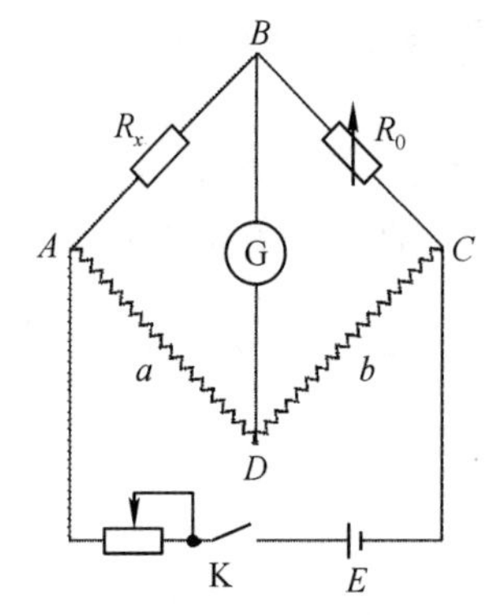

图 5-3-2　滑线式惠斯顿电桥线路

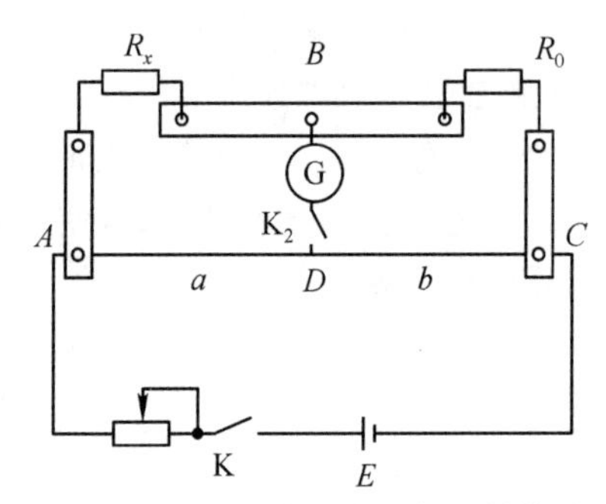

图 5-3-3　滑线式惠斯顿电桥构造

可以证明，当$\frac{R_1}{R_2}=\frac{a}{b}=1$ 时，测定的电阻值 R_x 的准确度较大。所以，用滑线式惠斯顿电桥测电阻时，最好使 $\frac{a}{b}\approx 1$ 然后调节电阻箱 R_0 使检流计的指针不偏转，那么 R_0 与 R_x 比较接近。

由于电阻丝不完全十分均匀，交换 R_0 与 R_x 的位置，即使 $a=b$，两次测量的读数可能会有较大的差别，只要固定 R_1、R_2 不变，两次测量的结果为

$$R_x=\frac{R_1}{R_2}R_0,\ R_x=\frac{R_2}{R_1}R'_0$$

那么

$$R_x=\sqrt{R_0R'_0}$$

可以证明，当 $R_1\approx R_2$ 时，$R_x\approx\frac{1}{2}(R_0+R'_0)$。

2.箱式惠斯顿电桥

实际测量中广泛采用的是箱式惠斯顿电桥，因为它精密、使用方便。本实验使用的箱式惠斯顿电桥是 *QJ* 23 型携带式直流电桥，适用于测量 0～999 999.9 Ω 范围内的电阻。

QJ23 型携带式直流单电桥如图 5-3-4 所示，其线路图如图 5-3-5 所示，该电桥原理和滑线式电桥完全一样。现将 QJ23 型电桥各构成部分与滑线式电桥各构成部分作比较如下：检流计上方的比例臂即滑线电桥中的 a/b，4 只转盘电阻即滑线式电桥中的已知电阻 R_0，“B”按钮即滑线式电桥的 K_1，“G”按钮即滑线式电桥中的 K_2。

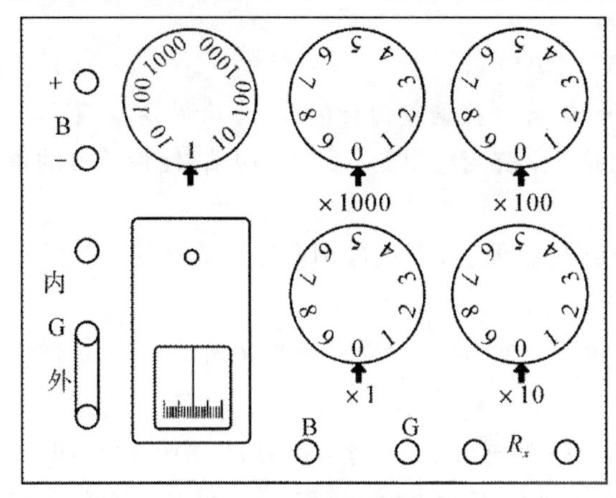

图 5-3-4　箱式电桥面板

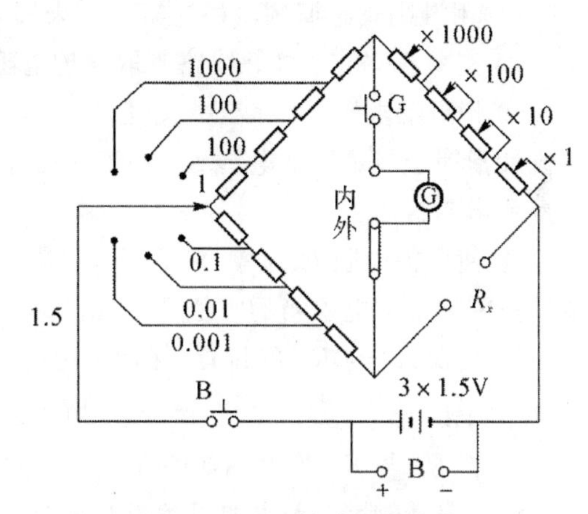

图 5-3-5　箱式电桥线路

使用时，按如下步骤进行：

(1)检查检流计指针是否与“0”重合，如不重合，可调节检流计上方的零点调节旋钮。将“G 外”用铜片短路，则可使用仪器上的检流计。

(2)把未知电阻接到“ R_x ”的两个接线柱上。

(3)根据未知电阻的阻值(先估计未知电阻)，选择适当的比例臂，见表 5-3-1。

表 5-3-1　不同电阻阻值对应的比例臂及准确度

未知电阻/Ω	比例臂(a/b)	准 确 度
1～9.999	0.001	±1%
10～99.99	0.01	±0.5%
100～999.9	0.1	±0.5%
1 000～9 999	1	±0.2%
10 000～99 990	10	±0.2%
100 000～999 900	100	±0.5%
1 000 000～9 999 000	1 000	±0.1%

(4)按下“B”与“G”按钮，调节电阻 R_0 的 4 个旋钮，按从阻值较大的到阻值较小的顺次调节，直至按钮按下时检流计指针不偏转为止，这时：

$$R_x(\text{未知电阻})=\text{比例臂指示值}\times R_0(4\text{个转盘电阻之和}) \quad (5-3-6)$$

要特别注意，在按下按钮时，若检流计的指针偏转过大，应立即松开按钮，重新调节电阻旋钮；否则，过大的电流会打坏指针，有烧毁检流计的危险。

(5)使用完毕，必须把所有的电键还原，特别要将“B”“G”两个按钮松开并将指针锁钮往上推，以免线圈摇荡不定，震断游丝。

(6)电桥箱面左边“B”(＋、－)”和“G”是在外接电池和外接检流计时使用。

【实验仪器】

直流电源、滑线式惠斯顿电桥、箱式惠斯顿电桥、检流计、电阻箱两只、开关、待测电阻两个。

【实验内容和步骤】

(1)用滑线式惠斯顿电桥测第一个未知电阻。

① 按图 5－3－3 接好线路。取保护电阻 $R=1\ 000\ \Omega$。

② 把滑动电键 K_2 移至中央，使 $a=b=50.00$ cm。接通检流计的“电源”，调节“调零”，使检流计指针指零。按下电键 K_2，检流计指针会偏转。改变电阻箱 R_0 的电阻值，使检流计的指针重新指零。

③ 使保护电阻 R 为零，按下 K_2，检流计指针又会偏转，再次微调电阻箱 R_0，使检流计的指针指零。记下电阻箱的阻值 R_0，填入表格。

④ 交换 R_0 与 R_x 的位置，保持电键 K_2 的位置不变(即 a 与 b 的位置交换了)。再次使检流计不偏转，记下电阻箱的阻值 R'_0，填入表格。则 $R_x=\sqrt{R_0R'_0}$

⑤ 将 R_0 与 R_x 恢复到如图 5－3－3 所示的状态，再做一次，将两次的 R_x 的值取平均。

注意：接线时，接触电阻对结果影响较大，且不可能完全消除。所以实验时要特别注意接头和接线清洁，并把螺丝拧紧，以便使接触电阻减少到最小。

(2)用滑线式惠斯顿电桥测第二个未知电阻。

(3)用滑线式惠斯顿电桥测两个并联的未知电阻。

(4)用箱式惠斯顿电桥测出上述 3 种情况的电阻，并与滑线式电桥的测量结果进行比较。

【设计性实验】

令 $a/b=1/9$(或 $9/1$)，$a/b=2/8$(或 $8/2$)等，重复步骤①至步骤④，将测量数据填入表格(表格自拟)，将结果与 $a/b=1$ 的情况比较，哪一种较准确？试分析原因。

【数据记录与处理】

1. 用滑线式和箱式惠斯顿电桥测第一个未知电阻(测量两次，数据及处理记录于表 5－3－2 中)

表 5－3－2　第一个未知电阻的测量数据及处理

<table>
<tr><td></td><td>a/cm</td><td>b/cm</td><td colspan="3">R_0/Ω</td><td>R_x/Ω</td><td>$\overline{R}_x$/Ω</td></tr>
<tr><td rowspan="4">滑线式</td><td rowspan="4"></td><td rowspan="4"></td><td rowspan="2">第一次</td><td>右</td><td></td><td rowspan="2"></td><td rowspan="4"></td></tr>
<tr><td>左</td><td></td></tr>
<tr><td rowspan="2">第二次</td><td>右</td><td></td><td rowspan="2"></td></tr>
<tr><td>左</td><td></td></tr>
<tr><td>箱式</td><td colspan="7">比例臂 $\frac{a}{b}=$　　　，$R_{箱}=$　　　，$E=\frac{\lvert R_x-R_{箱}\rvert}{R_{箱}}\times 100\%=$</td></tr>
</table>

2. 用滑线式和箱式惠斯顿电桥测第二个未知电阻(测量两次,数据记录于 5-3-3 中)

表 5-3-3　第二个未知电阻的测量数据及处理

<table>
<tr><td></td><td>a/cm</td><td>b/cm</td><td colspan="3">R_0/ Ω</td><td>R_x/ Ω</td><td>$\overline{R}_x$/ Ω</td></tr>
<tr><td rowspan="4">滑线式</td><td rowspan="4"></td><td rowspan="4"></td><td rowspan="2">第一次</td><td>右</td><td></td><td rowspan="2"></td><td rowspan="4"></td></tr>
<tr><td>左</td><td></td></tr>
<tr><td rowspan="2">第二次</td><td>右</td><td></td><td rowspan="2"></td></tr>
<tr><td>左</td><td></td></tr>
<tr><td>箱式</td><td colspan="7">比例臂 $\frac{a}{b}=$　　　　，$R_{箱}=$　　　　，$E=\frac{|R_x-R_{箱}|}{R_{箱}}\times100\%=$</td></tr>
</table>

3. 用滑线式和箱式惠斯顿电桥测两个并联的未知电阻(测量两次,数据记录于 5-3-4 中)

表 5-3-4　两个并联未知电阻的测量数据及处理

<table>
<tr><td></td><td>a/cm</td><td>b/cm</td><td colspan="3">R_0/ Ω</td><td>R_x/ Ω</td><td>$\overline{R}_x$/ Ω</td></tr>
<tr><td rowspan="4">滑线式</td><td rowspan="4"></td><td rowspan="4"></td><td rowspan="2">第一次</td><td>右</td><td></td><td rowspan="2"></td><td rowspan="4"></td></tr>
<tr><td>左</td><td></td></tr>
<tr><td rowspan="2">第二次</td><td>右</td><td></td><td rowspan="2"></td></tr>
<tr><td>左</td><td></td></tr>
<tr><td>箱式</td><td colspan="7">比例臂 $\frac{a}{b}=$　　　　，$R_{箱}=$　　　　，$E=\frac{|R_x-R_{箱}|}{R_{箱}}\times100\%=$</td></tr>
</table>

5.4　线性和非线性电阻的伏安特性曲线的测绘实验

电阻是电学中常用的物理量,利用欧姆定律求导体电阻的方法称为伏安法,它是测量电阻的基本方法之一。为了研究材料的导电性,通常作出其伏安特性曲线,了解它的电压与电流的关系。伏安特性曲线是直线的元件称为线性元件,伏安特性曲线不是直线的元件称为非线性元件,这两种元件的电阻都可以用伏安法测量。但由于测量时电表被引入测量线路,电表内阻必然会影响测量结果,因而应考虑对测量进行必要的修正,以减少系统误差。

【预习思考题】

(1)如果稳压电源的输出电压只有一个数值,不能调节,可以加一个可调电位器或滑线变阻器来实现不同的电压,有控流接法和分压接法,请画出具体的电路图。

(2)电流表内接和外接分别会导致被测电阻 R_x 变大还是变小?请定量分析。

【实验目的】

(1)学会测线性电阻和非线性电阻(晶体二极管)的伏安特性曲线。

(2)练习基本电学仪器的使用和实验作图法。

(3)学习基本电路的连接法及滑线变阻器在电路中的作用。

【实验原理】

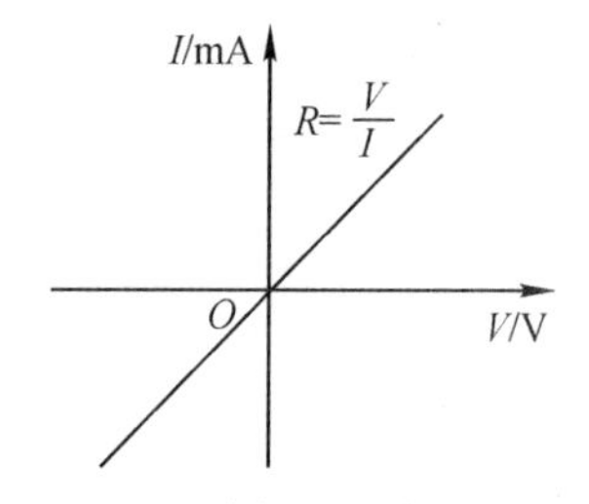

图 5-4-1　线性电阻伏安特性曲线

在温度一定的情况下，当一个元件两端加上电压，元件内有电流通过时，电压与电流之比称为该元件的电阻。若元件两端的电压与通过它的电流不成正比，则伏安特性曲线不再是直线，而是一条曲线，这类元件称为非线性元件。一般金属导体电阻是线性电阻，它与外加电压的大小和方向无关，其伏安特性是一条直线，如图 5-4-1 所示。

从图 5-4-1 中可以看出，直线通过一、三象限，表明当调换电阻两端电压的极性时，电流换向，而电阻始终为一定值，等于直线斜率的倒数，即 $\tan\theta=\frac{I}{V}=\frac{1}{R}$。所以，$R=\frac{V}{I}=$ 常数，斜率大则电阻小，斜率小则电阻大。

常用的晶体二极管具有非线性电阻的特性，其电阻值不仅与外加电压的大小有关，而且与其方向有关。在一定温度下，如果晶体二极管两端加上电压，那么晶体二极管的电压与电流的比值（即电阻）就不是一个常数。加正向电压时电阻阻值小，正向电压加得越大，阻值越小；加反向电压时电阻很大，反向电压加大到一定程度，反向电流猛增，晶体二极管被击穿而损坏。图 5-4-2 由计算机根据实测数据定量描绘，并且一、三象限的刻度间隔不相等。电压与电流之比随外加电压的正负和大小而明显地变化，任意一对 V 和 I 的比值都不相同，即 $\frac{V}{I}\neq$ 常数。

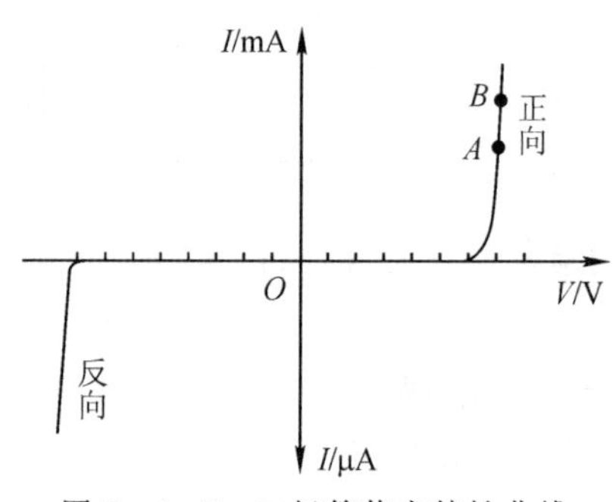

图 5-4-2　二极管伏安特性曲线

但是，对于任意一对 V 和 I，其比值仍然表示对应的电阻值。在图 5-4-2 中，A 点的电阻 $R_A=\frac{V_A}{I_A}$，B 点的电阻 $R_B=\frac{V_B}{I_B}$，显然它们不相等。这里电阻的不相等应理解为是静态电阻值的不相等。

例如，A 点或 B 点为某二极管的直流偏置点（或叫工作点），在 A 点或 B 点附近，电压 V 有 ΔV 的变化，就必然引起电流 I 有 ΔI 的变化，ΔV 和 ΔI 之比即为在工作点 A 或 B 处的动态电阻。由图 5-4-2 可见，静态电阻 $R_A=\frac{V_A}{I_A}$ 为连接 A 点与原点直线的斜率的倒数，动态电阻 $R'_A=\frac{\Delta V_A}{\Delta I_A}$ 则为通过 A 点的切线斜率的倒数，显然 $R_A>R'_A$。

【实验仪器】

0～20 V 直流稳压电源 1 台、200 μA 直流电流表 1 只、样品二极管 1 只、被测电阻 1 只、15 mA/30 mA 电流表 1 只、万用电表 1 只、保护电阻和导线若干。

【实验内容和步骤】

1. 测量电阻 R_x 的 $V-I$ 特性曲线

(1)按图 5-4-3 接线，万用电表用 10 V 挡，电流表用 30 mA 挡，先将稳压电源调到最小，经教师检查无误后接通开关。

(2)改变稳压电源的输出电压，每隔 0.5 V 测量一次，记录相应的电压值。

(3)以 V 为横坐标，I 为纵坐标，在毫米方格纸上作 V-I 特性曲线，从该曲线求出斜率的倒数即 R_x。

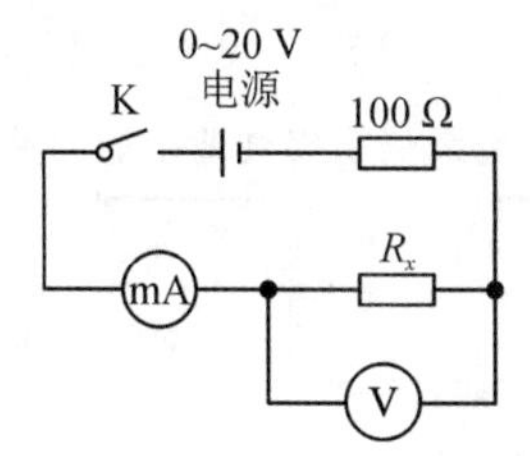

图 5-4-3　测电阻 V-I 特性曲线的线路

2. 测量样品二极管的正向 V-I 特性曲线

(1)按图 5-4-4 接线，万用电表用 1 V 挡，电流表用 30 mA 挡，先将稳压电源调到最小，经教师检查无误后接通开关。

(2)改变稳压电源的输出电压，每隔 0.05 V 测量一次，记录相应的电压值。

(3)以 V 为横坐标，I 为纵坐标，在毫米方格纸上作 V-I 特性曲线。

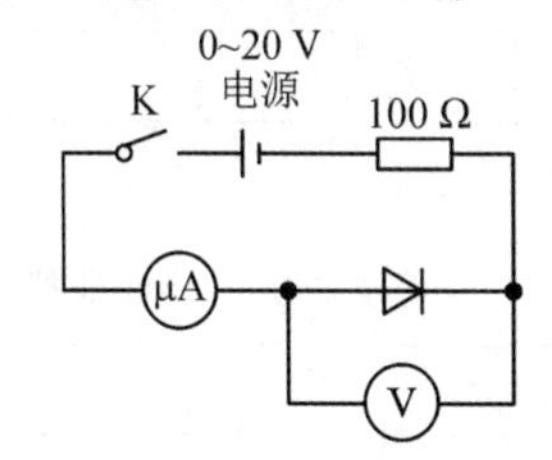

图 5-4-4　测二极管正向 V-I 特性曲线的路线

3. 测量样品二极管的反向 V-I 特性曲线

(1)按图 5-4-5 接线，万用电表用 50 V 挡，电流表用 200 μA 挡，先将稳压电源调到最小，经教师检查无误后接通开关。

(2)改变稳压电源的输出电压，每隔 1 V 测量一次，记录相应的电压值。

(3)以 V 为横坐标，I 为纵坐标，在毫米方格纸上作 V-I 特性曲线。

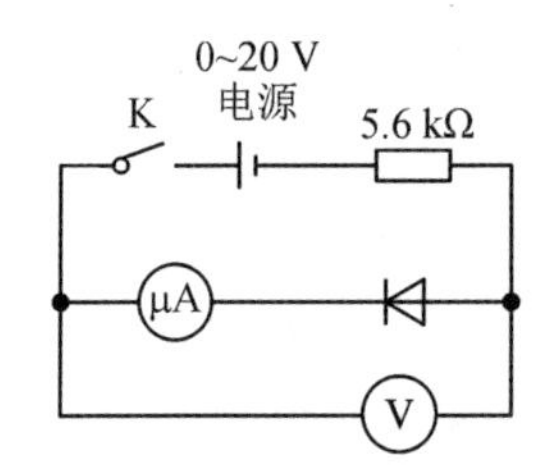

图 5-4-5　测二极管反向 V-I 特性曲线的路线

作图时，电阻 R_x 的 V-I 特性曲线画在一张毫米方格纸上，样品二极管的正向和反向 V-I 特性曲线一并作在另一张毫米方格纸上，由于正向和反向的数值相差比较大，坐标轴的单位可以不同。

【数据记录及处理】

1. 电阻(测量数据及处理见表 5-4-1)

表 5-4-1　电阻伏安特性曲线的测量数据及处理

序号	1	2	3	4	5	6	7
I/mA	30	40	50	60	70	80	90
V/V							
R_x/ Ω							
$\overline{R}_x$ / Ω							

2. 二极管正向(测量数据见表 5-4-2)

表 5-4-2　二极管正向伏安特性曲线的测量数据

序号	1	2	3	4	5	6	7	8	9	10	11	12
V/V	0.10	0.20	0.30	0.40	0.50	0.55	0.60	0.65	0.70	0.75	0.80	0.85
I/mA												

3. 二极管反向(测量数据见表 5-4-3)

表 5-4-3　二极管反向伏安特性曲线的测量数据

序号	1	2	3	4	5	6	7	8	9	10
V/V										
I/μA										

【实验方法研究和讨论】

在测量二极管正向伏安特性曲线时，先将电压表与二极管并联，再串联毫安表(见图 5-4-4)；在测量二极管反向伏安特性曲线时，先将微安表与二极管串联，再并联电压表(见图 5-4-5)，为什么？如果相反，在测量二极管正向伏安特性曲线时，先将毫安表与二极管串联后再并联电压表；在测量二极管反向伏安特性曲线时，先把电压表与二极管并联后再串联微安表，结果会有什么不同？误差多少？动手试一试，用两种连接方法测得的数据在同一个坐标系里画出伏安特性曲线，做定量的比较分析。

如果电压不用 MF－47 型万用表来测量，改用数字万用表，结果又是如何？试分析原因。

5.5　电位差计测电动势实验

电位差计是利用补偿结构和比较法原理精确测量直流电位差或电源电动势的常用仪器。补偿方法的特点是不从测量对象中支取电流，因而不干扰被测量的数值，测量结果准确可靠。电位差计用途很广，能在准确度要求很高的场合测量电动势、电势差(电压)、电流、电阻等电学量，还可以配合各种换能器，用于温度、位移等非电量的测量和控制。

【预习思考题】

(1)电位差计测电动势或电位差是用什么原理和方法？E_a、E_0 和 E_x 的大小和极性的连接比须满足什么关系？若 E_a、E_0 和 E_x 的极性全都与如图 5－5－1 所示的相反，那么，C 与 D 要不要相应地调换位置？为什么？

(2)仪器应怎样布置才较好？为什么要分区接线？分区接线有什么好处？

(3)R_1 和 R_0 各起什么作用？在调节和测量过程中，对 R_1 和 R_0 各应注意什么？

(4)怎样调节才能较快地达到补偿态，即检流计 G 中无电流通过？

(5)箱式电位差计与滑线电位差计在使用方法上有何异同？

【实验目的】

(1)通过测量电池电动势，掌握用电位计精密测量电位差的原理和方法。

(2)培养看图接线的能力。

(3)学习箱式电位差计的使用。

【实验原理】

如果用普通的磁电式电压表测量电路中任意两点的电压，由于电压表和被测量的电路是并联关系，电路中的一部分电流被分流到电压表里，为电压表的工作提供动力，因此，测得的电压比未接入电压表时的电压要小一些。如果将电压表直接接在电池的两极，测得的数值实际上是电池的开路电压，而不是电池的电动势。其中，电池电动势 E 、开路电压 V、回路中的电流 I_x 满足下式

$$E=V+I_x \tag{5-5-1}$$

可见，要准确测量电压和电动势，必须使流入电压表的电流为零，或者说，电压表的内阻必须无穷大，电压表不能依靠被测量的电路提供工作电流。解决的思路是，在电压表里安装一个电源，以便抵消(或者说“补偿”)被测量的电路提供的工作电流，这就是电位差计。

电位差计的原理如图 5－5－1 所示。需要指出的是，各种具有实用价值，商品化、批量生产的电位差计的原理也是这样的。在图 5－5－1 中，E_a 是稳压电源；K_1 是电源开关；R_1 是精密电阻箱，调节精度达 0.1 Ω；AB 是一根 11 m 长的均匀电阻丝；G 是检流计；可以检查电路中是否有微小的电流；R_0 是保护电阻，可以保护检流计 G 免受大电流的冲击；E_0 是标准电

池，它的电动势约 1.018 6 V，具体数值与温度有关，精度达 6 位有效数字；E_x 是待测干电池；K_2 是双刀双向开关。除 E_x 以外的部分就是可以精确测量电压和电动势的电位差计。

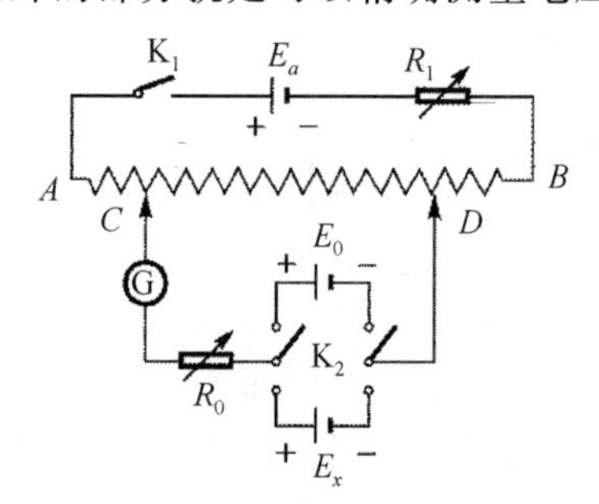

图 5-5-1　电位差计的原理

根据基尔霍夫回路定律，在任意一个闭合回路中，电位上升的数值之和等于电位下降的数值之和。该定律的本质是能量守恒。在 $C \to D \to E_x$（或 E_0）$\to R_0 \to \mathrm{G} \to C$ 中，根据该定律有

$$V_{CD} + IR_0 + Ir = E_x \tag{5-5-2}$$

式中，I 是流过检流计 G 的电流；r 是电池内阻、导线电阻、接触电阻的总和。调节电路，当检流计 G 检测出电流 I 为零时，就有

$$E_x = V_{CD} \tag{5-5-3}$$

该结论的特点是，只要电流 I 为零即可，与电路中的电阻无关。而要准确知道 C、D 两点的电压 V_{CD}，就要准确知道 C、D 之间的长度和单位长度上的电压降 U_0。

V_0 需要用标准电池 E_0 来精确确定，这个过程称为“标准化”，必须在正式测量之前完成。首先，确定 V_0 的数值，为了计算方便，V_0 一般取整数，本实验取 $V_0 = 0.20000\ \mathrm{V/m}$。假如，标准电池 U_0 被双刀双向开关 K_2 接入电路，并且检流计 G 读数为零，就有

$$E_0 = V_{CD} = l_0 V_0 \tag{5-5-4}$$

根据该公式计算出此时 C、D 之间的距离 U_0。然后，将 C、D 放置到位，再将标准电池 E_0 接入电路，不改变 C、D 之间的距离，即不改变 l_0。调节精密电阻箱 R_1，使检流计 G 的读数为零，这时，电阻丝 AB 上单位长度的电压降 $V_0 = 0.20000\ \mathrm{V/m}$。将双刀双向开关 K_2 拉起来，使标准电池 E_0 退出，标准化完成。

测量时，用双刀双向开关 K_2 将待测干电池 E_x 接入电路，不得调节精密电阻箱 R_1，即不改变 V_0。通过调节 C、D 之间的距离，使检流计 G 的读数为零，读出 C、D 之间的距离 l_x，干电池的电动势 E_x 为

$$E_x = V_{CD} = I_x V_0 \tag{5-5-5}$$

根据式(5-5-4)和式(5-5-5)即可求出

$$E_x = I_x V_0 = I_x \frac{E_0}{l_0} \tag{5-5-6}$$

式中，E_0 有 6 位有效数字；l_x 和 l_0 都有若干米长，读数精度为 1 mm，可以估读到 0.1 mm，有 5 位有效数字。因此，E_x 和 V_0 都有 5 位有效数字。本实验的测量精度是很高的。

本实验的思路也可以从另一个角度去理解，先用标准电池 E_0 准确确定单位长度的电压降 V_0，然后将未知电压或电动势 E_x 与 V_0 比较，从而准确测出 E_x。

【实验仪器】

滑线式电位差计、检流计G、保护电阻R_0、干电池E_x、标准电池E_0、稳压电源E_a、单刀开关K_1、双刀双向开关K_2、UJ56型箱式电位差计、电阻箱R_1。

1. 电位计板

电位计实际上是一个分压装置，AB为一根长11 m的电阻丝，分成11段，段间有插孔，两插孔间电阻丝的长度正好1 m，C是一个可移动的插头，可使分出的电压做不连续变化，即构成"粗调"；D是一个滑键，下装一支米尺，滑键滑动时可使分出来的电压做连续变化，即构成"细调"。为了缩短长度，将AB电线弯成如图5-5-2所示的形状。

例如，若要$l_0=5.0930$ m，则插头C插在插孔"5"中，而滑键D放在米尺的0.0930 m处，这时接头CD之间电阻丝的长度正好为5.0930 m。

2. 标准电池

标准电池可分为饱和标准电池和不饱和标准电池两种，主要差别在于其中的硫酸溶液是饱和溶液还是非饱和溶液。不饱和标准电池在10～50 ℃温度范围内其电动势是稳定的，几乎与温度无关。而饱和标准电池的电动势M_1与室温t的关系为

$$E_0=1.01860-4\times10^{-5}(t-20)-9\times10^{-7}(t-20)$$

使用标准电池时，应注意下面三点：

(1)标准电池不能作电源使用，不允许通过大于1 μA的电流，否则将使电动势下降，与标准值不符。

(2)严格禁止用伏特表或万用电表直接测量标准电池。

(3)标准电池内含硫酸亚汞，这是光敏物质，在常温光照中会变质，因此不能将标准电池从不透明的盒中取出。

【实验内容和步骤】

(1)参照图5-5-1连接线路。此线路中器件较多，接线较复杂，接线前应先分析一下线路的特点，合理布置好各仪器、器件，然后"分区接线"。图5-5-2有两个特点，一是"两回路、两耳朵"。由稳压电源E_a、精密电阻箱R_1、电位计板AB之间的总电阻串联成第一个回路。由电位计接头CD之间的电阻、检流计G、保护电阻R_0、双刀双掷开关K_2构成第二个回路。

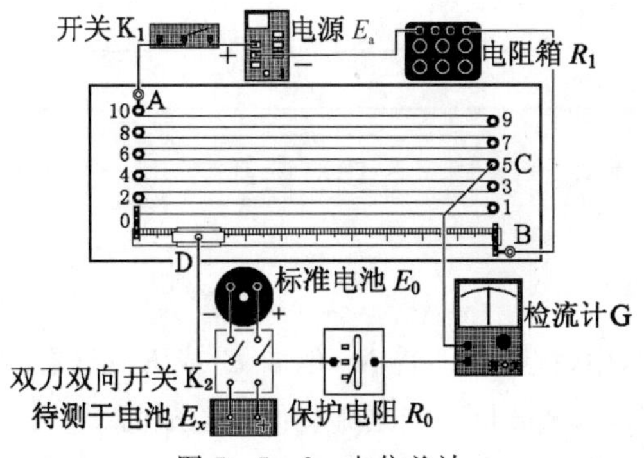

图5-5-2 电位差计

标准电池 E_0、被测干电池 E_x 犹如两只耳朵分别置于双刀双掷开关 K_2 的两边。另一个特点是各电池"正极对正极、负极对负极"。连接线路时应充分注意这些特点。

(2)调节工作电流(标准化)。由温度计读出室温 t,从 E-t 曲线图(挂在墙上)读出 E_0,取 $V_0=0.200\ 00\ \text{V/m}$,根据 $E_0=V_{CD}=l_0V_0$ 算出 M_1,参照图 5-5-1 接好线路(注意电池的正、负极和保护电阻 R_1,仔细检查线路无误后方可接通电源)。使 $CD=l_0$,将保护电阻 R_0 调到"粗调",将 K_1 接通,K_2 接通 E_0,按下检流计 G 中的"电计"同时断断续续地按下电键 D(注意:标准电池不能长时间通电,故一定要断断续续地按下 D),边按边调节 R_1,直到检流计 G 无偏转;再将保护电阻 R_0 调到"细调",再次微调 R_1,使检流计 G 无偏转。此时电阻丝 AB 上每米的电位差即为 $V_0=0.200\ 00\ \text{V/m}$。标准化完成。

[注] R_1 的数值可以这样估算:AB 长 11 m,阻值 $R_{AB}\approx 55\ \Omega$,稳压电源 $E_a=5\ \text{V}$,要求 $V_0=0.200\ 00\ \text{V/m}$,那么,$AB$ 上的电压降为 $11\ \text{m}\times 0.20\ \text{V/m}=2.2\ \text{V}$,所以 R_1 要承担 2.8 V 的电压,由 $2.2/R_{AB}=2.8/R_1$ 得

$$R_1=\frac{2.8}{2.2}R_{AB}\approx 77\ \Omega$$

(3)测未知电动势。将保护电阻 R_0 调到"粗调",K_2 接通 E_x,固定电阻箱 R_1,保持工作电流不变(为什么?),将电键 D 移至米尺 0 处,按下 D,将 C 依次插入不同的插孔内,找出使检流计指针向相反方向偏转的相邻两插孔,将 C 插在数字较小的插孔上,然后移动电键 D,使 G 指针不偏转,将保护电阻 R_0 调到"细调",微调 D,再次使 G 无偏转,记下此时 CD 间电阻线的长度,重复测量 3 次,算出 E_x。

【数据记录及处理】

电位差计测电动势的数据及处理见表 5-5-1。

表 5-5-1 电位差计测电动势的数据及处理

室温 $t=$; 标准电动势 $E_0=$; $l_0=$; $V_0=0.20000\ \text{V/m}$

次数	R_1/Ω	l_x/m	$E_x=l_xV_0$	$\Delta E=\lvert E_x-\overline{E}_x\rvert$
1				
2				
3				
平均	—	—		

测量结果:$\overline{E_x}+\overline{\Delta E_x}=$; 绝对误差$=\dfrac{\overline{\Delta E_x}}{\overline{E_x}}\times 100\%=$

【问题讨论】

(1)在图 5-5-1 线路中,按下 K_1,将 K_2 倒向 E_0 或 E_x 后,有时无论怎样调节 C、D,检流计 G 的指针总是向一边偏转,试分析可能是哪些原因造成的。

(2)为什么要调整工作电流?

(3)滑线式电位差计中的滑线为什么要11 m长？最短需多少米？

(4)图5-5-3是用滑线式电位差计测量电池E_x的内阻r的一种线路。假设工作电池的电动势$E>E_x$，R_s是精密标准电阻箱，AB是均匀电阻丝，l_1、l_2分别为K_2断开和接通时电位差计处于补偿状态的电阻丝的长度。

试证明电池的内阻为

$$r=R_s\left(\frac{l_1-l_2}{l_2}\right)$$

注意：测量误差时，测得检流计指针开始向左偏转时，CD间的长度为l，开始向右偏转时为l'，则l_x的最大误差$\Delta l_x=(l-l')/2$。由于检流计本身的惯性，通过电流小于某一值时，指针不能反映出来，使得电阻丝上每米的电压降V_0存在误差ΔV_0，可认为$\frac{\Delta V_0}{V}\approx\frac{\Delta l_x}{l_x}$，因此

$$\frac{\Delta E}{E}=\frac{\Delta V_0}{V}+\frac{\Delta l_x}{l_x}=2\frac{\Delta l_x}{l_x}$$

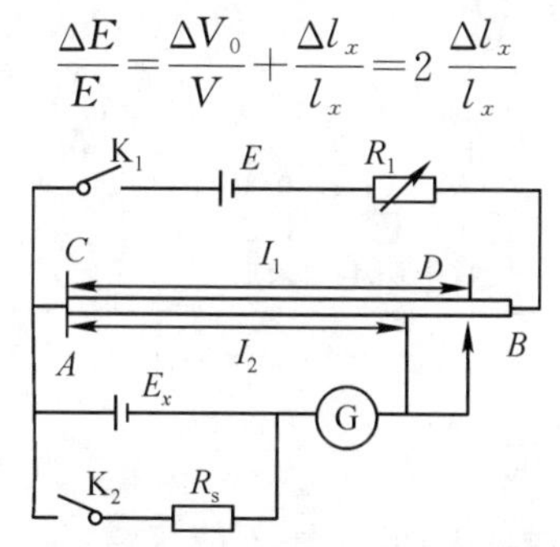

图5-5-3 用滑线式电位差计测电池内阻的线路

【附注】

UJ56型(箱式)直流电位差计

电位差计原理如图5-5-6所示。转换开关P接“1”位置，调节电阻R_p，使检流计G电流为零，工作电流标准化完成，标准电池$E_N=I_0R_N$。

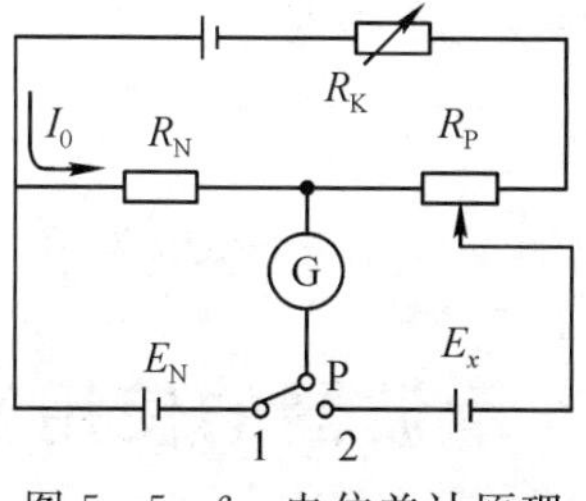

图5-5-6 电位差计原理

再将转换开关P接“2”位置，调节电阻R_K的活动端，仍使检流计G的电流为零，被测电压$E_x=I_0R_K$。

两式消去I_0得$E_x=\frac{R_K}{R_N}\cdot E_N$。可见，$E_x$取决于$R_N$和$R_K$的比值与$E_N$的乘积。在检流

计 G 指零时，测量回路不消耗被测量电路的电流，与导线电阻无关，因此测量精度很高。

仪器面板如图 5-5-7 所示。“E_x”是被测电压的接线柱，标有“+”和“-”。“K”是晶体管放大器的电源开关，放大流过检流计 G 的电流，以提高灵敏度，用完仪器要将此开关断开。“W”是检流计的零点调节电位器。“电压补偿”用于补偿标准电池的电动势，可根据标准电动势数值来确定其位置。“电流调节”旋钮组由“粗”“中”“细”3 个旋钮组成，用于工作电流标准化调节。测量读数调节旋钮组有 5 个十进制旋钮，可以从左到右按照顺序读出电动势的数值。按下“接通”按钮，检流计接通。按下“粗”和“细”按钮，分别用于检流计粗调和细调。按下“标准”按钮，用于工作电流标准化调节。按下“未知”按钮，用于测量未知电压。

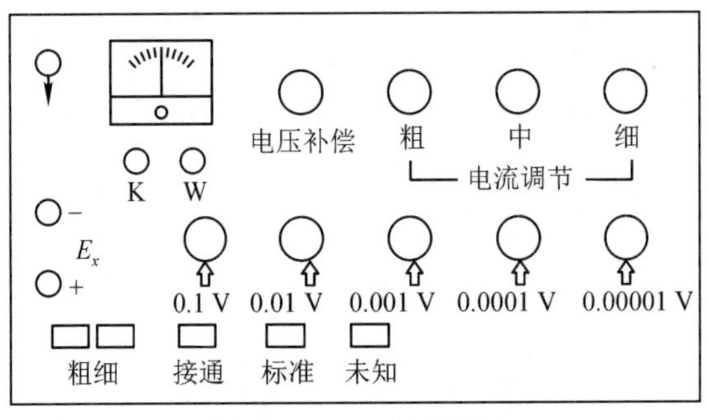

图 5-5-7　仪器面板

使用方法：

(1)将被测电压接至“E_x”接线柱上(正负极不能接错)。

(2)将“电压补偿”盘拨至 1.0893(不饱和标准电池)。

(3)按下“接通”和“细”按钮，然后打开电源开关，调节“W”使检流计 G 指零。

(4)按下“粗”和“标准”按钮，调节“电流调节”的 3 个旋钮，使检流计指零。

(5)按下“细”和“标准”按钮，细调“电流调节”的 3 个旋钮，使检流计再次指零。此时，电流标准化调节完成。

(6)按下“未知”和“粗”按钮，调节 5 个十进制旋钮，使检流计指零。

(7)按下“未知”和“细”按钮，细调 5 个十进制旋钮，使检流计再次指零。

(8)测量结束后，所有按键、开关复位，特别要断开“K”。电位差计正常使用温度为(20±2)℃，相对湿度为 40%～60%，最大允许误差为

$$E=\pm\frac{C}{100}\left(\frac{U}{10}+x\right)$$

式中，U 是基准值(V)；x 是标度盘值(V)；C 是等级指数 0.05。

5.6　示波器的使用实验

示波器是一种用途很广的电子仪器，可用于观察和测量随时间变化的电信号波形，进行电信号特性(包括频率、相位、电压、电流和功率等)测试，凡是能转化为电压的电学量(电流、功率、阻抗)和非电学量(如温度、位移、速度、压力、光强、磁场等)都可以用示波器进行测量。

【预习思考题】

(1)示波器在生活中有哪些用途?

(2)用示波器观察信号的波形时如何获得信号的频率和幅值。

【实验目的】

(1)学习使用示波器和信号发生器。通过调节,使信号发生器输出一定频率的规则正弦波,并在示波器上稳定显示出来。

(2)用示波器观察信号的波形,测量电信号的幅值和频率。

(3)通过观察李萨如图形,加深对振动合成概念的理解;记录几种特殊频率比情况下的李萨如图形。

【实验原理】

按下"X-Y",从"CH1 INPUT"输入的信号被加到垂直方向,即Y方向;从"CH2 INPUT"输入的信号被加到水平方向,即X方向;"HORIZONTAL"功能区和触发功能区被暂时取消,可以研究互相垂直的振动的合成,即李萨如图形。示波器包括示波管和一系列电子线路。示波管内部真空,前面是屏幕,尾部电子枪发出一束电子,打在屏幕上,形成亮点。水平偏转板上有正比于时间的扫描电压V_t,又称锯齿波,使亮点从左向右不断地做匀速直线运动;垂直偏转板上加上被测量的信号电压V_y,亮点按照信号电压的规律上下运动,两个一维运动合成一个二维运动,亮点的运动轨迹就形象、直观地反映了信号电压V_y随时间t的变化规律。如图5-6-1所示,两个图的差别参考后面的"4.触发功能区"。能处理两个信号的示波器叫双踪示波器。示波器的电路很复杂,这里不作详细介绍,主要任务是学习正确使用示波器。

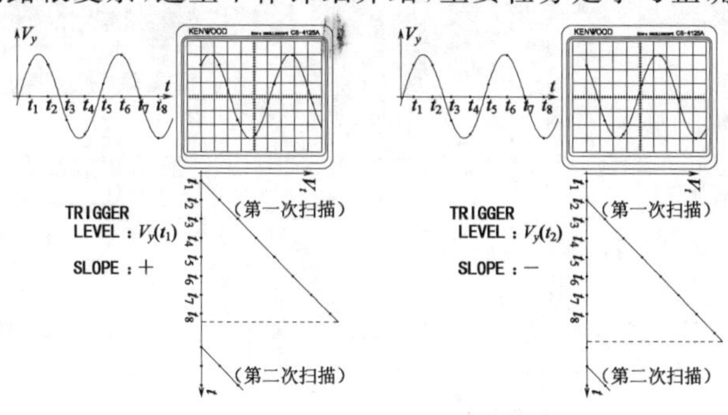

图5-6-1 示波器扫描原理

【实验仪器】

CS-4125A双踪示波器(见图5-6-2)、HHWL-04双通道低频信号发生器(见图5-6-3)。

1. 基本功能区

基本功能区位于屏幕下方。"POWER"是电源开关。"CAL"端子输出1 V、1000 Hz的方波信号,用于示波器自我校正。"FOCUS"和"INTEN"分别调节轨迹的清晰度和亮度,右侧是公共地线。

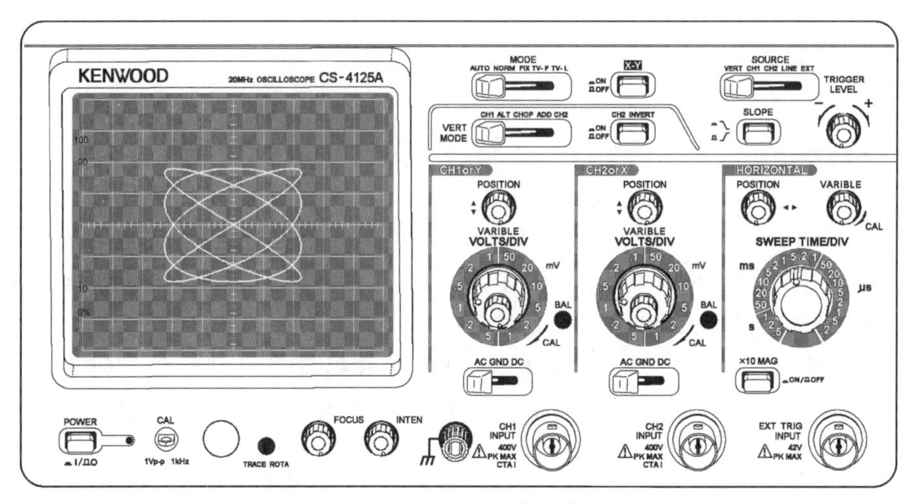

图 5-6-2　CS-4125A 双踪示波器(正视)

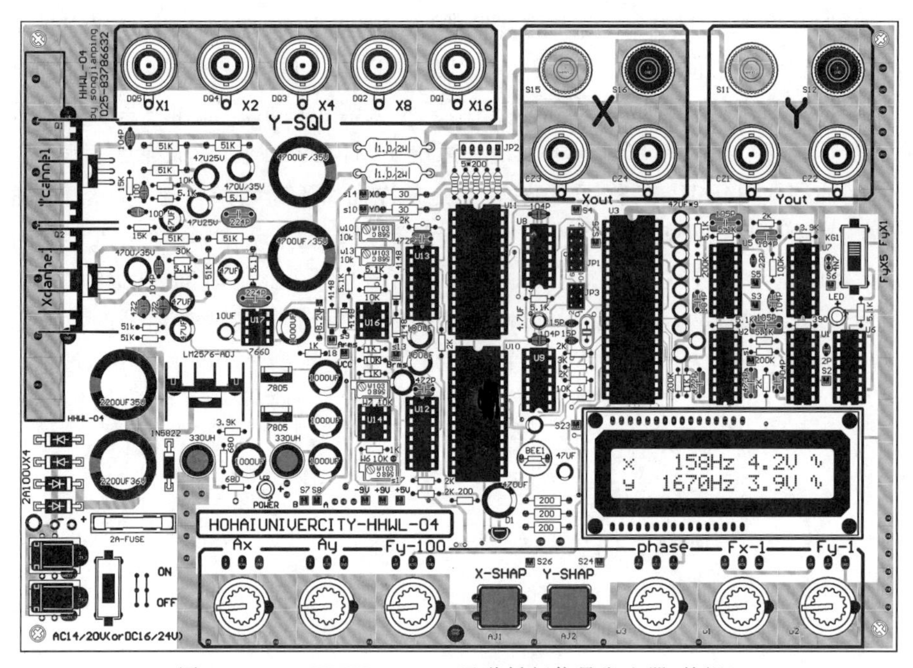

图 5-6-3　HHWL-04 双通道低频信号发生器(俯视)

2.“CH1 or Y”功能区和 “CH2 or X”功能区

“CH1 INPUT”或“CH2 INPUT”输入被测信号。“AC GND DC”拨向“AC”,信号中的交流成分进入示波器,直流成分被阻挡;拨向“GND”,信号被接地,从而取消;拨向“DC”,信号全部进入示波器。“VOLTS/DIV”调节轨迹在屏幕上的幅度,计量单位是“V/DIV”或“mV/DIV”,DIV 即屏幕上的一格。在“VOLTS/DIV”的中心有一个小的“VARIBLE”,平时应当顺时针旋转到底,如果逆时针退出,轨迹的幅度变小,“VOLTS/DIV”的读数无效,主要是测量两个信号的相位差,“POSITION”调节轨迹上下移动。

在上方,按下“CH2 INVERT”,从“CH2 INPUT”输入的信号的“+”“-”被对调。

“VERT MODE”拨向“CH1”或“CH2”，只显示从“CH1 INPUT”或“CH2 INPUT”输入的信号；拨向“ALT”，两路信号各占一个扫描周期轮流显示；拨向“CHOP”，两路信号被分解成为一个个远远小于扫描周期的点轮流显示；拨向“ADD”，两路信号相加后显示一个轨迹。

3.“HORIZONTAL”功能区

“SWEEP TIME/DIV”调节亮点在水平方向的扫描速度，从0.5s/DIV到0.2μs/DIV共20挡，注意，小数点前面的“0”没有印在面板上。“VARIBLE”平时应当顺时针旋转到底，如果逆时针退出，轨迹在水平方向变小，“SWEEP TIME/DIV”的读数无效，主要是测量两个信号的相位差。“POSITION”调节轨迹左右移动。按下“×10MAG”，扫描速度扩大到10倍。

4.触发功能区

触发功能区位于示波器上方，目的是保证轨迹稳定。水平偏转板上的扫描电压V_t不是简单重复，开始扫描要满足两个条件：信号V_y要达到某数值，称作“触发电压水平”，简称“电平”，由“TRIGGER LEVEL”调节；$\frac{dV_y}{dt}$的正负称作“触发极性”，必须与“SLOPE”一致，按下为“－”，弹起为“＋”。如图5-6-1所示，“电平”分别是$V_y(t_1)$和$V_y(t_2)$，两者相等，触发极性分别是“＋”和“－”，开始扫描的时刻分别是t_1和t_2，轨迹的形状不同。

上面叙述的前提是，示波器由被测量的信号V_y触发。触发信号可以由“SOURCE”选择。拨向“VERT”“CH1”或“CH2”，由“VERT MODE”或“CH1 INPUT”或“CH2 INPUT”输入的信号触发；拨向“EXT”，由面板右下方“EXT TRIR”输入的信号触发。

如果“电平”大于/小于触发信号的最大/最小值，示波器不会正常触发。“MODE”拨向“AUTO”，示波器放弃“电平”，直接扫描，屏幕上的轨迹将不稳定；拨向“NORM”，示波器将不扫描，如果“电平”与触发信号能够相等，示波器能够正常触发，这两个功能没有差别。

信号发生器全部元器件安装在一块电路板上，电路板安装在铁盒内，可以独立输出X、Y两路信号，每路信号都有电压输出电缆插座和功率输出接线柱。电路板电源输入插座和开关在左下方，本实验不使用，已经取消。市电输入插座和开关在铁盒左侧。

“Ax”旋钮：调节X通道信号的大小；

“Ay”旋钮：调节Y通道信号的大小；

“Fy-100”旋钮：调节Y通道频率，调节精度为100 Hz；

“X-PHASE”按钮：X通道正弦波相位按钮，每按一次，相位差改变90度；

“Y-SHAP”按钮：Y通道波形选择按钮，有方波、正弦波、三角波、锯齿波；

“phase”旋钮：连续调节X通道正弦波的相位；

“Fx-1”旋钮：调节X通道信号频率的大小，调节精度为1 Hz；

“Fy-1”旋钮：调节Y通道信号频率的大小，调节精度为1 Hz；

“Fy×5　Fy×1”开关在右边，拨下，Y通道信号频率放大5倍(×5)；推上，Y通道信号频率不变(×1)。

如图5-6-3中，X通道信号是158 Hz、4.2 V、正弦波；Y通道信号是1670 Hz、3.9 V、正弦波。

【实验内容和步骤】

(1)仔细阅读实验原理及实验仪器的内容，掌握所有开关、旋钮、按钮、插座的原理和功能。

(2)将信号发生器的X和Y通道的信号分别接到示波器的“CH2 INPUT”和“CH1 INPUT”。调节信号发生器,分别输出100Hz、2.0V,200Hz、2.0V,1000Hz、2.0V,8000Hz、2.0V的信号,将示波器显示的波形调节到适当大小,在毫米方格纸(自备)上按1∶1定量描绘这两个信号的波形图,在波形图旁边记录信号的频率、大小、示波器偏转因数“VOLTS/DIV”和扫描时间“SWEEP TIME/DIV”(应当场完成)。

(3)测量基本功能区“CAL”端子输出的试验信号的频率和幅度。

(4)观察李萨如图形,测量频率。两个相互垂直振动的合成在运动平面内画出运动轨迹,即李萨如图形。如果两个振动的频率是比较简单的整数比,轨迹就是比较简单的封闭图形,已知一个振动的频率,可以很快计算出另一个振动的频率。方法是,数一下水平切线和垂直切线的切点数,切点数与频率成反比;或者数一下亮点的往返次数,往返次数与频率成正比。如图5-6-2中,$f_x : f_y = 4 : 3$。

按下“X-Y”,示波器切换到X-Y方式。信号发生器Y通道信号频率为50 Hz不变,X通道信号频率分别为25 Hz、50 Hz、75 Hz、100 Hz、150 Hz,信号和图形的大小均不作严格要求。调出李萨如图形,适当调节信号发生器的“PHASE”旋钮,在毫米方格纸上大致画出李萨如图形,并记录频率。

(5)非正弦波信号的李萨如图形。在上一步中,按信号发生器的“Y-SHAP”按钮,使Y通道信号的波形分别为方波、三角波、锯齿波,可以观察到非正弦波信号的李萨如图形。

【数据记录及处理】

观察波形记录于表5-6-1中,李萨如图形记录于表5-6-2中。

表5-6-1　观察波形记录表

序号	信号发生器		示波器		
	输出频率/Hz	输出电压/V	垂直偏转因数/(V/DIV)	扫描时间因数/(T/DIV)	波形
1	100	2.0			自备毫米方格纸,描绘示波器满屏波形
2	200	2.0			
3	1 000	2.0			
4	8000	2.0			

表5-6-2　李萨如图形记录表

f_y	50	50	50	50	50
f_x	25	50	75	100	150
$f_y : f_x$					
李萨如图形					

【问题讨论】

(1)为什么在同一扫描时间因数下,示波器可以稳定显示不同频率的波形?

(2)如果扫描电压不依靠触发信号启动，而是频率固定的连续锯齿波，能否显示稳定的波形？当波形稳定时输入信号频率与扫描电压频率之间有什么关系？

5.7　声速测量实验

声速是介质中微弱压强扰动的传播速度，其大小因介质的性质和状态而异。空气中的音速在 1 个标准大气压和 15 ℃的条件下约为 340 m/s。在流动的气体中，相对于气流而言，微弱扰动的传播速度也是声速。

【预习思考题】

(1)固定距离、改变频率来求声速是否可行？

(2)声音在不同的气体中的速度是否相同？

(3)在野外，声音顺风比逆风容易到达，风是否也能够影响声波在空气中的传播速度？

【实验目的】

(1)了解超声波的特点及发射和接收超声波的方法。

(2)加深对振动合成、波动干涉等理论知识的理解。

(3)了解压电换能器、信号发生器和频率计，学习使用示波器。

(4)掌握驻波法和相位比较法测量声速。

【实验原理】

在弹性介质中，频率由 20 Hz 到 20 kHz 振动所激起的机械纵波称为声波，因为它能被人们听到。高于 20 kHz，人耳就听不到了，称为超声波，通常超声波的频率范围为 $2\times10^4\sim5\times10^8$ Hz。

声速是声波在介质中传播的速度。其中声波在空气中的传播比较重要，空气可以作为理想气体处理，声波在空气中的传播速度是

$$V=\sqrt{\frac{\gamma RT}{M}} \qquad (5-7-1)$$

式中，γ 是空气定压比热容和定容比热容之比（$\gamma=C_p/C_v$）；R 是气体普适常数；M 是气体分子量；T 是绝对温度。

由式(7－7－1)可见，温度是影响空气中声速的主要因素，如果忽略空气中水蒸气及其他夹杂物的影响，在 0 ℃($T_0=273.15$ K)时的声速为

$$V_0=\sqrt{\frac{\gamma RT_0}{M}}=331.45\ \text{m/s} \qquad (5-7-2)$$

在 T_1 温度时的声速

$$V_t=V_0\sqrt{1+\frac{T_1}{273.15}} \qquad (5-7-3)$$

超声波具有波长短、易于定向发射等优点，所以在超声波段进行声速测量是比较方便的，超声波的传播速度也就是声波的传播速度。

由波动理论知道，波的频率 f、波速 v、波长 λ 之间有以下关系

$$v = f \cdot \lambda \tag{5-7-4}$$

所以，只要知道频率和波长即可求出波速。本实验用信号发生器控制换能器，因此，信号发生器的输出频率就是声波的频率。声波波长则用驻波法(共振干涉法)和行波法(相位比较法)测量 。

1. 行波法(相位比较法)

沿着 x 轴(与标尺平行)正向传播的平面谐波的波动方程为

$$y = A \cdot \cos\left[\frac{2\pi}{T}\left(t - \frac{x}{v}\right) + \varphi\right] \tag{5-7-5}$$

式中，t 是时间；x 是介质质点平衡位置的 x 坐标；y 是该质点 t 时刻离开平衡位置的位移；A 为振幅；T 为质点振动周期；v 为波速；φ 为原点质点振动的初位相。相位比较法接线方式如图 5-7-1 所示。

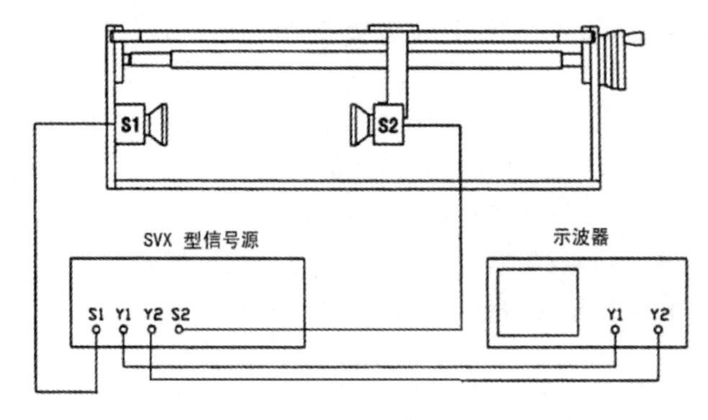

图 5-7-1　驻波法、相位比较法接线图

设换能器的坐标分别为 x_1 和 x_2，由波动方程可知两点的相位差等于

$$\frac{2\pi}{Tv}(x_1 - x_2) = \frac{x_2 - x_1}{\lambda} \cdot 2\pi \tag{5-7-6}$$

当两换能器之间的距离 $x_2 - x_1$ 每变化一个波长，相位差就变化 2π。利用这一点可以通过观察波源和接收点振动相位差的变化来测量波长 λ。

本实验用示波器来观察相位差，将发射换能器 1 的信号源信号和接收换能器 2 收到的信号分别输入到示波器的“x 输入端”和“y 输入端”，示波器荧光屏上便显示出这两个相互垂直的谐振动的叠加图形(李萨如图形，见图 5-7-2)。由于这两个谐振动频率相同，李萨如图形很简单。当相位差从 0 到 π 变化，图形从斜率为正的直线变为椭圆，再变到斜率为负的直线。相位差再从 π 变到 2π，图形又从斜率为负的直线变为椭圆，再变到斜率为正的直线。随着接收换能器缓缓平移，李萨如图形呈周期性变化。可以用直线图形作起点，接收换能器每移动一个波长的距离，就会重复出现同样斜率的直线图形。

2. 驻波法(共振干涉法)

由声源发出的平面波沿 x 方向传播，经前方平面反射后，入射波和发射波叠加。这两列波有相同的振动方向、相同的振幅 A、相同的频率 f 和 波长 λ，在 x 轴上以相反的方向传播。它们的波动方程分别是

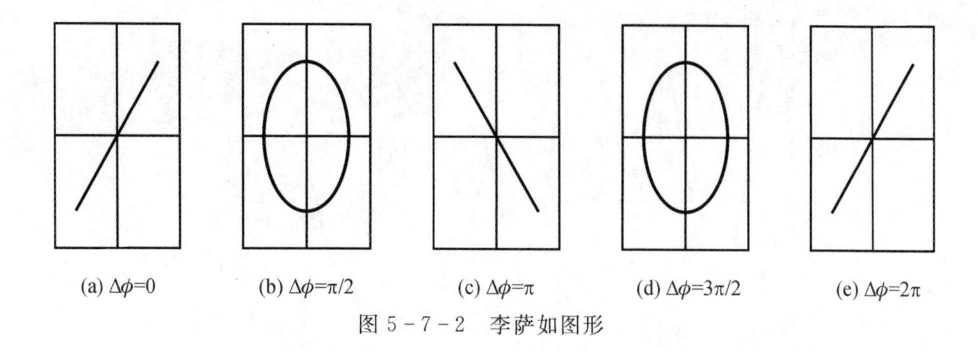

图 5－7－2　李萨如图形

$$y_1 = A \cdot \cos(2\pi ft - 2\pi \frac{x}{\lambda})；y_2 = A \cdot \cos(2\pi ft + 2\pi \frac{x}{\lambda}) \tag{5-7-7}$$

叠加后合成波为

$$\begin{aligned} y &= y_1 + y_2 \\ &= A \cdot \cos(2\pi ft - 2\pi \frac{x}{\lambda}) + A \cdot \cos(2\pi ft + 2\pi \frac{x}{\lambda}) \\ &= (2A \cdot \cos 2\pi \frac{x}{\lambda}) \cos(2\pi ft) \end{aligned} \tag{5-7-8}$$

此式表明两波合成后介质中各点都在作同频率的谐振动，各点的振幅为 $2A \cdot \cos 2\pi \frac{x}{\lambda}$，与时间 t 无关，是位置 x 的余弦函数。对应于 $\left|\cos 2\pi \frac{x}{\lambda}\right| = 1$ 的各点振幅最大，称为波腹；对应于 $\left|\cos 2\pi \frac{x}{\lambda}\right| = 0$ 的各点振幅最小，称为波节。要使 $\left|\cos 2\pi \frac{x}{\lambda}\right| = 1$，应有

$$2\pi \frac{x}{\lambda} = \pm n\pi \qquad (n = 0,1,2,3\cdots) \tag{5-7-9}$$

因此在 $x = \pm n \frac{\lambda}{2}$　$(n=0,1,2,3\cdots)$处就是波腹的位置。可见两相邻波腹间的距离为 $\frac{\lambda}{2}$（半波长）。

同理，可求出波节的位置是

$$x = \pm(2n+1)\frac{\lambda}{4} \qquad (n=0,1,2,3\cdots) \tag{5-7-10}$$

两相邻波节之间的距离也是 $\frac{\lambda}{2}$。所以只要测得相邻两波腹（或波节）的位置 x_n、x_{n+1}，则 $|x_{n+1} - x_n| = \frac{\lambda}{2}$。

驻波法实验的接线方式如图 5－7－1 所示。在实际测量过程中，换能器 B 既接收声波，又反射部分声波。当两个换能器相互平行时，发射的声波和反射的声波在 A、B 之间相互干涉，叠加的波可以近似看成具有驻波加行波的特征。随着接收换能器 B 的平移，可以测得接收波的振幅与接收换能器 B 位置的周期性关系曲线（见图 5－7－3）。两相邻振幅极大值位置之间的间隔为 $\lambda/2$，因此可确定出声波波长。

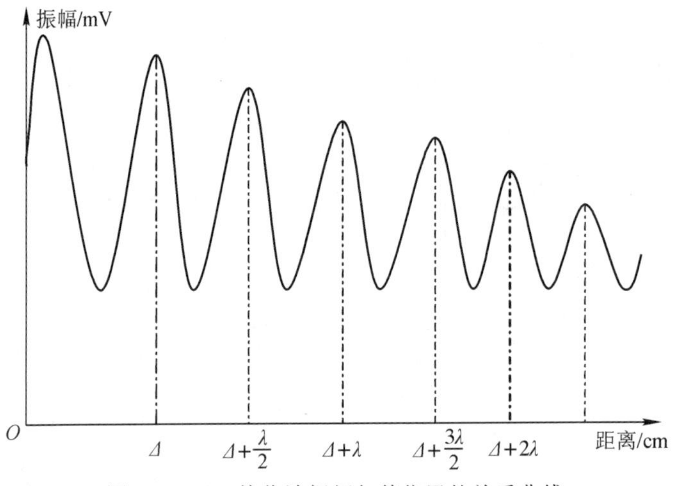

图 5-7-3 接收波振幅与其位置的关系曲线

【实验仪器】

超声声速测定仪、声速测定专用发生器、示波器和游标卡尺。

【实验内容和步骤】

1. 通电后预热 5 min，记录环境温度，将测试仪设置到连续波方式，选择合适的发射强度。示波器切换到扫描状态（按右上方蓝色的“Auto Setup”）。调节信号频率，每次加或减 100 Hz，观察示波器，使得接收的信号最大。

2. 仪器设置

(1)测量装置的连接。如图 5-7-1 所示，信号源面板上的发射端换能器接口(S1)用于输出一定频率的功率信号，请接至测试架的发射换能器(S1)；信号源面板上的发射端的发射波形(Y1)请接至双踪示波器的 CH1(Y1)，用于观察发射波形；信号源面板上的接收换能器接口(S2)用于接收超声波信号，请接至测试架的接收换能器(S2)；接收的信号被内部放大后从接收端接收波形(Y2)输出，请接至双踪示波器的 CH2(Y2)用于观察接收波形。

(2)测定压电陶瓷换能器的测试频率工作点。只有当换能器 S1 的发射面和 S2 的接收面保持平行时才有较好的接收效果。为了得到较清晰的接收波形，应将外加的驱动信号频率调节到换能器 S1、S2 的谐振频率时，才能较好地进行声能与电能的相互转换（实际上有一个小的通频带），S2 才会有一定幅度的电信号输出，才能有较好的实验效果。

换能器工作状态的调节方法如下：首先调节发射强度旋钮，使声速测试仪信号源输出合适的电压，再调整信号频率(25～45 kHz)，观察频率调整时 CH2(Y2)通道的电压幅度变化。选择合适的示波器的扫描时基 t/div 和通道增益，并进行调节，使示波器显示稳定的接收波形。在某一频率点处(34～40 kHz)电压幅度明显增大，再适当调节示波器通道增益，仔细调频率，使该电压幅度为极大值，此频率即是压电换能器相匹配的一个谐振工作点，记录频率 f_N。改变 S1 和 S2 间的距离，适当选择位置，重新调整，再次测定工作频率，共测 5 次，取平均频率 f。

在一定的条件下，不同频率的声波在介质中的传播速度是相等的。利用换能器的不同谐振频率的谐振点，可以在用一个谐振频率测量完声速后，再用另外一个谐振频率来测量声速，就可以验证以上结论。

3. 驻波法测量声速

将测试方法设置到连续波方式，选择合适的发射强度。完成步骤 2 后，选好谐振频率。然后转动距离调节鼓轮，这时波形的幅度会发生变化，记录下幅度为最大时的位置 L_{i-1}，距离由数显尺（SV-DH-3A、SV-DH-7A 型）或在机械刻度（SV-DH-3、SV-DH-7 型）上读出。再向前或者向后（必须是一个方向）移动距离，当接收波经变小再到最大时，记录下此时的位置 L_i。即可求得声波波长 $\lambda_i=2|L_i-L_{i-1}|$。多次测定，用逐差法处理数据。

4. 相位法/李萨如图法测量波长的步骤

将测试方法设置到连续波方式，选择合适的发射强度。完成步骤 2 后，示波器切换到 XY 状态（按上方白色的"Acquire"，再按屏幕下方的"XY 关闭"）。将示波器打到"X－Y"方式，选择合适的示波器通道增益，示波器显示李萨如图形。转动鼓轮，移动 S2，使李萨如图显示的椭圆变为一定角度的一条斜线，记录下此时的距离 L_{i-1}，距离由数显尺或机械刻度尺上读出。再向前或者向后（必须是一个方向）移动距离，使观察到的波形又回到前面所说的特定角度的斜线，这时接收波的相位变化 2π，记录下此时的距离 L_i。即可求得声波波长 $\lambda_i=|L_i-L_{i-1}|$。

5. 干涉法/相位法测量数据处理

已知波长 λ_i 和频率 f_i（频率由声速测试仪信号源频率显示窗口直接读出），则声速 $C_i=\lambda_i\times f_i$。

因声速还与介质温度有关，所以需要记下介质温度 t（单位为℃）。

【数据记录及处理】

按理论值公式 $V_S=V_0\sqrt{\frac{T}{T_0}}$，算出理论值 $V_S=$ ______

式中，$V_0=331.45\ \text{m/s}$，为 $T_0=273.15\ \text{K}$ 时的声速；$T=t+273.15$。

1. 驻波法测量数据记录与处理（数据记录于表 5－7－1 和 5－7－2 中）

表 5－7－1　测定压电陶瓷换能器的测试频率工作点

频率	f_1	f_2	f_3	f_4	f_5	平均值 f

表 5－7－2　连续波方式测量距离记录

测量次序	第 1 次	第 2 次	第 3 次	第 4 次	第 5 次	第 6 次
位置 L_i（远离）						
位置 L_i（靠近）						
平均值 L_i						

用逐差法处理数据可得：$\lambda_1=[(L_6-L_3)+(L_5-L_2)+(L_4-L_1)]\div 3^2\times 2=$________

声速 $V_1=\lambda_1\times f=$________

$\Delta V=V_1-V_S=$________

将实验结果与理论值比较，计算百分比误差。在室温为________℃时，用驻波法测得超声波在空气中的传播速度为

$V_1=$________±________m/s，$\delta=\dfrac{\Delta V}{V_S}=$________%

2. 相位法测量数据记录与处理(见表 5-7-3)

表 5-7-3　相位法测量数据记录与处理

测量次序	第 1 次	第 2 次	第 3 次	第 4 次	第 5 次	第 6 次
画出波形图样						
位置 L_i(远离)						
位置 L_i(靠离)						
平均值 L_i						

用逐差法处理数据可得：$\lambda_2=[(L_6-L_3)+(L_5-L_2)+(L_4-L_1)]\div 3^2\times 2=$________

声速 $V_2=\lambda_2\times f=$________

$\Delta V=V_2-V_S=$________

将实验结果与理论值比较，计算百分比误差。在室温为________℃时，用相位法测得超声波在空气中的传播速度为

$V_2=$________±________m/s，$\delta=\dfrac{\Delta V}{V_S}=$________%

5.8　螺线管轴向磁场的测量实验

磁现象是基本的物理现象之一，可以分为天然磁和人工磁两大类。天然磁可以分为地球磁场和磁铁矿两类，人工磁可以分为人造永久磁铁和电流产生的磁场两类。磁场的测量方法也可以分为霍尔效应和法拉第电磁感应定律两类。本实验用电磁感应定律测量电流产生的磁场。

【预习思考题】

(1)电磁感应定律是什么？感应电动势和螺线管内轴向磁感应强度有什么关系？

(2)螺线管端口的磁感应强度为多大？可否加以验证？

【实验目的】

(1)用测试线圈测量螺线管轴线上的磁感应强度分布。

(2)研究电流与磁场的相互关系。

(3)研究自感和互感。

【实验原理】

根据毕奥-萨伐尔定律，当螺线管通过电流时，轴线上磁感应强度 $B(x)$ 为

$$B(x)=\frac{1}{2}\mu_0 nI\left[\frac{x-x_L}{\sqrt{R^2+(x-x_L)^2}}-\frac{x-x_R}{\sqrt{R^2+(x-x_R)^2}}\right] \tag{5-8-1}$$

式中，$\mu_0=4\pi\times10^{-7}$ Wb/(A·m)，是真空磁导率；n 是螺线管单位长度的匝数；I 是螺线管上的电流；R 是螺线管半径；x_L、x_R 是螺线管左、右端口的坐标，螺线管的长度 $L=x_R-x_L$。

如果电流 I 是交流电，磁感应强度 $B(x)$ 随电流同步变化，交流量一般用有效值描述。

如图5-8-1所示是螺线管横截面示意图和对应的 $B(x)$ 曲线。

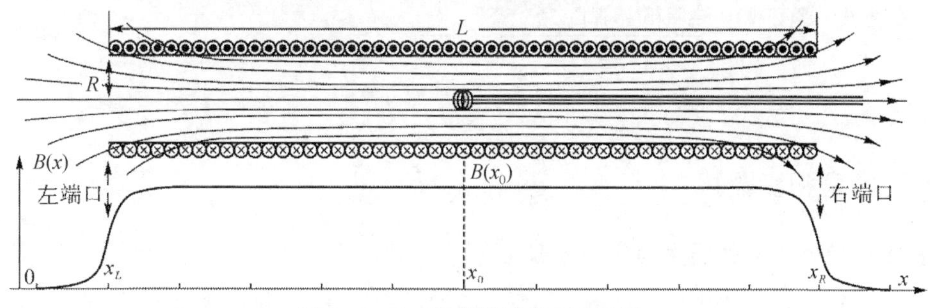

图5-8-1　螺线管轴线上的磁场

可见，如果螺线管比较长，内部 $B(x)$ 基本不变；接近端口，$B(x)$ 开始减小；在端口处，$B(x)$ 减到约一半，且减小的速率最大；在螺线管外，$B(x)$ 很小，但不为零。

螺线管轴线上有一个可以移动的测试小线圈（探头），近似认为是一个点，移到轴线上某待测点 x，根据法拉第电磁感应定律，交变磁场 $B(x)$ 在探头上产生感生电动势 $E(x)$，因为探头形状和磁场频率不变，$E(x)$ 正比于 $B(x)$。将探头放到螺线管中心 x_0，磁感应强度为 $B(x_0)$，测得感生电动势 $E(x_0)$，根据 $B(x):B(x_0)=E(x):E(x_0)$ 解得

$$B(x)=\frac{E(x)}{E(x_0)}B(x_0)=\frac{B(x_0)}{E(x_0)}E(x)=kE(x) \tag{5-8-2}$$

记螺线管直径为 D，根据式(5-8-1)解得

$$B(x_0)=\mu_0 nI\frac{L}{\sqrt{D^2+L^2}} \tag{5-8-3}$$

式中，n 为螺线管单位长度内的匝数，单位为匝/m；L 为螺线管的长度，D 为螺线管的直径，单位都是 m；I 为螺线管内通过的交变电流的有效值，单位为 A。

为了测量 I，用一个阻值已知的电阻箱 R 与螺线管串联(见图5-8-2)，再用小万用电表测出 R 上的交流电压值 U，则 $I=U/R$，由于 U 是有效值，故电流 I 也是有效值。

【实验仪器】

螺线管装置、低频信号源、万用电表、交流电压表。

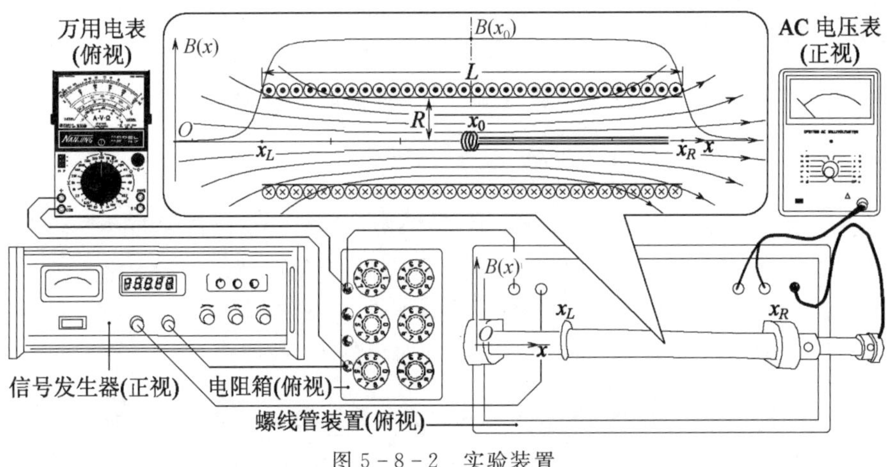

图 5-8-2 实验装置

【实验内容和步骤】

1. 测量载流螺线管轴线上的磁场分布

(1)按照图 5-8-2 接线,电阻箱调到 100.0 Ω,小万用电表调到交流 10 V 量程,螺线管内的探头放到螺线管的左端,交流电压表调到 300 mV,通电。

(2)按下低频信号源"频率选择"的"2 k ~ 20 k"按钮,调节"频率粗调"和"频率细调"旋钮,使输出信号的频率为 10000 Hz,在整个实验过程中,频率不能变。调节"输出调节"旋钮,使小万用电表指到 5.0 V。

(3)从螺线管轴线的左端逐点测量感生电动势 $E(x)$。螺线管内部,测点间隔 2 cm,螺线管端口附近,测点间隔 0.2~0.3 cm。为了提高实验质量,建议适当减小测点间隔。

2. 载流螺线管 B 与 I 的关系曲线

把测试线圈放到螺线管轴线的几何中心,调节低频信号源的"输出调节"旋钮,使小万用电表指到不同的电压,记录 MF-20 型万用电表的读数。

【数据记录及处理】

1. 螺线管轴线上磁感应强度分布曲线(B-x 曲线,数据记录于表 5-8-1 中)

F=10 kHz;I=50 mA;$B(x_0)$ = ______ T ;$E(x_0)$ = ______ mV ;

D= ______ m;L= ______ m ;n= ______ 匝/m。

表 5-8-1 螺线管轴线上电压和磁感应强度数据

标尺 x/cm						
E/mV						
B/T						

注:表格不够,请同学们自己向下补充。

2. 载流螺线管中 B 与 I 的关系(数据记录于表 5-8-2 中)

表 5-8-2　载流螺线管中电流、电压和磁感应强度数据

U/V	1.0	1.5	2.0	2.5	3.0	3.5	4.0	5.0
I/mA								
E/mV								
B/T								

【问题讨论】

(1)为什么在步骤 1、2 中,低频信号源的频率不能变动?在其他条件不变的情况下提高或降低频率会发生什么现象?为什么?

(2)不利用式(5-8-2)计算 $B(x_0)$ 来对整个实验曲线进行标定,而只从测出的 $E(x)$ 利用电磁感应定律能否求出相应的 $B(x)$ 值?如果能,还需要知道哪些物理量?

(3)根据法拉第电磁感应定律,感生电动势与磁通量的变化率成正比,而式(5-8-2)是感生电动势与磁感应强度成正比,这与法拉第电磁感应定律矛盾吗?为什么?

5.9　霍尔效应实验

霍尔效应是磁电效应的一种。在匀强磁场中放一金属薄板,使板面与磁场方向垂直,在金属薄板中沿着与磁场垂直的方向通电流时,金属薄板的两侧面间会出现电位差。这一现象是霍尔于 1879 年在研究金属导电机构时发现的。后来人们发现半导体、导电流体等也有这种效应,而半导体的霍尔效应比金属强得多。半导体霍尔元件在磁测量中应用广泛,现在通用的特斯拉计(高斯计),其探头就是霍尔元件,可以用它来测量“点”磁场和缝隙中的磁场。流体中的霍尔效应是目前正在研究中的“磁流体发电”的理论基础。霍尔效应还可以用来测量强电流、压力、转速、半导体材料参数等,在自动控制等技术中的应用也越来越广泛。

【实验目的】

(1)了解霍尔效应实验原理以及有关霍尔器件对材料要求的知识。

(2)学习用“对称测量法”消除副效应的影响,测量试样的 V_H-I_S 和 V_H-I_M 曲线。

(3)确定试样的导电类型、载流子浓度以及迁移率。

【实验原理】

运动的带电粒子在磁场中受洛伦兹力作用而引起偏转。当带电粒子(电子或空穴)被约束在固体材料中,这种偏转就导致在垂直于电流和磁场的方向上产生电荷的聚集,从而形成附加的横向电场,这就是霍尔效应,如图 5-9-1 所示。

若在 x 方向通上电流 I_S,在 Z 方向加磁场 B,则在 Y 方向即样品的 A、A' 两侧就开始聚积异号电荷,而产生相应的附加电场。电场的指向取决于试样的导电类型。显然,该电场是阻止载流子继续向侧面偏移的,当载流子所受的横电场力 eE_H 与洛伦兹力 $e\bar{v}B$ 相等时,样品两侧电荷的积累就达到平衡,即

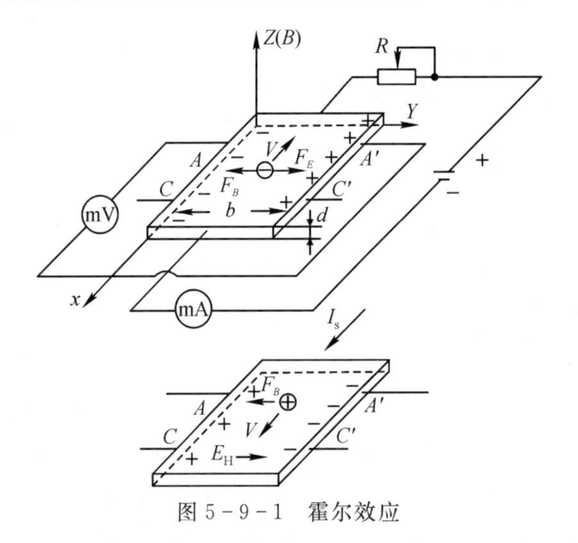

图 5-9-1　霍尔效应

$$eE_H = e\bar{v}B \qquad (5-9-1)$$

式中，E_H 称为霍尔电场强度；$\bar{v}$ 是载流子在电流方向上的平均漂移速度。

设试样的宽为 b、厚度为 d、载流子浓度为 n，则

$$I = ne\bar{v}bd \qquad (5-9-2)$$

由式(5-9-1)和式(5-9-2)可得

$$V_H = E_H \cdot b = \frac{1}{ne} \cdot \frac{I_S B}{d} = RH\,\frac{I_S B}{d} \qquad (5-9-3)$$

即霍尔电压 V_H(点 A 与点 A' 之间的电压)与 $I_S \cdot B$ 成正比，与试样厚度 d 成反比。比例系数 $R_H = \frac{1}{ne}$ 称为霍尔系数，它是反映材料霍尔效应强弱的重要参数。只要测出 V_H，知道 I_S，B 和 d，便可按下式计算 R_H：

$$R_H = \frac{V_H \cdot d}{I_S \cdot B} = k \cdot \frac{d}{B} \qquad (5-9-4)$$

式中，k 为 $V_H - I_S$ 图线(直线)的斜率。

根据 R_H 可进一步确定以下参数：

(1)由 R_H 的符号(或霍尔电压的正负)判断样品的导电类型，判断方法是：按如图 5-9-1 所示的 I_S 和磁场的方向，若测得的 $V_H < 0$(即点 A' 的电位低于点 A 的电位)，则 R_H 为负，样品属 N 型；反之，是 P 型。

(2)由 R_H 求载流子浓度 n。

$$n = \frac{1}{R_H e} \qquad (5-9-5)$$

(3)结合电导率 σ 的测量，求载流子的迁移率 μ。迁移率表示单位电场下载流子的平均漂移速度，它是反映半导体中载流子导电能力的重要参数。电导率 σ 与载流子浓度 n 以及迁移率 μ 之间有如下关系

$$\sigma = ne\mu \qquad (5-9-6)$$

测出 σ 值，即可求 μ。

在实验中，测出 A、C 两电极间电压 V_{AC}(V_σ)。已知 A，C 间长为 L，样品截面积 $S = bd$，

工作电流 I_S，由欧姆定律 $R=\frac{V}{I}=\frac{1}{\sigma \cdot S}$ 得，$\sigma=\frac{I_S l}{V_{AC} \cdot S}$。

注意：公式中电子电量 $e=1.602\times10^{-19}$ C。

下面讨论的是各种副效应及其消除的方法。

以上讨论的霍尔电压是在理想情况下产生的，实际上在产生霍尔效应的同时，还伴随着各种副效应。所以，实验测到的 V_H 并不等于真实的霍尔电压值，而是包含着各种副效应所引起的附加电压。如图 5-9-2 所示的不等势电压降，这是由于测量霍尔电压的电极 A 与 A' 的位置很难做到在一个理想的等势面上，因此当有电流 I_S 通过时，即使不加磁场也会产生附加的电压。但附加电压的符号只与电流 I_S 的方向有关，与磁场的方向无关，因此，对此附加电压可通过改变 I_S 的方向予以消除。

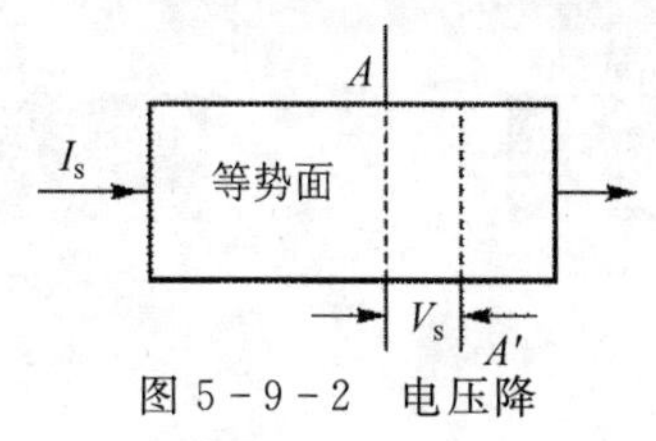

图 5-9-2　电压降

除此之外，还存在由热电效应和热磁效应所引起的各种副效应，不过这些副效应基本上都与 I_S 和磁场的方向有关，均可通过对称测量法，即改变 I_S 和磁场的方向加以消除。

分别测量由下列四组不同方向的 I_S 和 B 组合的 $V_{AA'}$，即

$$+I_S \quad +B, V_{AA'}=V_1$$
$$+I_S \quad -B, V_{AA'}=-V_2$$
$$-I_S \quad -B, V_{AA'}=V_3$$
$$-I_S \quad +B, V_{AA'}=-V_4$$

然后求 V_1、V_2、V_3 和 V_4 的代数平均值

$$V_H=\frac{V_1-V_2-V_3-V_4}{4} \tag{5-9-7}$$

通过上述的测量方法，基本上可以消除副效应，这可由 V_H- I_S 曲线来验证。

【实验仪器】

实验仪器由实验仪和测试仪两部分组成。

实验仪如图 5-9-3 所示。

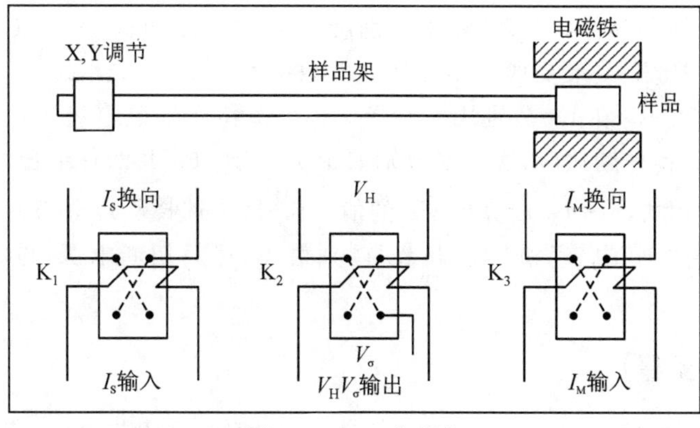

图 5-9-3　实验仪

(1)电磁铁:规格大小不等,如 3 000 GS/A。电磁铁上面以箭头方向标明了励磁电流 I_M 的正向,根据励磁电流 I_M 的方向和大小可确定磁感应强度的方向和大小。

(2)样品和样品架:样品为半导体硅单晶片,固定在样品架一端(不可用手触摸)。其几何尺寸为宽度 $b=4.0$ mm,厚度 $d=0.32$ mm,A、C 两电极的间距 $L=4.0$ mm。

(3)三个双刀开关:K_1、K_3 分别为 I_S 和 I_M 的换向开关;K_2 为 V_H、V_σ 测量选择开关,K_2 向上测量 V_H,K_2 向下可测量 V_{AC}(即 V_σ)。

测试仪面板如图 5-9-4 所示。

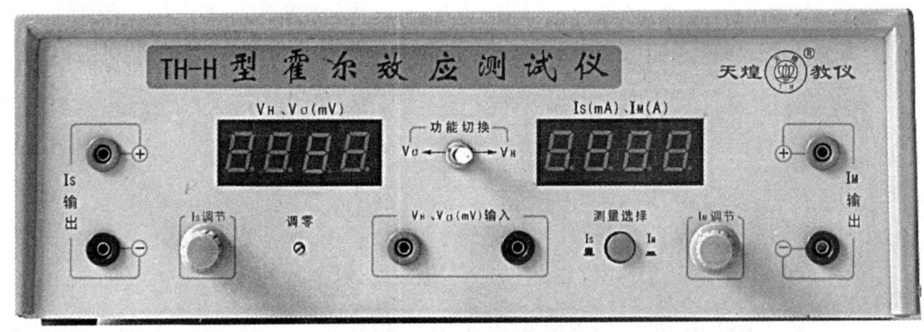

图 5-9-4　测试仪器面板

(1)0~1 A 的励磁电流源 I_M 和 0~10 mA 的样品工作电流源 I_S 彼此独立,均连续可调,且共用一只数字电流表来测量,由“测量选择”控制,按该键测 I_M,放该键测 I_S。

(2)0~200 mV 数字电压表用来测量 V_H 和 $V_{AC}(V_\sigma)$。“V_H、V_σ 输入”接数字电压表,其数值和极性由数字电压表显示。当电压表的数字前出现“—”号时,表示被测电压极性为负值。

使用说明:

(1)测试仪使用 220 V、50 Hz 的市电,电源线为单相三线,电源线插座和电源开关都在机箱背面,保险丝为 0.75 A,在电源插座内。

(2)测试仪面板上的“I_S 输出”“I_M 输出”和“V_H,V_σ 输入”三对接线柱应分别与实验台上的三对相应的接线柱正确相连,不得接错(严禁将 I_M 输入误接到 I_S 输入或 V_H,V_σ 输出端,否则将损坏霍尔片)。

(3)开机前,应将“I_S 调节”和“I_M 调节”旋钮逆时针方向旋到最小,然后接通测试仪电源,预热数分钟方可使用。

(4)“I_S 调节”和“I_M 调节”分别用来控制样品工作电流和励磁电流的大小,旋钮顺时针方向转动,电流增大。细心操作,调节的精度分别可达 0.01 mA 和 0.01 A。I_S 和 I_M 的数值显示可通过“测量选择”按键开关来实现。按键测 I_M,放键测 I_S。

(5)实验台上开关 K_1 和 K_3 分别用来选择工作电流 I_S、励磁电流 I_M 的方向,向上为正、向下为负。为了消除各种副效应,实验时分别取 $\pm I_S$ 与 $\pm I_M$ 共四种组合,依次测得 V_1、V_2、V_3、V_4 四个值,然后用式(5-9-7)算出 $\overline{V}_H$ 的值。K_2 用来选择测量电压 V_H 或 V_{AC}(V_σ)。

(6)实验结束,将“I_S 调节”和“I_M 调节”调到最小,然后切断电源,再将实验台上的 K_1、K_2、K_3 竖立起来。

【实验内容和步骤】

(1)测绘 V_H-I_S 曲线。保持 $I_M=0.500$ A 不变,按要求调节 I_S,分别测出不同 I_S 下的

四个 V_H 值，将数据记录在表格中。用毫米方格纸作 $V_H - I_S$ 图线，用两点法求斜率 k。（注意不要用实验数据点求斜率，图纸上要标出两点的坐标，并写出斜率 k 的值）

(2)测绘 $V_H - I_M$ 曲线。保持 $I_S = 5.00$ mA 不变，测出不同 I_M 下四个 V_H 值。用毫米方格纸作 $V_H - I_M$ 图线。

(3)测 V_{AC}。取 $I_S = +0.10$ mA，在零磁场下（$I_M = 0.00$ A）测量 V_{AC}（V_σ）。

(4)确定样品导电类型。选 I_S、I_M 为正向，根据所测得的 V_H 符号，判断样品的导电类型。

【数据记录及处理】

1. 测量 $V_H - I_S$ 曲线（$I_M = 0.500$A，电压单位：mV，数据记录于表 5-9-1 中）

表 5-9-1　测量 V_H-I_S 曲线数据

电磁铁规格 H_B=________ kGS/A

I_S/mA	V_1	V_2	V_3	V_4	$V_H = (V_1 - V_2 + V_3 - V_4)/4$
	$+I_S, +B$	$+I_S, -B$	$-I_S, -B$	$-I_S, +B$	
1.00					
1.50					
2.00					
2.50					
3.00					
3.50					
4.00					
4.50					

2. 测量 $V_H - I_M$ 曲线（$I_S = 5.00$ mA，电压单位：mV，数据记录于表 5-9-2 中）

表 5-9-2　测量 $V_H - I_M$ 曲线数据

I_M/A	V_1	V_2	V_3	V_4	$V_H = (V_1 - V_2 + V_3 - V_4)/4$
	$+I_S, +B$	$+I_S, -B$	$-I_S, -B$	$-I_S, +B$	
0.100					
0.150					
0.200					
0.250					
0.300					
0.350					
0.400					
0.450					

3. 在零磁场（切断 K_3）下，取 $I_S = +0.10$ mA，测得 $V_{AC} = V_\sigma$ =____(mV)=____(V)

霍尔系数：$R_H = \dfrac{V_H \cdot d}{I_S \cdot B} = k \cdot \dfrac{d}{B} =$ 　　　　m^3/C；

载流子浓度：$n=\frac{1}{R_{\mathrm{H}}\ e}=$ $1/\mathrm{m}^3$；

电导率：$\sigma=\frac{I_{\mathrm{S}}\cdot L}{V_{AC}\cdot S}=$ $1/(\Omega\cdot \mathrm{m})$；

迁移率：$\mu=\frac{\sigma}{n\cdot e}=$ $\mathrm{m}^2/(\Omega\cdot \mathrm{C})$；

霍尔片导电类型：

【问题讨论】

(1)试分析霍尔效应法测磁场的误差来源。

(2)如果磁场方向与霍尔元件不垂直,对测量结果有何影响(设电流方向仍与磁场垂直)?如何用实验方法判断霍尔片与磁场是否垂直?

(3)能否用霍尔元件测量交变磁场?

5.10 铁磁材料磁滞回线的测定实验

铁磁材料放在磁场中会被磁化,当磁场撤掉以后,铁磁材料会带有一定的磁性,这种能保持磁化状态的性质称为磁滞。磁化曲线和磁滞回线是描写和检验铁磁材料动态特性的重要手段,通过分析磁滞回线,可将铁磁材料分为硬磁、软磁两大类。硬磁材料(如铸钢)的磁滞回线宽,剩磁和矫顽力较大(120～20 000 A/m 甚至更高),磁化后,其磁感应强度能长久保持,适宜作永久磁铁。软磁材料(如矽钢片)的磁滞回线较窄,矫顽力一般小于 120 A/m,但其磁导率与饱和磁感应强度大,容易磁化和去磁,故常用于制造电机、变压器和电磁铁。铁磁材料的磁化曲线和磁滞回线是铁磁材料的重要特性,是设计电磁设备或仪表的依据之一。

用示波器法测量铁磁材料的动态磁特性具有直观、方便和迅速等优点,能在交变磁场下观察和定量测绘铁磁材料的磁化曲线和磁滞回线。磁学量的测量一般比较困难,所以通常通过一定的物理规律,把磁学量转换为易于测量的电学量,这种转换测量法是物理实验中的基本方法之一。

【预习思考题】

(1)测绘磁滞回线和磁化曲线前为何先要退磁? 如何退磁?

(2)如何判断铁磁材料属于软、硬磁性材料?

【实验目的】

(1)掌握磁滞、磁化曲线和磁滞回线的概念,加深对铁磁材料的主要物理量——矫顽力、剩磁、磁导率和磁滞损耗的理解。

(2)了解用示波器观察磁化曲线和磁滞回线。

(3)学习使用磁滞回线测试仪测定样品基本磁化曲线,测绘样品的磁滞回线。

(4)测定样品的矫顽力、剩磁、磁滞损耗等物理量。

【实验原理】

如果在磁场中放入某种材料，材料内部的磁感应强度 $\boldsymbol{B}$ 将变化，磁感应强度 $\boldsymbol{B}$ 与磁场强度 $\boldsymbol{H}$ 有如下关系

$$B=\mu H$$

式中，μ 是该材料的绝对磁导率(简称磁导率)。注意，磁感应强度 $\boldsymbol{B}$ 与磁场强度 $\boldsymbol{H}$ 不是同一个物理量，磁场强度 $\boldsymbol{H}$ 正比于产生磁场的电流，与材料无关。

如果是真空磁场，$\boldsymbol{B}$ 与 $\boldsymbol{H}$ 有如下关系

$$B=\mu_0 H$$

式中，$\mu_0=4\pi\times10^{-7}\,\mathrm{Wb/(A\cdot m)}$，是真空磁导率。

μ 与 μ_0 的关系为 $\mu=\mu_r\cdot\mu_0$。其中，μ_r 是该材料的相对磁导率，μ_r 反映了该材料中的磁感应强度 $\boldsymbol{B}$ 在同等条件下相对于真空磁场的磁感应强度 $\boldsymbol{B}$ 的相对倍率。

当 $\mu_r<1$ 时，材料中的磁感应强度 $\boldsymbol{B}$ 减小，该材料称为逆磁材料；当 $\mu_r>1$，材料中的磁感应强度 $\boldsymbol{B}$ 增加，该材料称为顺材料；当 $\mu_r\gg1$，材料中的磁感应强度 $\boldsymbol{B}$ 大幅度增加，该材料称为铁磁材料。铁磁材料的 μ_r 一般在 100～50 000，并且不是常数，μ_r 和 μ 随 $\boldsymbol{H}$ 的变化而改变，即 $\mu=f(H)$，为非线性函数，所以 $\boldsymbol{B}$ 与 $\boldsymbol{H}$ 也是非线性关系，如图 5-10-1 所示。

在实际工作中，相对磁导率 μ_r 使用得较多。

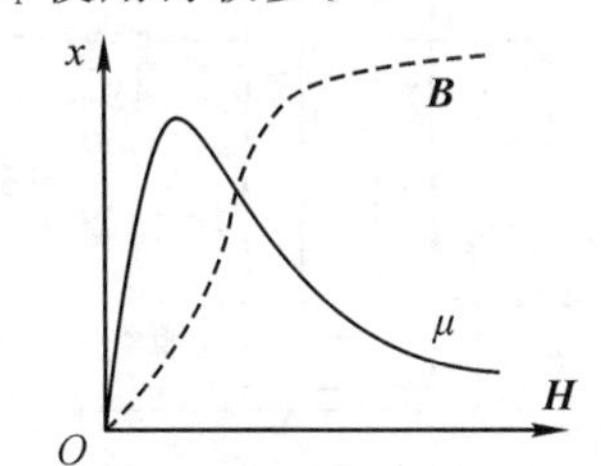

图 5-10-1　磁化曲线和 μ-H 曲线

1. 铁磁材料的磁滞性质

铁磁材料除了具有很高的磁导率外，另外一个重要的特点就是磁滞。当铁磁材料磁化时，磁感应强度 $\boldsymbol{B}$ 不仅与磁场强度 $\boldsymbol{H}$ 有关，而且取决于磁化的历史情况，图 5-10-2 是根据实验数据由电脑定量绘制的磁滞回线。曲线 OA 表示铁磁材料从没有磁性开始磁化，$\boldsymbol{B}$ 随 $\boldsymbol{H}$ 的增加而增加，这条曲线称为磁化曲线。当 $\boldsymbol{H}$ 增加到某一值 $\boldsymbol{H}_S$ 时，$\boldsymbol{B}$ 几乎不再增加，说明磁化已达饱和。铁磁材料磁化后，若使 $\boldsymbol{H}$ 减小，$\boldsymbol{B}$ 将不沿原磁化曲线返回，而是沿另一条曲线 $A\rightarrow C'\rightarrow A'$ 下降。当 $\boldsymbol{H}$ 从 $-\boldsymbol{H}_S$ 增加到 $+\boldsymbol{H}_S$ 时，B 将沿 $A'\rightarrow C\rightarrow A$ 到达 A。如图 5-10-2 所示，$\boldsymbol{B}$ 的变化落后于 $\boldsymbol{H}$ 的变化，这种现象称为磁滞现象，所形成的闭合曲线称为磁滞曲线。其中，$\boldsymbol{H}=0$ 时，$|\boldsymbol{B}|=\boldsymbol{B}_r$ 称为剩余磁感应强度(剩磁)。要使磁感应强度 $\boldsymbol{B}$ 为 0，就必须加一个反向磁场 $\boldsymbol{H}_c$，$\boldsymbol{H}_c$ 称为矫顽力。各种铁磁材料有不同的磁滞回线，硬磁材料有大的剩磁、矫顽力和磁滞回线，软磁材料有小的剩磁、矫顽力和磁滞回线。

由于铁磁材料的磁滞特性，磁性材料所处的某一状态必然和它的历史有关，为了使铁磁材料的这种特性能重复出现，即所测得的基本磁化曲线都是由原始状态($\boldsymbol{H}=0$，$\boldsymbol{B}=0$)开始，在测量前必须进行退磁，以消除样品中的剩余磁性。

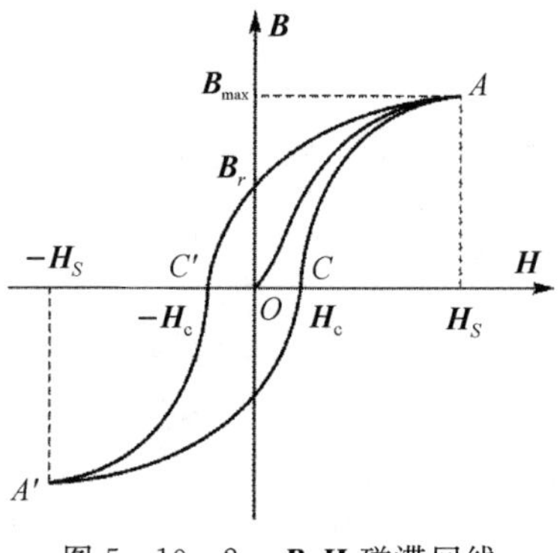

图 5-10-2　**B-H** 磁滞回线

2. 用示波器测量磁滞回线的原理

图 5-10-3 是用示波器测动态磁滞回线的原理图。将样品制成闭合形状，然后均匀地绕上磁化线圈 N、副线圈 n，交流电压 U 加在磁化线圈上；R_1 是取样电阻，两端的电压 U_1 加到示波器的 X 轴输入端上；副线圈 n 与电阻 R_2 和电容 C_2 串联成一回路；电容 C_2 两端电压 U_2 加到示波器的 Y 轴输入端上。

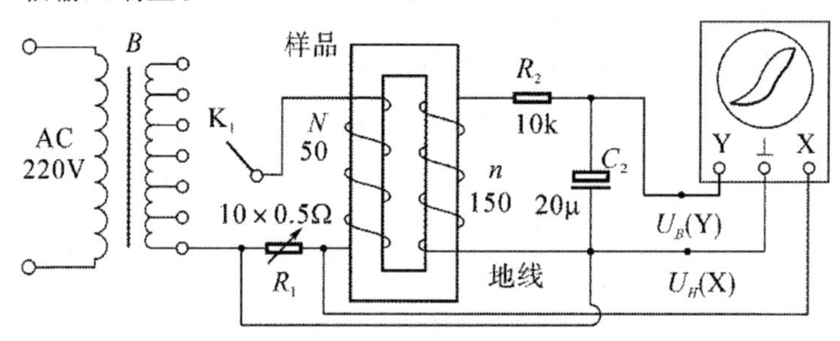

图 5-10-3　用示波器测动态磁滞回线原理

若样品的周长为 L，磁化线圈的匝数为 N，磁化电流为 I_1，根据安培环路定理和欧姆定理，$HL=NI_1$，$U_1=R_1I_1$，所以

$$U_1=\frac{R_1L}{N}H \tag{5-10-1}$$

该式表明，示波器荧光屏上电子束水平偏转的大小 U_1 与样品中磁场强度 $\boldsymbol{H}$ 成正比。

设样品截面积为 S，根据法拉第电磁感应定律，在匝数为 n 的副线圈中感应电动势为

$$\varepsilon_2=n\frac{\mathrm{d}\varphi}{\mathrm{d}t}=-nS\frac{\mathrm{d}B}{\mathrm{d}t} \tag{5-10-2}$$

此外，在副线圈回路中电流为 I_2，而且电容 C_2 上的电量为 q 时，又有

$$\varepsilon_2=I_2R_2+\frac{q}{C_2} \tag{5-10-3}$$

考虑到 n 较小，因而自感电动势可以忽略不计，同时 R_2 和 C_2 都较大，使 $\frac{q}{C_2}\propto R_2I_2$，这样式(5-10-3)可以近似地改写为

$$\varepsilon_2=I_2R_2 \tag{5-10-4}$$

将关系式 $I_2=\dfrac{dq}{dt}=C_2\dfrac{dU_{C_2}}{dt}$ 代入式(5-10-4)得

$$\varepsilon_2=R_2C_2\frac{dU_{C_2}}{dt} \tag{5-10-5}$$

将式(5-10-5)与式(5-10-2)比较,去掉负号得

$$nS\frac{dB}{dt}=R_2C_2\frac{dU_{C_2}}{dt}$$

两边对时间积分,整理后可得

$$U_{C_2}=\frac{nS}{R_2C_2}B \tag{5-10-6}$$

由于式中 n、S、R_2 和 C_2 均为已知数,因此该式清楚地表明示波器荧光屏上电子束竖直方向偏转大小 U_{C_2} 与样品中磁感应强度 $\boldsymbol{B}$ 成正比 。

综上所述,将 U_1 和 U_{C_2} 分别加到示波器"X 输入"和"Y 输入"中,便可观察到磁滞回线;若将 U_1 和 U_{C_2} 加到磁滞回线测试仪中,便可测定样品的饱和磁感应强度 $\boldsymbol{B}_{\max}$,剩磁 $\boldsymbol{B}_r$,矫顽力 $\boldsymbol{H}_c$,磁滞损耗[HB]和磁导率 μ 等参数。

【实验仪器】

KH-MHC 型磁滞回线实验仪和测试仪,ST16B 型示波器。

【实验内容和步骤】

1. 电路连接

选样品 1 按图 5-10-4 连接线路,并调节 $R_1=2.5\ \Omega$,"U 选择"置于 0 位,U_H 和 U_B(即 U_1 和 U_{C_2})分别接示波器的"X 输入"和"Y 输入",插孔为公共接地端。

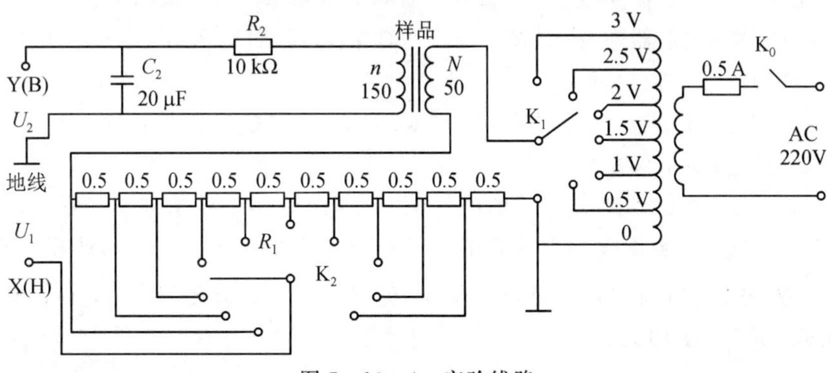

图 5-10-4　实验线路

2. 样品退磁

开启实验仪电源,顺时针方向转动"U 选择"旋钮,对样品进行退磁。调节 U 从 0 V 增加到 3 V;然后逆时针从 3 V 降到 0 V,以便消除剩磁,确保样品处于磁中性状态,即 $H=0$,$B=0$,如图 5-10-5 所示。

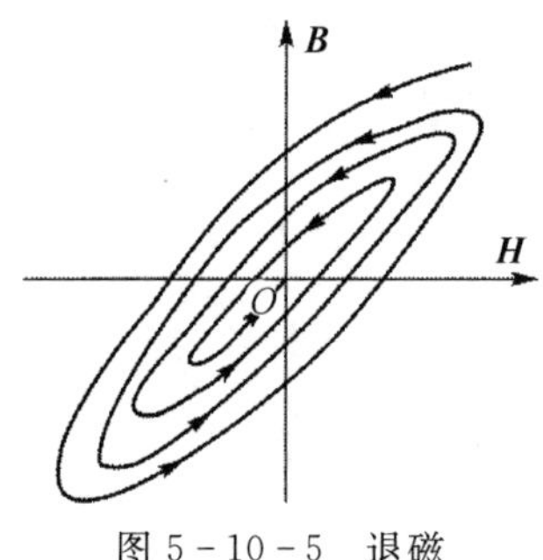

图 5-10-5 退磁

3. 观察基本磁化曲线

按步骤 2 对样品进行退磁，从 $U=0$ 开始，逐渐提高电压，在显示屏上看到面积由小到大的一组磁滞回线簇，这些磁滞回线顶点($\boldsymbol{H}_m$,$\boldsymbol{B}_m$)的连接线就是样品的基本磁化曲线。

4. 观察磁滞回线

把磁滞回线实验仪上的 X 和 Y 输出信号分别接到示波器的“X 输入”和“Y 输入”端上，开启示波器电源，调节“辉度”和“聚焦”，触发方式置于“外接”，调节显示屏上的光点位于显示屏的中心。调节 $U=2.2$ V，分别调节示波器上的“X 位移”“Y 位移”“微调”和“VOLTS/DIV”旋钮，使显示屏上出现图形大小合适的磁滞回线(若图形顶部出现编织状的小环，此时可降低电压 U 予以消除)。

接通实验仪和测试仪之间连线，开启测试仪电源。

5. 描绘 μ-$\boldsymbol{H}$ 曲线

按测试仪的“复位”键，显示器显示“P…8…P…8”。

(1)按“功能”键：显示器左显示“$N=50$”(匝)；右显示“$L=60$”(mm)。

(2)按“功能”键：显示器左显示“$n=150$”(匝)；右显示“$S=80$”(mm^2)。

(3)按“功能”键：显示器左显示“$R_1=2.5$”(Ω)；右显示“H. 3B. 3”。(H 的单位为 10^3 A/m，B 的单位为 10T)

(4)按“功能”键：显示器左显示“$R_2=10$”(kΩ)；右显示“$C_2=20$”(μF)。

(5)按“功能”键：显示器左显示“U_{HC}”；右显示“U_{BC}”。

(6)按“确认”键：改变实验仪上 U 的电压值 0.5V…3.0V，显示器左显示 U_{HC} 值，右显示 U_{BC} 值，分别记录在实验数据表格中。应用式(5-10-1)和式(5-10-6)，计算出 $\boldsymbol{H}$ 和 $\boldsymbol{B}$ 的值(有效值)，把 $\boldsymbol{H}$ 和 $\boldsymbol{B}$ 的值乘以$\sqrt{2}$，即 $\boldsymbol{H}_m$ 和 $\boldsymbol{B}_m$ 值(峰值)。计算磁导率 μ，在毫米方格纸上描绘基本磁化曲线和 μ-$\boldsymbol{H}$ 曲线。

6. 测绘磁滞回线 ($\boldsymbol{B}$-$\boldsymbol{H}$ 曲线)

(1)调节实验仪 $U=2.5\sim3.0$ V，$R_1=2.5$ Ω。

(2)按“功能”键：显示器左显示磁滞回线采样总点数“n”；右显示测试信号频率“f”。

按“确认”键：显示器左显示 n 的数值；右显示 f 的数值。

(3)按“功能”键：显示器左显示“H. B”；右显示“test”。

按“确认”键：显示器显示“……”(测定仪对磁滞回线进行自动采样)，稍等片刻后，右显示器显示“GOOD”；若显示“BAD”，则按“功能”键，程序返回到数据采样状态，重新采样。

(4)按“功能”键两次:显示器左显示“H. SHOW”;右显示“B. SHOW”。

按“确认”键:显示器显示采样点的序号。

按“确认”键:显示器左显示对应的 $\boldsymbol{H}$ 值,右显示对应序号的 $\boldsymbol{B}$ 值。

不断按“确认”键,即不断出现采样点序号和对应的 $\boldsymbol{H}$、$\boldsymbol{B}$ 值(磁滞回线的采样点的顺序是4→1→2→3象限)。依次记录在数据表格中。

7. 测定样品磁滞回线中各物理量

(1)按“功能”键:显示器左显示“$\boldsymbol{H}_c$”;右显示“$\boldsymbol{B}_r$”。

按“确认”键:显示器左显示 $\boldsymbol{H}_c$ 的值;右显示 $\boldsymbol{B}_r$ 的值。

(2)按“功能”键:显示器左显示“A=”(磁滞回线面积);右显示“HB”。

按“确认”键:显示器左显示“[HB]”;右显示面积数(单位 10^4 J/m^3)。

(3)按“功能”键:显示器左显示“$\boldsymbol{H}_m$”(最大值);右显示“$\boldsymbol{B}_m$”(最大值)。

按“确认”键:显示器左显示 $\boldsymbol{H}_m$ 数值;右显示 $\boldsymbol{B}_m$ 数值。

记录 $\boldsymbol{H}_c$、$\boldsymbol{B}_r$、[HB]、$\boldsymbol{H}_m$,$\boldsymbol{B}_m$ 的值。

以上测定仪的操作中,若显示器显示“COU”字符,则表示须继续按“功能”键。

【数据记录及处理】

1. 基本磁化曲线与测绘 μ-H 曲线(数据记录于表5-10-1中)

表5-10-1 基本磁化曲线与测绘 μ-H 曲线数据

$N=50$ 匝, $n=150$ 匝,$L=60$ mm, $S=80$ mm^2

U/ V	0.5	1.0	1.2	1.5	1.8	2.0	2.2	2.5	2.8	3.0
U_H/ V										
$\boldsymbol{H}_m$/ (10^3 A·m^{-1})										
U_{Bc} / V										
$\boldsymbol{B}_m$/ 10T										
M/ (N·A^{-2})										

2. 磁滞回线(B-H)曲线(数据记录于表5-10-2中,该表大约需记录60~70组数据,请另备记录纸)

表5-10-2 磁滞回线(B-H)曲线数据

N_0	1	5	10	15	20	……	
$\boldsymbol{H}$ / (10^3A·m^{-1})							
$\boldsymbol{B}$ / (10T)							

3. 测定样品的各项物理量($U=2.5$ V,$R_1=2.5$ Ω)

$\boldsymbol{H}_c=$ 10^3 A/m; $\boldsymbol{B}_r=$ 10T;

$\boldsymbol{H}_m=$ 10^3 A/m; $\boldsymbol{B}_m=$ 10T;

[HB]= 10^4 J/m^3。

5.11 压力传感器特性研究及其应用实验

在物理实验、科学研究和生产过程中，许多物理量是非电学量。由于电学量在测量、传送、记录等方面有很多的优点，所以有时需要将非电学量换成电学量，这类装置称为传感器。传感器是现代检测和控制系统的重要组成部分，它的作用就是把被测量的非电量信号（如力、热、声、磁和光等物理量）转换成与之成比例的电量信号（如电压和电流），然后再经过适当的测量电路处理后，送至指示器指示或记录。这种非电学量至电学量的转换是应用不同物体的某些电学性质与被测量之间的特定关系来实现的。例如，利用电阻效应、热电效应、光电效应和压电效应等关系，应用不同物体的独特的物理变化，设计和制造出适用于各种不同用途的传感器。压力传感器是最基本的传感器之一。

【预习思考题】

(1)当传感器不受外力时，电桥应处于平衡状态，传感器数显仪输出电压显示应为多少伏？

(2)传感器的灵敏度与电源电压有什么关系？电源电压能无限制地加大吗？为什么？

【实验目的】

(1)了解非电量电测的一般原理和测量方法。

(2)掌握压力传感器的构造、原理、测量方法和特性。

(3)了解非平衡电桥的原理，熟悉箱式电位差计的使用方法。

【实验原理】

非电量电测系统一般包括传感器、测量电路和显示系统三部分，传感器把非电量转化为电信号，并输入测量电路，测量电路将测量结果输入显示系统进行显示。

现在以应变电阻片做成的压力传感器为例，进一步讨论如何实现将“力”的测量转变为“电压”测量的电测系统。

1. 压力传感器

应变电阻片是用一根很细的铜电阻丝按如图 5-11-1 所示的形状弯曲后用胶黏贴在衬底（用纸或有机聚合物薄膜制成）上，电阻丝两端有引出线用于外接。铜丝的直径为 0.012～0.050 mm。电阻丝受外力作用拉长时电阻要增加，压缩时电阻要减小，这种现象称为“应变效应”，这种电阻片取名为“应变电阻片”。将应变电阻片黏贴在弹性材料上，当材料受外力作用产生形变时，电阻片跟着形变，这时电阻值发生变化，通过测量电阻值的变化就可反映出外力作用的大小。

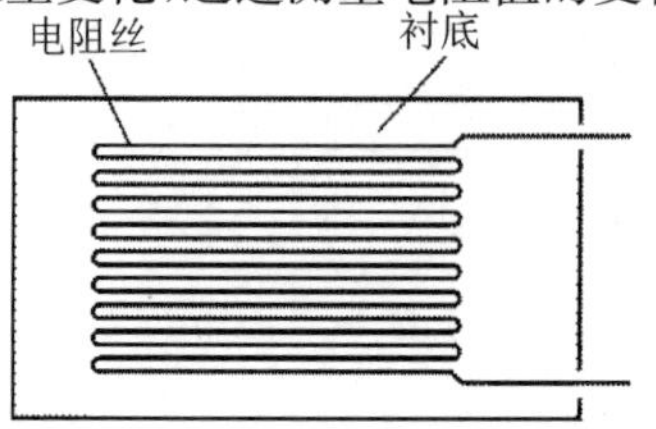

图 5-11-1 应变电阻片

实验证明，在一定范围内电阻的变化和电阻丝轴向长度的变化成正比。即

$$\frac{\Delta R}{R} \propto \frac{\Delta L}{L} \tag{5-11-1}$$

压力传感器是将四片电阻片分别黏贴在弹性平行梁 A 的上下两表面适当的位置，如图 5-11-2 所示。R_1、R_2、R_3、R_4 是四片电阻片，梁的一端固定，另一端自由，用于加载外力 F。弹性梁受载荷作用而弯曲，梁的上表面受拉，电阻片 R_1、R_3 亦受拉伸作用，电阻增大；梁的下表面受压，R_2、R_4 电阻减小。这样外力 F 的作用通过梁的形变而使四个电阻片电阻值发生变化，这就是压力传感器。

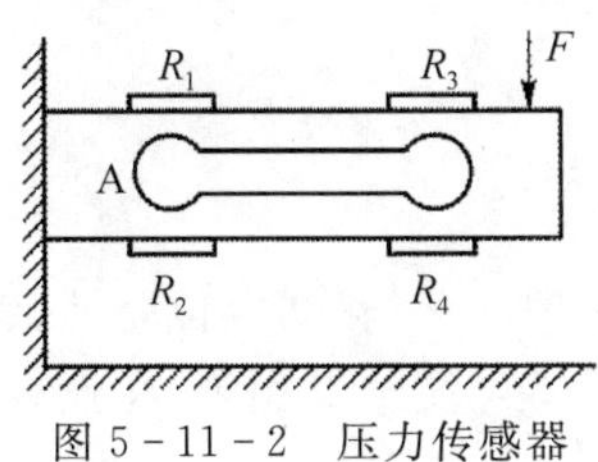

图 5-11-2　压力传感器

2. 测量电路

由于电阻的变化很微小，因此要求测量电路能够精确地测量这些电阻的微小变化。通常采用我们熟悉的电桥电路，并用不平衡电桥进行测量。传感器上的电阻 R_1、R_2、R_3、R_4 连接成如图 5-11-3 所示的直流电桥，c、d 两端接稳压电源 E，a、b 两端为电桥电压输出端，输出电压为 U。从图 5-11-3 可以看出

$$U = E\left(\frac{R_1}{R_1 + R_2} - \frac{R_4}{R_3 + R_4}\right) \tag{5-11-2}$$

当传感器不受外力作用，电桥平衡，$U=0$，有 $R_1 \cdot R_3 = R_2 \cdot R_4$，这是我们非常熟悉的电桥平衡条件。

当梁受到载荷 F 的作用，电阻发生了变化，如图 5-11-4 所示，电桥不平衡，则有

$$U = E\left(\frac{R_1 + \Delta R_1}{R_1 + \Delta R_1 + R_2 - \Delta R_2} - \frac{R_4 - \Delta R_4}{R_3 + \Delta R_3 + R_4 - \Delta R_4}\right) \tag{5-11-3}$$

大多数情况下，传感器上贴着四片相同的电阻片，如图 5-11-5 所示，即

$$R_1 = R_2 = R_3 = R_4 = R \tag{5-11-4}$$

$$\Delta R_1 = \Delta R_2 = \Delta R_3 = \Delta R_4 = \Delta R \tag{5-11-5}$$

将式(5-11-4)和式(5-11-5)代入式(5-11-3)得

$$U = E \cdot \frac{\Delta R}{R} \tag{5-11-6}$$

从式(5-11-6)可知，电桥输出的不平衡电压 U 是与电阻的变化 ΔR 成正比的，这就是不平衡电桥的工作原理。显然，测量出 U 的大小即可反映外力 F 的大小。此外，由式(5-11-6)还可知，若要获得较大的输出电压 U，可以采用较高的电源电压 E，同时也说明电源电压不稳定将给测量结果带来误差，因此电源电压一定要稳定。

本实验采用箱式电位差计测量 U。

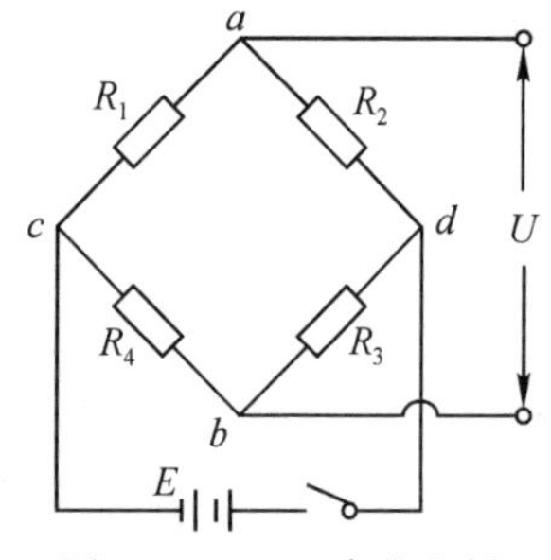

图 5－11－3　直流电桥

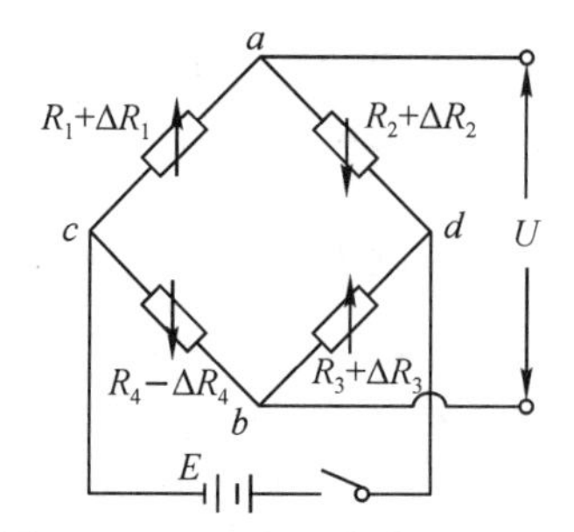

图 5－11－4　电阻变化后的电桥

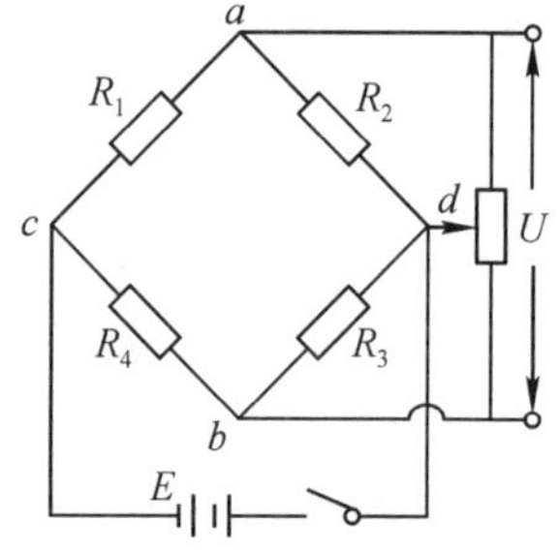

图 5－11－5　并联可调电位器

【实验仪器】

压力传感器、直流稳压电源、单刀开关、箱式电位差计、旋转式电阻箱、砝码若干。

由于压力传感器的四片电阻片不可能绝对相等，在没有载荷 F 时，电桥可能不平衡，输出电压 U 可能不等于零。因此，在 a、d、b 上并联一个可调电位器，安装在压力传感器的右侧，如图 5－11－5 所示。可调电位器的一部分电阻与 R_2 并联，另一部分电阻与 R_3 并联，通过调节电位器，改变 ad 之间的电阻和 db 之间的电阻，从而使压力传感器在没有载荷 F 时，电桥平衡，输出电压 U 等于零。

【实验内容和步骤】

(1)按图 5－11－6 连接仪器。

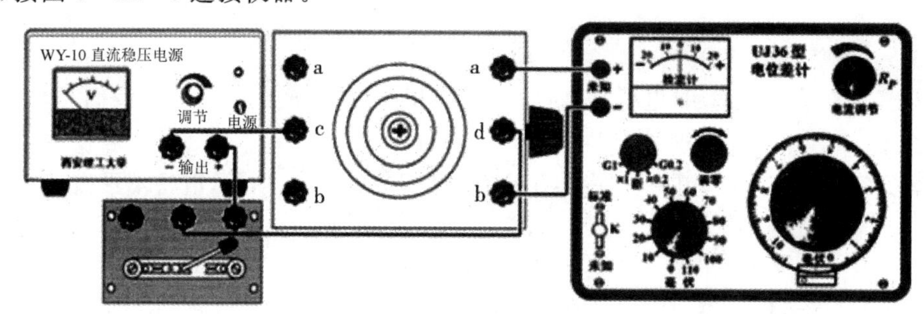

图 5－11－6　电路接线

(2)保持电源输出电压 $E=10.0$ V，测量载荷力 F 与电桥输出电压 U 的关系。

① 将电位差计倍率开关转到“×1”，电键“K”放在中间，调节旋钮“调零”，使检流计指零；再将电键“K”推到“标准”，调节旋钮“R_P”，使检流计再次指零。

② 将电位差计“毫伏”测量盘和“毫伏”旋钮调零，压力传感器上不放砝码，电键“K”下推到“未知”，稍微调节压力传感器右侧的电位器，使箱式电位差计指针指零。

如果调节电位器不容易使箱式电位差计指针指零，可以微微转动电位差计右边的“毫伏”测量盘，使检流计指零，并且记下初读数 U_0。

③ 按顺序加载砝码(每个 500 g，载荷力为 4.9 N)，调节电位差计的测量盘，使检流计指针指零，记录这时的输出电压值 U。如果调节电位差计的测量盘，检流计指针的偏转变大而不是变小，应当把接在“未知”接线柱的两导线交换(为什么?)，然后返回步骤②。

④ 再按相反次序将砝码逐一取下，记录输出电压值 U。

⑤ 用逐差法求出传感器的灵敏度，如下：

$$S=\overline{\Delta U}/\Delta F$$

(3)用压力传感器测物体的重量。将一个装了沙子的塑料瓶放置在压力传感器上，测出电压 U'，测三次，求出平均值 $\overline{U'}$，则塑料瓶的重量 $W=(\overline{U'}-U_0)/S$。

(4)测量电源电压 E 与传感器电桥输出电压 U 的关系。保持加载砝码的质量为 1.000 kg，改变稳压电源的输出电压 E 从 1.0 V 至 10.0 V，分别记录输出电压值 U，作 U-E 曲线，分析是否为线性关系。

注意：实验时不能超载，加减砝码要轻拿轻放，以免冲击传感器。

【数据记录及处理】

(1)求灵敏度 S 的数据表格(见表 5-11-1)。

表 5-11-1　求灵敏度 S 的数据表格

压力传感器编号：　　　　　　　　　初读数 $U_0=$

次序	外力 F/N	U/mV			$\Delta F=F_{i+4}-F_i=19.6$ N
		加砝码	减砝码	平均	ΔU / mV
1	4.9				
2	9.8				
3	14.7				
4	19.6				
5	24.5				
6	29.4				平均 $\overline{\Delta U}=$　　　(mV)
7	34.3				灵敏度 $S=$　　　(mV/ N)
8	39.2				

(2)测量塑料瓶的重量，数据表格请同学自己设计，必须注明塑料瓶编号。

(3)测量电源电压 E 与输出电压 U 的关系，数据表格请同学自己设计。

【附注】

UJ36 型电位差计

U36 电位差计准确度等级为 0.1 级，测量范围："×1"挡为 0.05～120 mV；"×0.2"挡为 0.01～24 mV，其面板如图 5-11-7 所示。

1. 使用方法

(1)将待测电压或电动势接在"未知"接线柱上。

(2)估计被测电压的大小，把倍率(×1，×0.2)开关放在需要的位置上。此时工作电源和检流计都处于接通状态下，调节检流计"调零"旋钮，使检流计指针指零。

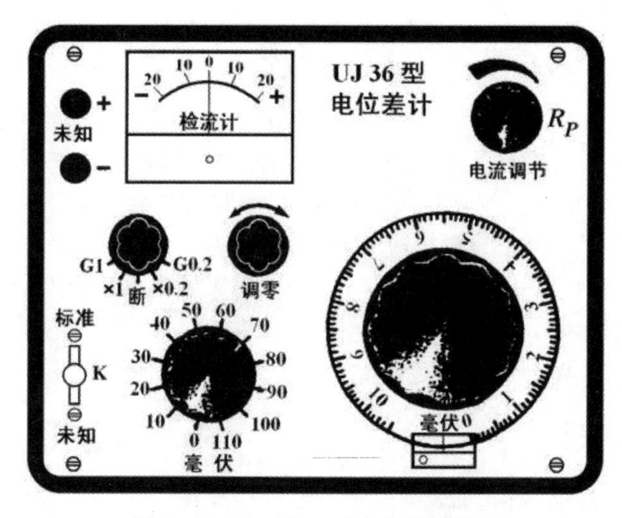

图 5-11-7　UJ36 型电位差计面板

(3)将电键“K”扳向“标准”,调节旋钮“ R_P ”(多圈电位器),使检流计指针指零。

(4)将电键“K”扳向“未知”,调节两个测量盘,使检流计指针再次为零,则两个测量盘读数之和乘上使用倍率等于被测电压值。

(5)倍率开关处于“G1”或“G0.2”时,电位差计中的电流短路,“未知”接线柱可输出标准电动势。

2. 注意事项

(1)测量完毕,倍率开关放在“断”位置,电键“K”应放在中间位置,以切断电源。

(2)分挡测量盘不允许从 0 mV 逆时针旋向 110 mV,也不允许从 110 mV 顺时针旋向 0 mV,否则会损坏仪器。

(3)如发现检流计灵敏度下降,应更换两节 9 V 电池;如调节旋钮“ R_P ”,检流计不能指零,应更换四节 1.5 V 干电池。

第6章 光学实验

在现代科学技术中，光学仪器应用广泛。例如，光学仪器可将图像放大、缩小或记录储存；可以实现不接触的高精度测量；利用光谱仪器可研究原子、分子和固体的结构，测量各种物质的成分和含量等。特别是，由于激光的产生和发展，近代光学和电子技术的密切结合及材料和工艺的革新等，光学仪器在国民经济的各个部门几乎成为不可缺少的工具。

光学仪器的核心部件是它的光学元件，大多是玻璃制品，由于光学性能上的某些要求（如表面光洁度、平行度、折射率和透过率等）使得这些光学元件的机械性能和化学性能均很差，因而极易损坏。最常见的损坏有下列几种：

(1)破损：由于使用者粗心大意，使光学元件受到强烈的撞击（如跌落、震动）或挤压，造成缺损或破裂。

(2)磨损：这是最常见，也是危害性最大的损坏。往往在玻璃表面上附有灰尘等不洁物时，由于处理方法不正确（如用手或布，甚至用纸片去擦），以致玻璃的光学表面留下划痕；也有因使用或保管不善，使光学元件与其他物体发生摩擦，造成光学表面受损伤。磨损将使仪器成像变模糊，严重时甚至不能成像。

(3)污损：手指上的油垢汗渍或不洁的液体造成沉淀，结果在光学表面上留下斑渍。

(4)发霉：由于光学元件所处环境的温度高、湿度大，适宜于微生物的生长而造成发霉。

(5)腐蚀：在光学表面遇到酸、碱等化学物品时产生。

由于以上原因，光学仪器在使用和维护时必须遵守下列规则：

(1)了解仪器的使用方法和操作要求后才能使用仪器。

(2)仪器应轻拿、轻放，勿受震动。

(3)不准用手触摸仪器的光学表面。如必须用手拿某些光学元件（如透镜、棱镜等）时，只能接触非光学表面部分，即磨砂面，如透镜的边缘，棱镜的上下底面等。

(4)光学表面若有轻微的污痕或指印，可用特制的镜头纸轻轻地擦去，不能加压力擦拭。使用的镜头纸应保持清洁，若表面有较严重的污痕、指印等，一般应用乙醚、丙酮或酒精等清洗（镀膜面不清洗）。

(5)光学表面如有灰尘，可用实验室专备的干燥的脱脂软毛笔轻轻掸去，或用专门的橡皮球将灰尘吹去。切不可用其他任何物品揩拭。

(6)除实验规定外，不允许任何溶液接触光学表面。

(7)在暗室中应先熟悉各仪器和元件安放的位置。在黑暗中，摸索仪器时，手应贴着桌子，动作要轻缓，以免碰倒或带落仪器。

(8)仪器用毕，应放回箱内或加罩。

(9)仪器箱内应放置干燥剂，以防仪器受潮和玻璃表面发霉。

(10)光学仪器装配很精密，拆卸后很难复原，因此严禁私自拆卸仪器。

6.1 薄透镜焦距的测定实验

透镜是最常用的光学元件，是构成显微镜、望远镜等光学仪器的基础。焦距是表征透镜成像性质的重要参数。测定焦距不单是一项产品检验工作，更重要的是为光学系统的设计提供依据。学习透镜焦距的测量，不仅可以加深对几何光学中透镜成像规律的理解，而且有助于训练光路分析方法、掌握光学仪器调节技术。

最常用的测焦距方法大都是根据物像关系设计的，如物像法、大小像法、辅助成像法等。

【预习思考题】

(1)什么是光学仪器的等高共轴调节？

(2)透镜成像的物距、像距、焦距之间的关系是什么？

【实验目的】

(1)学会调节光学系统使之共轴。

(2)掌握薄透镜焦距的常用测定方法。

【实验原理】

在近轴条件下，薄透镜的成像公式为

$$\frac{1}{p'}-\frac{1}{p}=\frac{1}{f} \tag{6-1-1}$$

式中，p' 为像距；p 为物距；f 为(像方)焦距。

补充：以透镜为原点，透镜左侧为负，右侧为正。

1. 粗测法

当物距 p 趋向无穷大时，由式(6-1-1)可得 $f=p'$，即无穷远处的物体成像在透镜的焦平面上。用这种方法测得的结果一般只有 1～2 位有效数字，多用于挑选透镜时的粗略估计。

2. 自准直法

如图 6-1-1 所示，在透镜 L 的一侧放置被光源照亮的物屏 AB，在另一侧放置一块平面镜 M。移动透镜的位置即可改变物距的大小。当物距等于透镜的焦距时，物屏 AB 上任一点发出的光经透镜折射后成为平行光；再经平面镜反射，反射光经透镜折射后重新汇聚。由透镜成像公式可知，汇聚光线必在透镜的焦平面上成一个与原物大小相等的倒立的实像。此时，只需测出透镜到物屏的距离，便可得到透镜的焦距。该方法主要用于透镜与物屏之间距离的测量，其结果可以有 3 位有效数字。

3. 二次成像法

若保持物屏与像屏之间的距离 D 不变且 $D>4f$，沿光轴方向移动透镜，可以在像屏上观察到二次成像：一次成放大的倒立实像，一次成缩小的倒立实像，如图 6-1-2 所示。在二次成像时透镜移动的距离为 L，则不难得到透镜的焦距为

$$f=\frac{D^2-L^2}{4D} \tag{6-1-2}$$

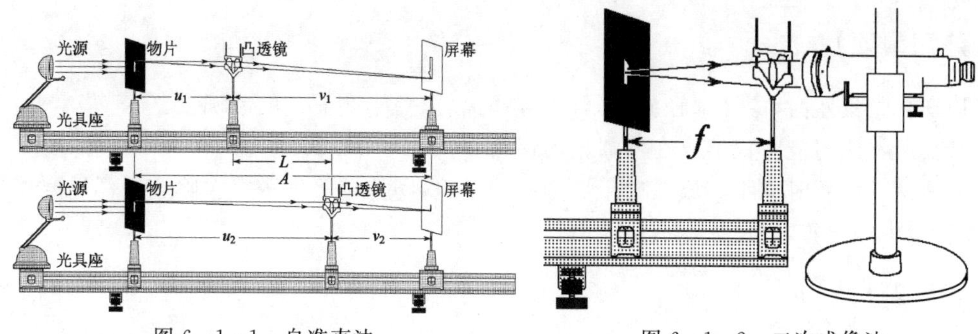

图6-1-1　自准直法　　　　图6-1-2　二次成像法

4. 凹透镜焦距的测量

上述3种方法要求物体经透镜后成实像，适用于测量凸透镜的焦距，而不适于测量凹透镜的焦距。为了测量凹透镜的焦距，常用一个已知焦距的凸透镜与之组合成为透镜组，物体发出的光线通过凸透镜后汇聚，再经凹透镜后成实像，如图6-1-3所示。

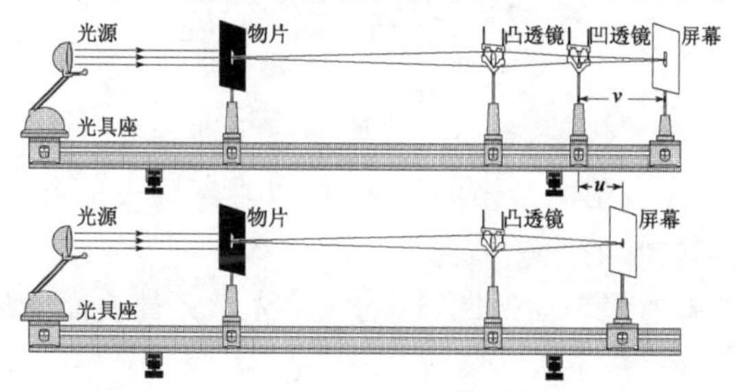

图6-1-3　凸透镜焦距的测量方法

若令 $S_2(S_2>0)$ 为虚物的物距，$S'_2(S'_2>0)$ 为像距，则凹透镜的焦距为

$$\frac{1}{S'_2}-\frac{1}{S_2}=\frac{1}{f'_2}\Rightarrow f'_2=\frac{S_2S'_2}{S_2-S'_2} \tag{6-1-3}$$

【实验仪器】

光具座、汇聚透镜、发散透镜、物屏、白屏、平面反射镜、尖头棒、指针、光源。

【实验内容和步骤】

1. 测量凸透镜的焦距

(1)粗测凸透镜的焦距。

(2)用自准直测法测量凸透镜的焦距。

(3)通过测量物距、像距求凸透镜的焦距。

(4)用二次成像法测量凸透镜的焦距。

2. 测量凹透镜的焦距

说明：实验内容中的(2)、(3)、(4)需要重复多次测量。

【注意事项】

(1)安装光具座时,应轻拿轻放,不要相互碰撞,以免影响测量的准确度。

(2)长期不用时应将仪器放在仪器箱内保管。

(3)透镜不使用时应将其放在有干燥剂的箱子里,防止透镜发霉。去除透镜污垢要用专用纸或专用镜头擦湿布,以免损坏透镜表面。

【思考题】

(1)能否用上述方法测量厚透镜的焦距或透镜组的焦距?

(2)自准直法测量凸透镜焦距时,如何判断物屏上所成的像是透镜的自准直像?

(3)实验中应如何调节透镜,使主光轴与光具座刻度尺平行,并使物平面与主光轴垂直?

(4)设计一个利用自准直法测量凹透镜焦距的实验。

6.2 牛顿环实验

在光学上,牛顿环也称为牛顿圈,是一个等厚薄膜干涉现象。将一块平凸透镜凸面朝下放在一块平面透镜上,将单色光直射向凸镜的平面,可以观察到一个个明暗相间的圆环条纹。若使用白光,则可以观察到彩虹状的圆环彩色条纹。

牛顿环装置常用来检验透镜表面凸凹,精确检验光学元件表面质量,测量透镜表面曲率半径和液体折射率等。

【预习思考题】

(1)牛顿环干涉条纹形成在哪个面上(即定域在何处)?

(2)实验中为什么不测量牛顿环的半径,而是测量直径?

(3)使用读数显微镜时,如何才能避免引入螺距差和视差?

(4)叉丝的交叉点没有通过环心时,测出的不是直径而是弦长,这对测量结果有影响吗?

【实验目的】

(1)观察牛顿环干涉现象,并利用牛顿环来测定凸面玻璃的曲率半径。

(2)学会读数显微镜的使用,了解回避螺距差的方法。

【实验原理】

将一曲率半径 R 很大的平凸透镜的凸面放在平玻璃的上面,如图 6-2-1 所示,则它们之间形成类似于劈尖的空气薄层。如果对平凸透镜向下垂直入射单色光 λ,入射光被空气薄层的上、下表面反射回来时互相干涉,出现明、暗相间的干涉条纹,这是等厚干涉的一个特例。由于空气薄层的厚度随着半径的增加而增加,所以,干涉条纹是明、暗相间的圆环,并且随着半径的增加而越来越密。这种现象首先被牛顿发现,所以称为牛顿环。本实验观察反射光形成的干涉条纹,通过显微镜镜筒从上向下观察,基本特征是:中心为暗斑,干涉级 $k=0$。

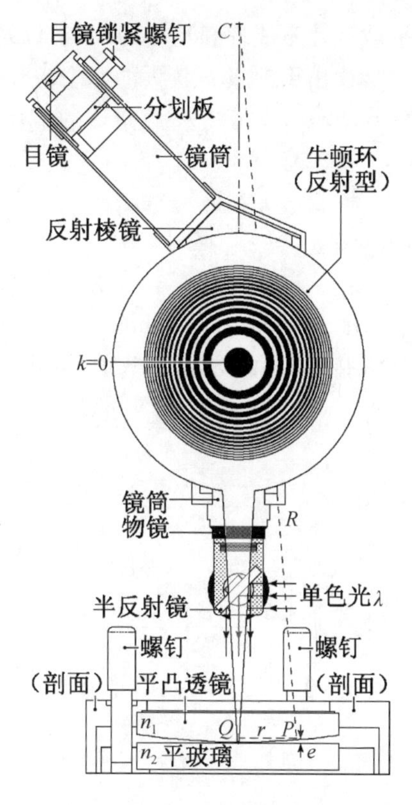

图 6-2-1　牛顿环光路

考虑到在下界面反射时有半波损失 $\frac{\lambda}{2}$，当光线垂直入射时，总光程差由薄膜干涉公式得

$$\delta=2ne+\frac{\lambda}{2} \tag{6-2-1}$$

式中，e 为空气薄层的厚度；λ 为入射光的波长；空气的折射率为 $n=1$，根据干涉条件有

$$\text{明条纹：}\delta=k\lambda,k=1,2,3\cdots \tag{6-2-2a}$$

$$\text{暗条纹：}\delta=k\lambda+\frac{\lambda}{2},k=0,1,2,3\cdots \tag{6-2-2b}$$

在图 6-2-1 中，C 是平凸透镜凸面的球心，CPQ 是直角三角形，所以

$$R^2=r^2+(R-e)^2$$

因为 $R\gg e$，上式展开后，e^2 忽略不计，于是

$$e=\frac{r^2}{2R} \tag{6-2-3}$$

由式(6-2-1)、式(6-2-2a)、式(6-2-2b)和式(6-2-3)可得

$$\text{明条环：}r^2=\left(k-\frac{1}{2}\right)R\lambda,k=1,2,3\cdots \tag{6-2-4a}$$

$$\text{暗条环：}r^2=kR\lambda,k=1,2,3\cdots \tag{6-2-4b}$$

利用上面的两个公式，如果已知入射单色光波长 λ，再用读数显微镜测量暗环的半径 r，即可求得曲率半径 R。这种测定曲率半径的方法，在 R 很大时特别方便。

实际上，由于平凸透镜与平玻璃片不能理想地相切一点，以及它们之间的接触因有压力而产生畸变，所以比较精确的方法是读出干涉级 k 较大的两个暗环的直径差。

若以 r_n 表示第 n 级暗环的半径，r_m 表示第 m 级暗环的半径（$m>n$），分别以 n、m 代入式（6-2-4b）中的 k，有

$$r^2 = nR\lambda, r^2 = mR\lambda$$

两式相减，并考虑到暗环的直径 $d = 2r$，有

$$R = \frac{r_m^2 - r_n^2}{(m-n)\lambda} = \frac{(d_m - d_n)(d_m + d_n)}{4(m-n)\lambda} \tag{6-2-5}$$

为了减少误差，m 与 n 不宜太接近，我们选定 $m - n = 5$ 进行测量和计算

$$R_1 = \frac{(d_{11} - d_6)(d_{11} + d_6)}{20\lambda}$$

$$R_2 = \frac{(d_{12} - d_7)(d_{12} + d_7)}{20\lambda} \tag{6-2-6}$$

$$\vdots$$

$$R_5 = \frac{(d_{15} - d_{10})(d_{15} + d_{10})}{20\lambda}$$

当然，也可用明环进行类似计算，但因暗环容易对准，故测暗环较好。

【实验仪器】

牛顿环装置、读数显微镜（使用方法见附注）、钠光灯（橙色，$\lambda_{钠} = 5893$ Å）。

【实验内容和步骤】

（1）将牛顿环装置放在白光下，用肉眼观察牛顿环的干涉条纹（注意是什么颜色）。

（2）开启钠光光源，在黄色钠光下，再用肉眼观察牛顿环的干涉条纹（注意是什么颜色）。看到牛顿环后，移动牛顿环装置，使牛顿环落在显微镜筒的正下方。若牛顿干涉条纹的中心不为暗点可用玻璃旁螺丝调节，但不能太紧，否则黑斑太大，而且不准确。

（3）调节显微镜的目镜，使十字叉丝成像清楚，并使叉丝之一与显微镜的标尺垂直。如果镜筒内太暗（视场亮度不足），可以转动目镜下的 45°半反射镜或调节牛顿环装置的倾斜角。转动镜筒升降旋钮，使显微镜对准牛顿环的干涉条纹，此时可观察到清楚的牛顿环。移动牛顿环装置，使环的中点处于十字叉丝的交叉点上。转动读数显微镜的手轮，看十字叉丝的交点能否达到第 15 级暗环的左、右两侧，若某一方向达不到，则要移动牛顿环装置。

（4）为了提高测量结果的准确性，本实验采用逐差法处理数据。首先转动手轮，使十字叉丝先超过第 15 级暗环，然后再退回到第 15 级（为什么要这样做），并对准第 15 级暗环，读出标尺和手轮的读数。再沿同一方向转动手轮，依次测量第 14 级暗环，第 13 级暗环……第 6 级暗环的读数，中途绝对不可倒转！继续转动手轮，使十字叉丝经过干涉条纹的圆心，再测出另一边第 6 级，第 7 级暗环……第 15 级暗环的读数（靠近中心的干涉条纹，因形变较大，放弃不要）。

（5）按要求进行数据处理。

（6）观察白光牛顿环并解释。

【注意事项】

(1)整个测量过程中,仪器位置不能搬动!

(2)目镜中的十字叉丝的竖线应对准被测牛顿环,横线和镜筒的移动方向平行。

(3)使用读数显微镜时,为了避免引入螺距差,手轮必须向同一方向旋转,中途绝对不可改变旋转方向,至于从右向左或是从左向右测量都可以。

【数据记录及处理】

实验数据记入表 6-2-1 中。

表 6-2-1　牛顿环实验数据

读数显微镜号码:

暗环级数	左方读数/mm	右方读数/mm	直径/ mm
15			$d_{15}=$
14			$d_{14}=$
13			$d_{13}=$
12			$d_{12}=$
11			$d_{11}=$
10			$d_{10}=$
9			$d_{9}=$
8			$d_{8}=$
7			$d_{7}=$
6			$d_{6}=$

$R_1=$ ________;$R_2=$ ________;$R_3=$ ________;$R_4=$ ________;$R_5=$ ________;平均值 $\overline{R}=$ ________;标准误差 $\sigma_{\overline{R}}=\sqrt{\dfrac{1}{5\times(5-1)}\sum_{i=1}^{5}(R_i-\overline{R})^2}=$ ________;最后结果 $R=\overline{R}\pm\sigma_{\overline{R}}=$ ________;$E=\dfrac{\sigma_{\overline{R}}}{R}\times 100\%=$ ________。

【问题讨论】

(1)计算 R 时,用 $d_{15}-d_{14}$, $d_{14}-d_{13}$ …来组合行吗?如果这样对结果有何影响?用逐差法处理数据有何条件?有何优点?

(2)透射光能否形成干涉条纹?如果能,与反射光形成的干涉条纹有何不同?

(3)假如平面玻璃板上有微小的凸起,则凸起处空气薄膜厚度减小,导致干涉条纹发生畸形。试问这时的牛顿环将局部内凹还是局部外凸?为什么?

【附注】

读数显微镜

读数显微镜(又称为测距显微镜)侧视图和镜筒结构图如图 6-2-2 所示,俯视图可参考

图 6-2-3(未画出底座和立柱)。镜筒可以用镜筒升降旋钮升降,用手轮左右移动(垂直于纸面移动),并且从标尺上读出镜筒的坐标;镜筒下的 45°半反射镜是玻璃做的,可以将从右边入射的光线向下反射,反射到牛顿环装置上,又不影响观察者通过镜筒从上向下观察。镜筒、手轮和横梁可以整体前后移动(在纸面左右移动),并且用横梁锁紧旋钮锁紧,也可以整体升降和转动,并且用立柱锁紧旋钮锁紧。注意,读数显微镜的底座是铸铁做的,很重!

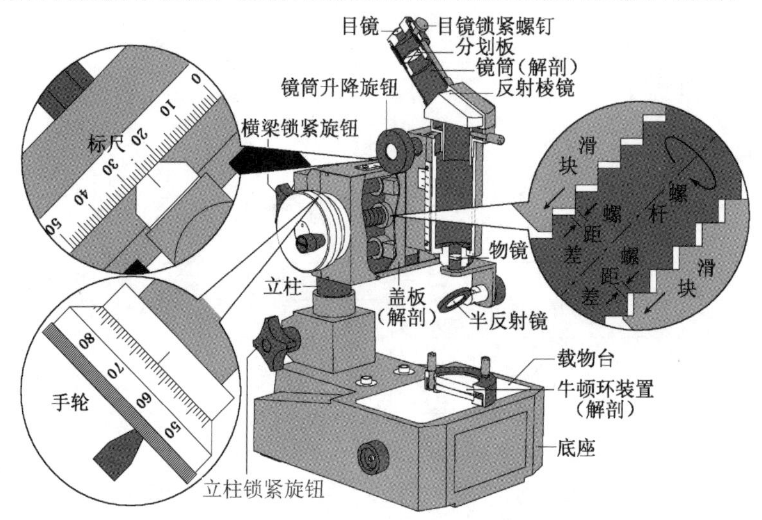

图 6-2-2　读数显微镜侧视图和镜筒结构

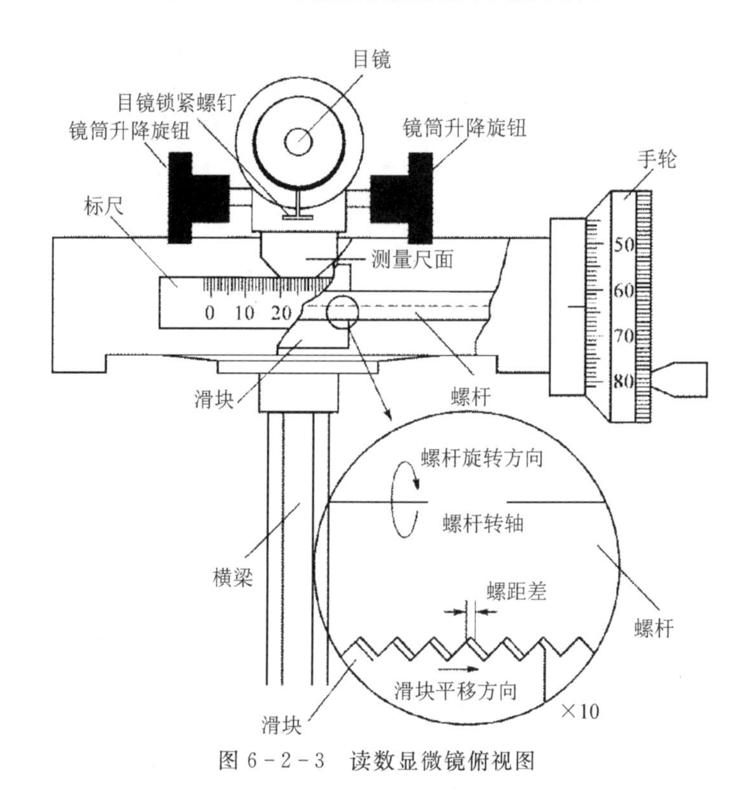

图 6-2-3　读数显微镜俯视图

镜筒内有分划板,分划板上刻有十字叉线,分划板与目镜的距离略小于目镜的焦距,分划板通过目镜可以在下方形成放大的正立虚像，转动目镜，即改变目镜与分划板的距离，就可以改变这个虚像的位置。当这个虚像与观察者眼睛的距离正好等于观察者的明视距离时（约25 cm，因人而异，稍有差别），观察者就能看清楚分划板上的十字叉线。然后整体升降镜筒，改变被观察的物体与物镜的距离。当被观察的物体通过物镜成的倒立实像正好成像在分划板上时，观察者就能看清楚被观察的物体了。

特别需要指出，光学仪器观察物体的基本原理都是这样的，物镜、目镜、分划板是光学仪器观察物体的部分必不可少的3个元件。其中，虽然分划板在镜筒内不太引人注意，但是分划板与倒立实像的相对位移却是测量工作的技术基础。

读数显微镜的读数部分与螺旋测微计类似，标尺的长度为50 mm，手轮圆周上刻成100小格。手轮每旋转一周，套在螺杆外的滑块移动1 mm，镜筒由于与滑块连接在一起，也相应地移动1 mm。所以，手轮上每一小格对应镜筒0.01 mm的移动，再估读一位，可以读到0.001 mm。如图6-2-3所示（局部解剖图和放大）的读数为24.637 mm，其中24 mm从标尺上读出，0.637 mm从手轮上读出。

读数显微镜是一种精密光学仪器，使用时应小心。转动旋钮，不得用力过猛；仪器上各个镜头不可用手触摸或用其他粗糙的东西摩擦。同时，本实验应特别注意以下几点：

(1)当眼睛注视着目镜，准备用镜筒升降旋钮对被观察物体进行观察前，应该先使物镜接近被观察物体，然后使镜筒慢慢向上移动，这就避免了两者相碰的危险。

(2)十字叉丝的一条应该对准被观察物体，另一条与镜筒的移动方向平行。

(3)由于滑块和螺杆之间存在间隙，在进行测量时，手轮只能向一个方向旋转，也就是显微镜镜筒只能向一个方向移动；否则，手轮改变旋转方向时，手轮和螺杆转动，读数相应地变化，而滑块和显微镜镜筒并不移动，会产生很大的测量误差。这种误差称为螺距差。

6.3　分光计的调整和光栅衍射实验

分光计是一种常用的光学仪器，实际上是一种精密的测角仪。在几何光学实验中，分光计主要用来测定棱镜角、光束的偏向角等；而在物理光学实验中，分光计加上分光元件（棱镜、光栅）即可作为分光仪器，用来观察光谱，测量光谱线的波长等。

衍射光栅是利用多缝衍射原理使光波发生色散的光学元件，它实际上是由一组等宽、等距、平行排列的多狭缝（或刻痕）所组成的。一般光栅上每毫米刻有几百至几千条刻痕。光栅一般分为两类：一类是利用透射光衍射的光栅，称为透射光栅；另一类是利用两刻痕间的反射光进行衍射的光栅，称为反射光栅。本实验选用的是透射式平面光栅。由于光刻光栅制造困难，价格昂贵，所以常用的是复制光栅和全息光栅，本实验中使用的是全息光栅。

【预习思考题】

(1)分光计主要有哪几个部分？各部分的主要作用是什么？
(2)分光计有哪些调节要求？调节的步骤是什么？
(3)为什么分光计要有两个游标刻度？计算角度时应注意些什么？
(4)什么是光栅衍射？光栅衍射条纹的特点是什么？

【实验目的】

(1)了解分光计的构造和原理,学会调节分光计。

(2)利用已知波长的单色光测量光栅常数。

(3)利用光栅和已知的光的波长,测量未知的光的波长。

【实验原理】

光学性质在空间周期性变化的光学元件中都可以看成光栅。狭义的光栅是由许多等间距的狭缝排列组成。当光入射时,通过每个狭缝的光都会衍射,各狭缝之间又存在干涉,经透镜(物镜)汇聚,在焦平面的分划板上形成一组亮线,称光栅的衍射谱线,又称明条纹,通过目镜可以观察到。

如图 6-3-1 所示,用单色平面光垂直入射光栅,焦平面上明条纹分布规律为

$$d\sin\theta_k = k\lambda,\qquad k=0,\pm 1,\pm 2\cdots \tag{6-3-1}$$

式(6-3-1)称为光栅方程。式中,d(或者它的倒数)是光栅常数;λ 是入射光波长;k 是明条纹衍射级;θ_k 是相应的明条纹的衍射角。用分光计测量 θ_k,即可计算 d(或者它的倒数)。

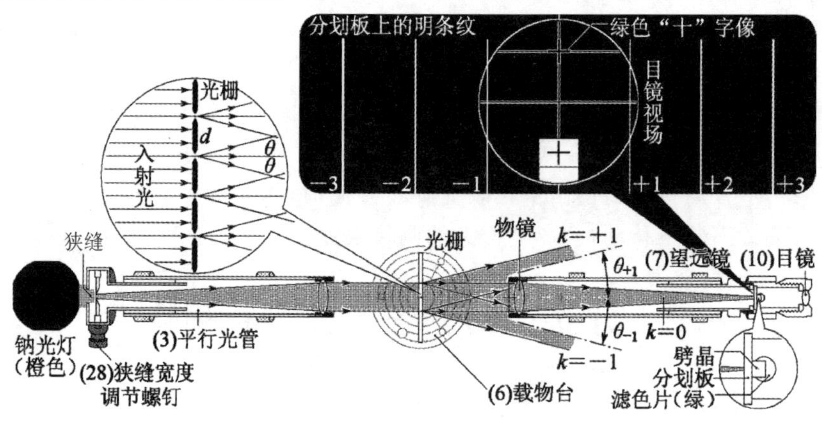

图 6-3-1 光栅衍射(俯视)

【实验仪器】

JJY 型分光计、全息光栅、钠光灯(橙色)、手持照明放大镜。

分光计是精确测定光线偏向角度的光学仪器,结构如图 6-3-2 所示,望远镜剖面图如图 6-3-4、图 6-3-6 所示,平行光管剖面图如图 6-3-1、图 6-3-6 所示。

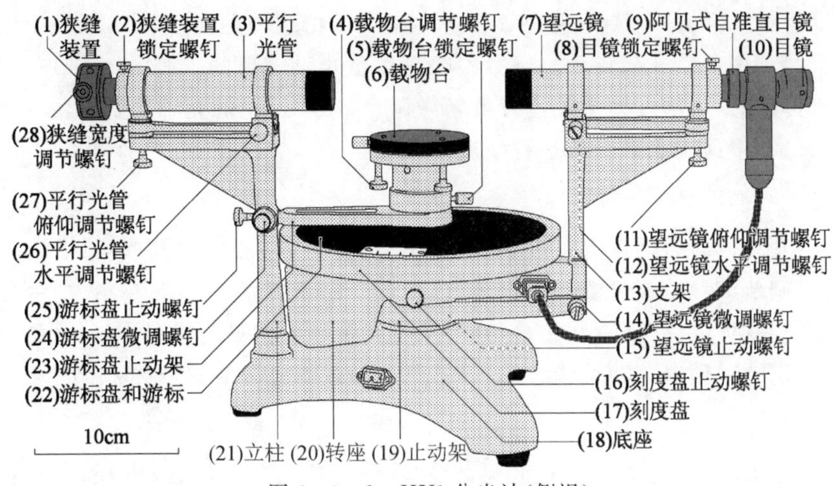

图6-3-2 JJY1分光计(侧视)

1. 底座及测角系统

在(18)底座的中央有中心轴,(17)刻度盘和(22)游标盘套在中心轴上,可绕中心轴旋转。刻度盘上每一格刻度线的刻度值为0.5°,即30′。(22)游标盘上沿直径方向有两个的游标,游标上每格代表1′。测量时,读出(17)刻度盘和(22)游标盘上相应的左、右读数,取平均值,可以消除因中心轴偏心引起的误差。游标的30格等于刻度盘的29格(即14.5°),原理与游标卡尺相同。如图6-3-3所示的读数分别为141°16′和141°46′。

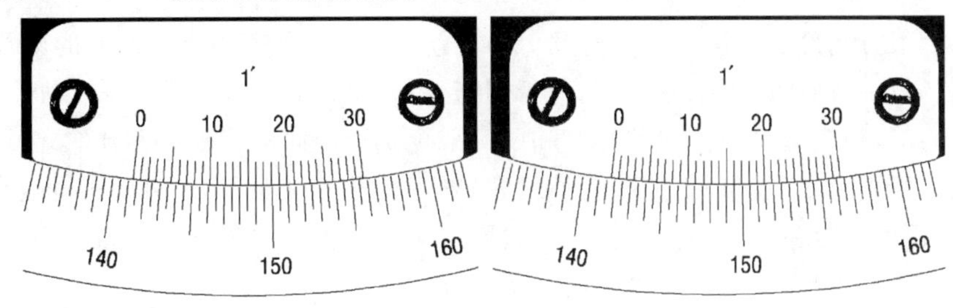

图6-3-3 游标读数

2. 平行光管

(3)平行光管右边有一个凸透镜,左边的(1)狭缝装置可沿光轴移动和转动,狭缝宽度可由(28)狭缝宽度调节螺钉来调节,范围为0.02～2 mm,注意不要把狭缝调得太紧,以免损伤狭缝刀口。如果狭缝正好落在凸透镜的焦平面上,由狭缝射出的光经凸透镜汇聚成平行光。(3)平行光管安装在(21)立柱上,可以通过(26)平行光管水平调节螺钉、(27)平行光管俯仰调节螺钉微调光轴位置。

3. 望远镜

(9)阿贝式自准直目镜可以沿光轴在(7)望远镜的镜筒内移动和转动,并用(8)目镜锁定螺钉锁定。当灯泡点亮时,适当调节(10)目镜,可以从(10)目镜中清晰地看到分划板。分划板上刻有“十”字刻线(图6-3-4),有一个小劈晶贴在分划板下方,劈晶下方有绿色的滤色片。(7)望远镜安装在(13)支架上。(13)支架与(20)转座固定在一起,(17)刻度盘套在它们上面。

松开(16)刻度盘止动螺钉,(20)转座与(17)刻度盘可以相对转动,旋紧(16)刻度盘止动螺钉,(20)转座与(17)刻度盘就一起转动。旋紧(16)刻度盘止动螺钉时,(19)止动架右端的(14)望远镜微调螺钉可以对(7)望远镜主轴进行旋转微调。(7)望远镜的光轴位置可由(11)望远镜俯仰调节螺钉和(12)望远镜水平调节螺钉来调节。

4. 载物台

(6)载物台套在(22)游标盘上,可以绕中心主轴旋转。旋紧(5)载物台锁定螺钉和(25)游标盘止动螺钉,调节(24)游标盘微调螺钉,可以微调(22)游标盘。由于(6)载物台套在(22)游标盘上,两者联动就可以调节(6)载物台与(3)平行光管和的相对角位置。(6)载物台可升降并由(5)载物台锁定螺钉锁定,(6)载物台的水平可由(4)载物台调节螺钉(共三个)来调节。

5. 照明部分

变压器(未画出)可以提供6.3 V电源,分别输到手持照明灯(未画出)和(18)底座上的插座,(18)底座上的插座从分光计内部连接到(13)支架上的插座,再连接到(9)阿贝式自准直目镜下方内部的灯泡。

6. 附件

附件主要有双面镜、三棱镜、光栅、光栅底座、存储木箱、干燥剂等。

【实验内容和步骤】

1. 粗调

接通目镜下方内部的灯泡。轻轻转动(10)目镜,看清楚目镜内分划板上的刻线和分划板下方的劈晶(绿色),刻线应当水平和垂直,否则需要松开(8)目镜锁定螺钉,转动(9)阿贝式自准直目镜;检查(11)望远镜俯仰调节螺钉和(27)平行光管俯仰调节螺钉上升的幅度应当适当,使望远镜和平行光管水平,(1)狭缝装置伸出(3)平行光管的幅度和(9)阿贝式自准直目镜伸出(7)望远镜的幅度应当在1 cm左右;松开(15)望远镜止动螺钉(在游标盘的右下方),转动(13)支架,目测(7)望远镜与(3)平行光管在同一条直线上。

2. 自准法调节望远镜与载物台的旋转轴垂直(选做)

双面镜是两个双面都能反光的光学级反光镜,装在金属框内,放在(6)载物台的中心,可以反射分划板下方的劈晶发出的绿色“十”字。首先,调节(4)载物台调节螺钉(共三个),使载物台大致水平,将双面镜放在(6)载物台中心,通过(10)目镜可以看到被反射回来的绿色“十”字像,如果不清晰,松开(8)目镜锁定螺钉,推拉(9)阿贝式自准直目镜,待绿色“十”字像清晰,就可以确定分划板在物镜的焦平面上了,即望远镜对准无限远。如果(7)望远镜与(6)载物台的旋转轴垂直,根据几何光学知识可以确定,通过(10)目镜可以看到反射回来的绿色“十”字像与分划板上的刻线重合,与劈晶上的绿色“十”字上下对称,如图6-3-4所示。如果双面镜上仰,反射回来的绿色“十”字像将偏高,松开(5)载物台锁定螺钉,将(6)载物台旋转180°后,双面镜将下俯,被双面镜另一面反射回来的绿色“十”字像将偏低;如果(7)望远镜上仰,反射回来的绿色“十”字像将偏高,松开(5)载物台锁定螺钉,将(6)载物台旋转180°后,被双面镜另一面反射回来的绿色“十”字像将仍然偏高,反之,如果(7)望远镜下俯,反射回来的绿色“十”字像在(6)载物台旋转180°前后始终偏低。因此,旋转(6)载物台,记住两次反射回来的绿色“十”字像的高、低位置，调节(4)载物台调节螺钉(共三个)，使反射回来的绿色“十”字像的高度位于刚才的高、低位置的中间高度，这时可以确定双面镜的两个反光面与(6)载物台的旋转轴平行(思考原因)，然后调节(11)望远镜俯仰调节螺钉，使反射回来的绿色“十”字像与分划板的上横线重合，如图6-3-4所示，这时可以确定(7)望远镜与(6)载物台的旋转轴垂直(思考原因)。

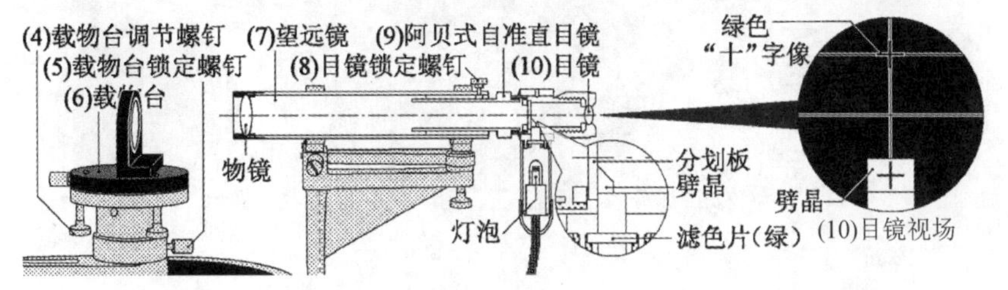

图6-3-4 自准法调节望远镜与载物台的旋转轴垂直(侧视、解剖)

3. 调节望远镜和平行光管在同一条直线上(选做)

取下双面镜，通过(10)目镜观察狭缝，如果狭缝不清晰，松开(2)狭缝装置锁定螺钉，前后推拉(1)狭缝装置，狭缝清晰后锁定(2)狭缝装置锁定螺钉，但不能调节(9)阿贝式自准直目镜，因为在上一步的调节中，分划板已经调节到了物镜的焦平面上了，即望远镜已经对准无限远。然后松开(15)望远镜止动螺钉，转动(13)支架，狭缝与分划板的竖线大致重合后，锁定(15)望远镜止动螺钉，微调(14)望远镜微调螺钉，使狭缝与分划板竖线准确重合，如图6-3-5(左)所示，这说明平行光管和望远镜已经在同一个垂直面内；然后，松开(2)狭缝装置锁定螺钉，将(1)狭缝装置旋转90°，调节(27)平行光管俯仰调节螺钉，但不能动(11)望远镜俯仰调节螺钉，因为在上一步的调节中(7)望远镜与(6)载物台的旋转轴已经调到垂直，而(6)载物台的旋转轴是无法调节的。当狭缝与分划板中间的横线准确重合，如图6-3-5(右)所示，说明望远镜和平行光管已经在同一水平面内，所以望远镜和平行光管已经在同一直线。最后将(2)狭缝装置锁定螺钉锁定。

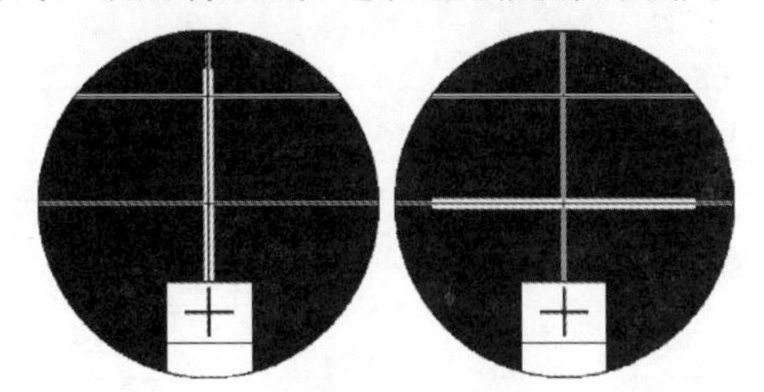

图6-3-5 调节望远镜和平行光管在同一条直线上

4. 调节光栅与望远镜垂直

用光栅代替双面镜，放在(6)载物台的中心，光栅光面朝向(7)望远镜，胶面朝向(3)平行光管。因光面反光，当(9)阿贝式自准直目镜下方内部的灯泡点亮后，仔细转动光栅的左右方向，用(4)载物台调节螺钉(共三个)调节俯仰，从而找到从光栅光面反射回来的绿色“十”字像。这一步比较困难，需要非常细心！然后通过微调(4)载物台调节螺钉和(24)游标盘微调螺钉，使绿色“十”字像和分划板上方的十字线重合，与图6-3-4的(10)目镜视场完全相同，整个过程不能调节望远镜和平行光管的俯仰，因为望远镜和平行光管在上一步骤已经调好。这样可以确认光栅平面与平行光管垂直了。

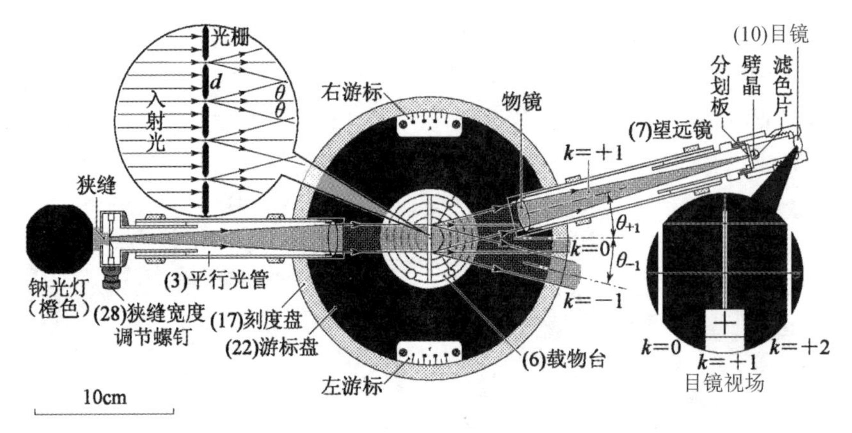

图 6-3-6　测量(俯视)

5. 测量

松开(15)望远镜止动螺钉，用(3)平行光管发出的光垂直照射光栅，转动(7)望远镜，观察中央明条纹和±1、±2…级衍射条纹。将(7)望远镜对准中央明条纹右边的第二级 $k=+2$ 条纹，俯视如图 6-3-6 所示(未画出±2、±3…等高级衍射光束)，当分划板上的竖线与衍射条纹基本重合时，锁定(15)望远镜止动螺钉，微调(14)望远镜微调螺钉，记录 $k=+2$ 级条纹的角坐标 θ_{+2}，包括左游标读数和右游标读数两个数据。然后，依次测量 $k=+1$、-1、-2 级的角坐标。共要求做两次测量。

【数据记录及处理】

光栅衍射实验数据及处理见表 6-3-1。

表 6-3-1　光栅衍射实验数据及处理

钠光波长 $\lambda=5893$ Å

		第一次测量		第二次测量	
		左游标读数	右游标读数	左游标读数	右游标读数
$k=\pm1$	$k=+1$ 级角坐标 θ_+				
	$k=-1$ 级角坐标 θ_-				
	$\lvert\theta_+-\theta_-\rvert$				
	$\theta_1=\lvert\theta_+-\theta_-\rvert/2$				
	平均 $\overline{\theta}_1$				
$k=\pm2$	$k=+2$ 级角坐标 θ_+				
	$k=-2$ 级角坐标 θ_-				
	$\lvert\theta_+-\theta_-\rvert$				
	$\theta_2=\lvert\theta_+-\theta_-\rvert/2$				
	平均 $\overline{\theta}_2$				

$$\overline{(a+b)_1}=\frac{\lambda}{\sin\overline{\theta}_1}=\qquad\qquad \text{mm}$$

$$\overline{(a+b)_2}=\frac{2\lambda}{\sin\theta_2}=\qquad\text{mm}$$

平均：$\overline{(a+b)}=\qquad$ mm

$$\frac{1}{\overline{(a+b)}}=\qquad \text{线 / mm}$$

6.4　分光计测量棱镜折射率实验

折射率为一光学常数，它表示光在介质中传播时，介质对光的一种特征。折射率是反映透明介质材料光学性质的一个重要参数。在分光计上用最小偏向角法测量棱镜的折射率可以达到较高的精度，所测折射率的大小不受限制。同时最小偏向角法还可以用来测定光栅常数。因此，学习和掌握三棱镜最小偏向角的测量原理和方法有很大的实用意义。

【预习思考题】

(1)何谓最小偏向角？实验中如何确定最小偏向角的位置？

(2)找最小偏向角的方法是什么？如何判断找到的正好是最小偏向角？

【实验目的】

(1)利用分光计测量棱镜的折射率。

(2)熟练掌握分光计的调节技术。

【实验原理】

三棱镜是三角形的厚玻璃，AB 和 AC 面磨光，BC 面磨毛(见图 6-4-1)。当光线沿 P 在 AB 面上入射时，由于玻璃的折射，出射光将要发生偏折，沿 P' 方向在 AC 面出射。P 和 P' 之间的夹角 δ 为光线的偏向角，即

$$\delta=(i_1-i_1')+(i_2'-i_2) \tag{6-4-1}$$

当顶角 α 一定时，偏向角 δ 的大小随入射角 i_1 的不同而不同。可以证明(从略)，当 $i_1=i_2'$ 时，偏向角 $\delta=\delta_{\min}$ 为最小，此时

$$i_1'=i_2=\frac{\alpha}{2} \tag{6-4-2}$$

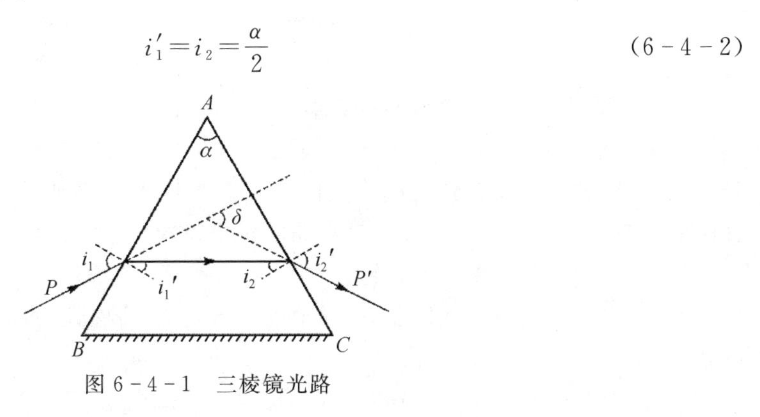

图 6-4-1　三棱镜光路

因此，$\delta_{\min}=2i-\alpha$，即

$$i_1=\frac{1}{2}(\delta_{\min}+\alpha) \tag{6-4-3}$$

将式(6-4-2)和式(6-4-3)代到入射面 AB 的折射定律 $\sin i_1=n\sin i'_1$ 可得

$$n=\frac{\sin\frac{\alpha+\delta_{\min}}{2}}{\sin\frac{\alpha}{2}} \tag{6-4-4}$$

由此可见，要求棱镜材料的折射率 n，必须测出顶角 α 和最小偏向角 $\delta_{\min}$。

【实验仪器】

JJY 型分光计、三棱镜、钠光灯。

【实验内容和步骤】

1. 调节分光计

阅读实验 6.3 有关分光计调节的部分，按要求调好分光计，打开钠光灯。

2. 测量棱镜顶角

将三棱镜放到载物台上，使入射光通过三棱镜的顶点。移动望远镜，可在棱镜的两个反射面观察到狭缝的像。将望远镜对准其中的一束反射光，测出角坐标 $\varphi'_{左}$ 和 $\varphi'_{右}$（见图 6-4-2）；然后将望远镜对准另一束反射光，测出角坐标 $\varphi'_{左}$ 和 $\varphi'_{右}$。从几何关系得，棱镜顶角 $\alpha=\frac{1}{2}|\varphi_{左}-\varphi'_{左}|$ 和 $\alpha=\frac{1}{2}|\varphi_{右}-\varphi'_{右}|$。重复测量 2 次，得到棱镜顶角 α 的 4 个值，求平均值。（在此，入射光是否一定要垂直底面？）

注：下标“左”“右”表示左游标和右游标。

3. 测量最小偏向角

（1）参照本章实验 6.3 中的分光计结构图 6-3-2，用钠光灯照明平行光管的狭缝，从平行光管发出的平行光束经过棱镜的两个光学面而偏折一个角度。

（2）参照本章实验 6.3 中的分光计结构图 6-3-2，放松(15)望远镜止动螺钉，转动望远镜，找到平行光管的狭缝像；放松(25)游标盘止动螺钉，慢慢转动载物台，开始从望远镜看到的狭缝像沿某一方向移动，转动望远镜跟踪这个像，当载物台转到某一个位置，可以看到狭缝像刚刚开始向相反方向移动。此时的棱镜位置就是平行光束以最小偏向角出射的位置。

（3）紧锁(25)游标盘止动螺钉。

（4）利用微调机构精确调整，使分划板的十字线精确地对准狭缝。

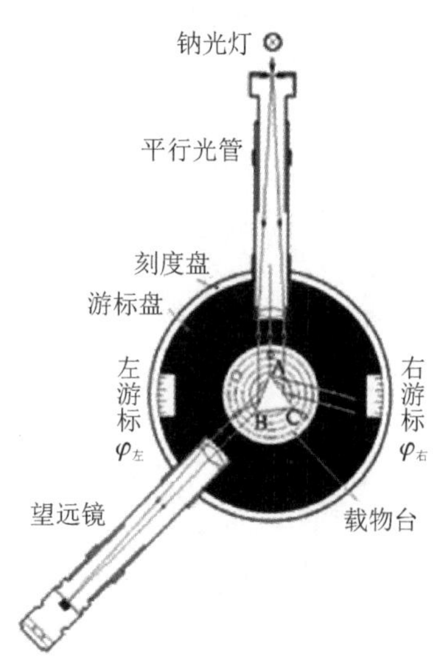

图 6-4-2　三棱镜放置于载物台

（5）记下对径方向左游标和右游标的读数 $\theta_{左}$ 和 $\theta_{右}$。

(6)取下棱镜,放松(15)望远镜止动螺钉,转动望远镜,使望远镜直接对准平行光管,然后旋紧(15)望远镜止动螺钉,对望远镜进行微调,使分划板的十字线精确地对准狭缝。

(7)记下对径方向上左游标和右游标的读数 $\theta'_{左}$ 和 $\theta'_{右}$,最小偏向角 $\delta_{\min}$ 等于 $|\theta_{左}-\theta'_{左}|$ 和 $|\theta_{右}-\theta'_{右}|$。

(8)重复测量 2 次,得到最小偏向角 $\delta_{\min}$ 的 4 个值,求平均值。

4. 求折射率

将顶角 α 与最小偏向角 $\delta_{\min}$ 代入式(6-4-3),求出该三棱镜对钠光的折射率。

【数据记录及处理】

1. 测量棱镜顶角 α(数据记录于表 6-4-1 中)

$\alpha=\dfrac{1}{2}|\varphi_{左}-\varphi'_{左}|$,$\alpha=\dfrac{1}{2}|\varphi_{右}-\varphi'_{右}|$。

表 6-4-1　测量棱镜顶角实验数据

次数	望远镜读数						平均值 $\overline{\alpha}$
	$\varphi_{左}$	$\varphi'_{左}$	α	$\varphi_{右}$	$\varphi'_{右}$	α	
1							
2							

2. 测量最小偏向角 $\delta_{\min}$(数据记录于表 6-4-2 中)

$\delta_{\min}=|\theta_{左}-\theta'_{左}|$,$\delta_{\min}=|\theta_{右}-\theta'_{右}|$。

表 6-4-2　测量最小偏向角实验数据

次数	望远镜读数						平均值 $\overline{\delta}_{\min}$
	$\theta_{左}$	$\theta'_{左}$	$\delta_{\min}$	$\theta_{右}$	$\theta'_{右}$	$\theta_{\min}$	
1							
2							

3. 由式(6-4-4)求出三棱镜折射率

【问题讨论】

(1)本实验是用入射光照射棱镜顶角 A 来测出顶角的角度 ν_0 的,能否直接用望远镜分别垂直对准棱镜的两个磨光面(见图 6-4-1 中的 AB 与 AC 面),读出相应的角坐标后,计算出棱镜的顶角 α? 如果可以,试从数学上证明这种方法是可行的,并写出实验步骤。

(2)试推导式(6-4-4)。

6.5　迈克尔逊干涉仪的调节和使用实验

迈克尔逊干涉仪是根据光的干涉原理制成的精密仪器,它是一种分振幅双光束的干涉仪,用它可以观察光的干涉现象(包括等倾干涉条纹、等厚干涉条纹、白光干涉条纹),可以研究许多物理因素(如温度、压强、电场、磁场以及媒质的运动等)对光的传播的影响,同时还可以测定单色光的波长、光源和滤光片的相干长度以及透明介质的折射率等。迈克尔逊干涉仪原理简单、构思巧妙，堪称精密光学仪器的典范。

【预习思考题】

(1)根据迈克尔逊干涉仪的光路说明各光学元件的作用。

(2)零光程差时，用白光照亮迈克尔逊干涉仪，为什么只看到少数几级彩色条纹？

(3)迈克尔逊干涉仪中的 G_2 是用来补偿光程差的，若没有它，对观察有何影响？

【实验目的】

(1)了解迈克尔逊干涉仪的特点，学会其调节和使用方法。

(2)调节和观察迈克尔逊干涉仪产生的干涉图，以加深对各种干涉条纹特点的理解。

(3)应用迈克尔逊干涉仪测定钠 D 双线的平均波长和波长差。

【实验原理】

实验室中最常用的迈克尔逊干涉仪，其原理和结构如图 6-5-1 和图 6-5-2 所示。M_1 和 M_2 是相互垂直的两臂上放置的两个平面反射镜，其背面各有 3 个调节螺旋，用来调节镜面的方位；M_2 是固定的，M_1 由精密丝杆控制，可沿臂轴前后移动，其移动距离由转盘读出。仪器前方粗动手轮最小分格值为 10^{-2} mm，右侧微动手轮的最小分格值为 10^{-4} mm，可估读至 10^{-5} mm，两个读数手轮属于蜗轮蜗杆传动系统。在两臂轴相交处，有一与两臂轴各成 45°的平行平面玻璃板 P_1，且在 P_1 的第二平面上镀以半透(半反射)膜，以便将入射光分成振幅近乎相等的反射光 1 和透射光 2，故 P_1 板又称为分光板。P_2 也是一平行平面玻璃板，与 P_1 平行放置，厚度和折射率均与 P_1 相同。补偿板 P_2 的作用是使光束 2 也两次透过玻璃板，以“补偿”光束 1 在 P_1 板中往返两次多走的光程，使干涉仪对不同波长的光能同时满足等光程要求。从扩展光源 S 射来的光，到达分光板 P_1 后被分成两部分。反射光 1 在 P_1 处反射后向着 M_1 前进，透射光 2 透过 P_1 后向着 M_2 前进。这两列光波分别在 M_1，M_2 上反射后逆着各自的入射方向返回，最后都到达 E 处。这两列光波来自光源上同一点 O，因而是相干光，在 E 处的观察者能看到干涉图样。

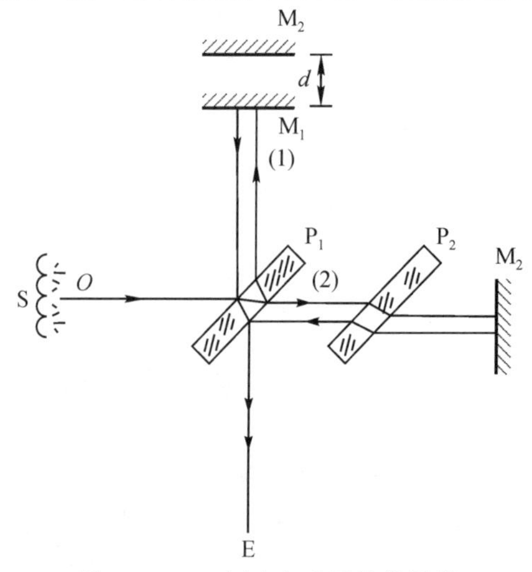

图 6-5-1　迈克尔逊干涉仪原理

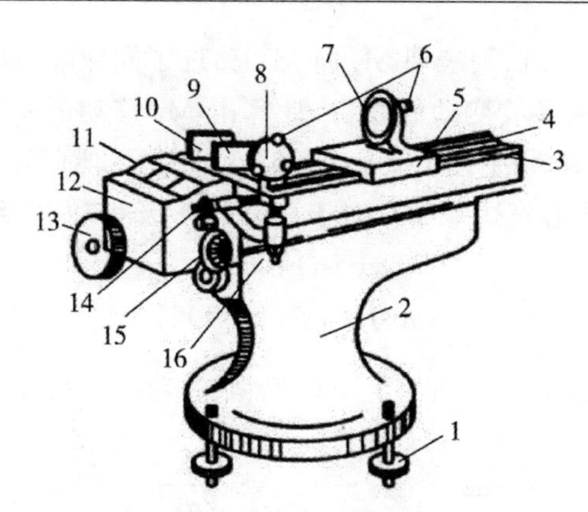

1—水平调节螺丝；2—底座；3—导轨；4—精密丝杆；5—托板；6—反射镜调节螺丝；
7—可动反射镜 M_1；8—固定反射镜 M_2；9—补偿板 P2；10—分光板 P1；11—读数窗口；
12—传动系统罩；13—粗动手轮；14—水平拉簧螺丝；15—微动手轮；16—垂直拉簧螺丝。

图 6-5-2　结构

由于从 M_2 返回的光线在分光板 P_1 的第二面上反射，使 M_2 在 M_1 附近形成一平行于 M_1 的虚像 M'_2，因而光在迈克尔逊干涉仪中自 M_1 和 M_2 的反射相当于自 M_1 和 M'_2 的反射。由此可见，在迈克尔逊干涉仪中所产生的干涉与厚度为 d 的空气膜所产生的干涉是等效的。

1. 扩展光源照明产生的干涉图

(1)当 M_1 和 M'_2 严格平行时，所得的干涉为等倾干涉。所有倾角为 i 的入射光束，由 M_1 和 M'_2 反射光线的光程差 Δ 均为

$$\Delta = 2d\cos i \tag{6-5-1}$$

式中，i 为光线在 M_1 镜面的入射角，d 为空气薄膜的厚度，它们将处于同一级干涉条纹，并定位于无限远。这时，在图 6-5-1 中的 E 处用眼睛正对 P_1 观察(或在 E 处放一汇聚透镜在其焦平面上)，便可观察到一组明暗相间的同心圆纹。这些条纹的特点如下：

① 干涉条纹的级次以中心为最高。在干涉纹中心，因 $i=0$，如果不计反射光线之间的相位突变，由圆纹中心出现亮点的条件为

$$\Delta = 2d = k\lambda \tag{6-5-2}$$

得圆心处干涉条纹的级次为

$$k=\frac{2d}{\lambda} \tag{6-5-3}$$

当 M_1 和 M'_2 的间距 d 逐渐增大时，对于任一级干涉条纹，如第 k 级，必定以减少其 $\cos i_k$ 的值来满足 $2d\cos i_k = k\lambda$，故该干涉条纹向 i_k 变大($\cos i_k$ 变小)的方向移动，即向外展。这时，观察者将看到条纹好像从中心向外“涌出”，且每当间距 d 增加 $\lambda/2$ 时就有一个条纹“涌出”；反之，当间距由大逐渐变小时，最靠近中心的条纹将一个一个地“陷入”中心，且每陷入一个条纹，间距 d 的改变亦为 $\lambda/2$。

因此，只要数出涌出或陷入的条纹数，即可得到平面镜 M_1 以波长 λ 为单位的移动距离。显然，若有 N 个条纹从中心涌出时，则表明 M_1 相对于 M'_2 移远了，如下

$$\Delta d = N\frac{\lambda}{2} \tag{6-5-4}$$

反之,若有 N 个条纹陷入时,则表明 M_1 向 M'_2 移近了同样的距离。根据式(6-5-4),如果已知光波的波长 λ,便可由条纹变动的数目,计算出 M_1 移动的距离,这就是长度的干涉计量原理;反之,如果已知 M_1 移动的距离和干涉条纹变动数目,便可算出光波的波长。

② 干涉条纹的分布是中心宽边缘窄。对于相邻的 k 级和 $k-1$ 级干涉条纹,有

$$2d\cos i_k = k\lambda$$

$$2d\cos i_{k-1} = (k-1)\lambda$$

将两式相减,当 i 较小时,利用 $\cos i = 1-\frac{i^2}{2}$,可得相邻条纹的角距离 Δi_k 为

$$\Delta i_k = i_k - i_{k-1} \approx \frac{\lambda}{2di_k} \tag{6-5-5}$$

式(6-5-5)表明,d 一定时,视场里干涉条纹的分布是中心较宽(i_k 小,Δi_k 大),边缘较窄(i_k 大,Δi_k 小);i_k 一定时,d 越小,Δi_k 越大,即条纹随着薄膜厚度 d 的减小而变宽。所以在调节和测量时,应选择 d 为较小值,即调节 M_1 和 M_2 到分光板 P_1 上镀膜面的距离大致相同。

(2)当 M_1 和 M'_2 有一很小的夹角 α,且入射角 i 也较小时,所得的干涉一般为等厚干涉,其条纹定位于空气薄膜表面附近。此时,由 M_1 和 M'_2 反射光线的光程差仍近似为

$$\Delta = 2d\cos i = 2d\left(1-\frac{i^2}{2}\right) \tag{6-5-6}$$

① 在两镜面的交线附近处,因厚度 d 较小,$d\cdot i^2$ 的影响可略去,相干的光程差主要由膜厚 d 决定,因而在空气膜厚度相同的地方光程差均相同,即干涉条纹是一组平行于 M_1 和 M'_2 交线的等间隔的直线条纹。

② 在离 M_1 和 M'_2 的交线较远处,因 d 较大,干涉条纹变成弧形,而且条纹弯曲的方向是背向两镜面的交线。这是由于式(6-5-6)中的 $d\cdot i^2$ 作用已不容忽略。由于同一 k 级干涉条纹是等光程差点的轨迹,为满足 $2d\left(1-\frac{i^2}{2}\right)=k\lambda$,因此用扩展光源照明时,当 i 逐渐增大,必须相应增大 d 值,以补偿由 i 增大时引起的光程差的减小。所以干涉条纹在 i 增大的地方要向 d 增加的方向移动,使条纹成为弧形,如图 6-5-3 所示。随着 d 的增大,条纹弯曲越厉害。

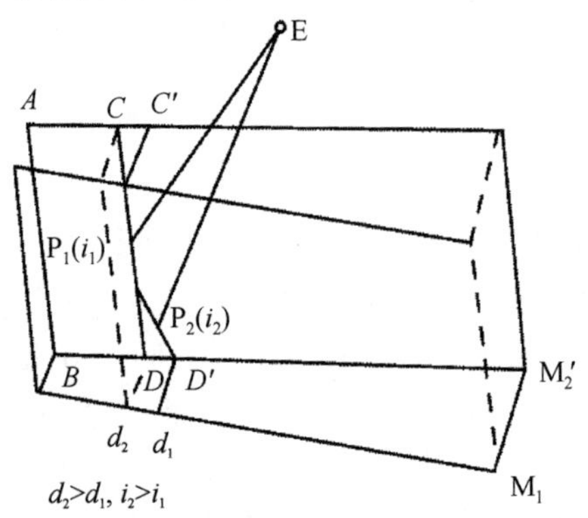

图 6-5-3 调整 d

(3)白光照射下看到彩色干涉条纹的条件为:对于等倾干涉,在 d 接近零时可以看到;对

于等厚干涉，在 M_1 和 M'_2 的交线附近可以看到。因为在 $d=0$ 时，所有波长的干涉情况相同，不显彩色。当 d 较大时，因不同波长干涉条纹互相重叠，使照明均匀，彩色消失。只有当 d 接近零时，才可看到数目不多的彩色干涉条纹。

2. 点光源照明产生的非定域干涉图样

点光源 S 经 M_1 和 M'_2 的反射产生的干涉现象等效于沿轴向分布的两个虚光源 S_1、S_2 产生的干涉。因而从 S_1 和 S_2 发出的球面波在相遇的空间处处相干，故为非定域干涉。如图 6-5-4 所示，激光束经短焦距扩束透镜后，形成高亮度的点光源 S 照明干涉仪。若将观察屏 E 放在不同位置上，则可看到不同形状的干涉条纹。

当观察屏 E 垂直于 S_1，S_2 连线时，屏上呈现出圆形的干涉条纹。同等倾条纹相似，在圆环中心处，光程差最大，$\Delta=2d$，级次最高。当移动 M_1 使 d 增加时，圆环一个个地从中心"涌出"；当 d 减小时，圆环一个个地向中心"陷入"。每变动一个条纹，M_1 移动的距离为 $\lambda/2$。因此也可用于计量长度或测量波长。

当 M_1 与 M'_2 互相平行时，得到明暗相间的圆形干涉条纹。如果光源是绝对单色的，则当 M_1 缓慢地移动时，虽然视场中条纹不断涌出或陷入，但条纹的对比度应当不变。

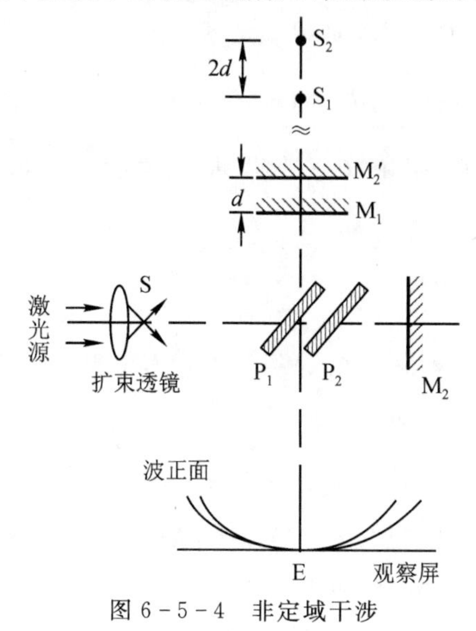

图 6-5-4 非定域干涉

设亮条纹光强为 I_1，相邻暗条纹光强为 I_2，则对比度 V 可表示为

$$V=\frac{I_1-I_2}{I_1+I_2}$$

对比度描述的是条纹清晰的程度。

如果光源中包含有波长 λ_1 和 λ_2 相近的两种光波，则每一列光波均不是绝对单色光。以钠黄色为例，它是由中心波长 $\lambda_1=589.0$ nm 和 $\lambda_2=589.6$ nm 的双线组成，波长差为 0.6 nm。每一条谱线又有一定的宽度，如图 6-5-5 所示。由于双线波长差 $\Delta\lambda$ 与中心波长相比甚小，故称之为准单色光。

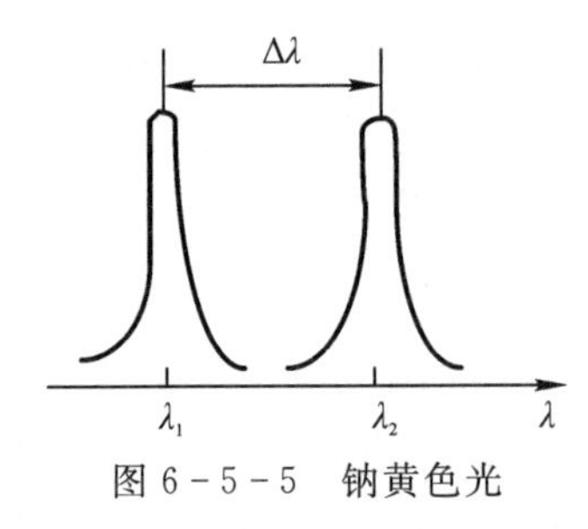

图 6-5-5 钠黄色光

用这种光源照迈克尔逊干涉仪,它们将各自产生一套干涉图。干涉场中的强度分布则是两组干涉条纹的非相干叠加,由于 λ_1 和 λ_2 有微小差异,对应 λ_1 的亮环的位置和对应 $E_X \leqslant I_0 R_{ab}$ 的亮环的位置将随 d 的变化而呈周期性重合和错开。因此 d 变化时,视场中所见叠加后的干涉条纹交替出现“清晰”和“模糊甚至消失”。设在 d 值为 d_1 时,λ_1 和 λ_2 均为亮条纹,对比度最佳,则有

$$d_1 = m\frac{\lambda_1}{2}, d_1 = n\frac{\lambda_2}{2} \quad (m \text{ 和 } n \text{ 为整数})$$

如果 $\lambda_1 > \lambda_2$,当 d 值增加到 d_2,如果满足

$$d_2 = (m+k)\frac{\lambda_1}{2}, d_2 = (n+k+0.5)\frac{\lambda_2}{2} \quad (k \text{ 为整数})$$

此时对 λ_1 是亮条纹,对 λ_2 则为暗条纹,对比度最差(可能分不清条纹)。从对比度最佳到最差,M_1 移动的距离为

$$d_2 - d_1 = k\frac{\lambda_1}{2} = (k+0.5)\frac{\lambda_2}{2}$$

由 $d_2 - d_1 = k\frac{\lambda_1}{2}$ 和 $k\frac{\lambda_1}{2} = (k+0.5)\frac{\lambda_2}{2}$,消去 k 可得两波长差为

$$\lambda_1 - \lambda_2 = \frac{\lambda_1\lambda_2}{4(d_2-d_1)} \approx \frac{\overline{\lambda_{12}^2}}{4(d_2-d_1)} \tag{6-5-7}$$

式中,$\overline{\lambda_{12}^2}$ 为 λ_1、λ_2 的平均值。因为对比度最差时,M_1 的位置对称地分布在对比度最佳位置的两侧,所以相邻对比度最差的 M_1 移动距离 $\Delta d\,[=2(d_2-d_1)]$ 与 $\Delta\lambda\,(=\lambda_1-\lambda_2)$ 的关系为

$$\Delta\lambda = \frac{\overline{\lambda_{12}^2}}{2\Delta d} \tag{6-5-8}$$

【实验仪器】

迈克尔逊干涉仪、钠灯、He-Ne 激光器、低压汞灯、干涉滤光片、毛玻璃屏、叉丝、白炽灯。

【实验内容和步骤】

1. 迈克尔逊干涉仪测钠光的波长

(1)调节迈克尔逊干涉仪。

① 点亮钠灯 S,使之照射毛玻璃屏,形成均匀的扩展光源,在屏上加一叉丝。

② 旋转粗动手轮,使 M_1 和 M_2 至 P_1 镀膜面的距离大致相等,沿 E、P_1 方向观察,将看到

叉丝的影子(共有 3 个),其中两个对应动镜 M_1 的反射像(为什么),另一个对应 M_2 的反射像。

③ 仔细调节 M_1 和 M_2 背后的 3 个螺丝,改变 M_1 和 M_2 的相对方位,直至叉丝的双影(哪两个,为什么)在水平方向和铅直方向均完全重合。这时可观察到干涉条纹,仔细调节 3 个螺丝,使干涉条纹呈圆形。

④ 细致缓慢地调节 M_2 下方的两个微调拉簧螺丝,使干涉条纹中心仅随观察者的眼睛左右上下的移动而移动,但不发生条纹的"涌出"或"陷入"现象。这时,观察到的干涉环才是严格的等倾干涉。如果眼睛移动时,看到的干涉环有"涌出"或"陷入"现象,要分析一下再调。

(2)测定钠光波长(D_1, D_2 两波长的平均值)。

① 旋转粗动手轮,使 M_1 移动,观察条纹的变化。从条纹的"涌出"或"陷入"判断 d 的变化,并观察 d 的取值与条纹粗细、疏密的关系。

② 当视场中出现清晰的、对比度较好的干涉圆环时,再慢慢地转动微动手轮,可以观察到视场中心条纹向外一个一个地涌出(或者向内陷入中心)。开始记数时,记录 M_1 镜的位置 d_1(两读数转盘读数相加),继续转动微动手轮,数到条纹从中心向外涌出(或陷入)100 个时,停止转动微动手轮,再记录 M_1 镜的位置 d_2;继续转动微动手轮,条纹从中心向外涌出(或陷入)每 100 个时记录 M_1 镜的位置,共测量 800～1000 个条纹移动,利用式(6-5-4)算出待测光波的波长 λ 以及平均值并计算不确定度,与公认值比较。

振动对测量的影响甚大,要注意。(干涉仪的 3 个底脚要加软垫)

(3)观察白光的彩色干涉条纹。

参照原理部分的分析,思考以下几个问题:

① 在等倾干涉中看到彩色干涉条纹(圆环)的条件是什么?

② 移动 M_1,从看到的现象中,如何判断间距 d 是在增大还是在减小?

③ 向哪个方向移动 M_1 肯定会看到彩色干涉环?

④要在等厚干涉中看到彩色条纹,该考虑些什么问题?

先用钠灯看到等倾干涉环,移动 M_1,根据观察的现象认为 M_1 的移动方向正确时,改用白光源继续移动 M_1,直至看到彩色干涉环。

再调等厚干涉的彩色干涉条纹。

注意:由于白光的彩色条纹只有几条,必须耐心细致地慢慢调节微动手轮,如果移动过快,条纹极易一晃而过,难以察觉。

(4)观察点光源的干涉条纹。自行设计实验步骤,观察点光源照明干涉仪时,干涉条纹的形状、特点、观察条件和变化规律。

2. 测定钠光 D 双线(D_1, D_2)的波长差

(1)以钠灯为光源调干涉仪观察等倾干涉条纹。

(2)移动 M_1,使视场中心的视见度最小,记录 M_1 的位置 d_1;沿原方向继续移动 M_1,直至对比度又为最小,记录 M_1 的位置为 d_2,则 $\Delta d=|d_2-d_1|$。由于 λ_1 和 λ_2 的差很小,对比度最差位置附近较大范围的对比度都很差,即模糊区很宽,因此确定对比度最差的位置有很大的随机误差。在此可以使用粗调手轮(精度 0.001 mm)去测,测出 10 个模糊区的间距去计算 Δd。这是利用拓展量程去减小单次测量的随机误差。

【注意事项】

迈克尔逊干涉仪是精密光学仪器,使用时应注意:

(1)注意防尘、防潮、防震;不能触摸元件的光学面,不要对着仪器说话、咳嗽等。

(2)实验前和实验结束后,所有调节螺丝均应处于放松状态;调节时应先使之处于中间状态,以便有双向调节的余地,调节动作要均匀缓慢。

(3)有的干涉仪粗动手轮和微动手轮传动的离合器啮合时,只能使用微动手轮,不能再使用粗动手轮,否则会损坏仪器。

(4)旋转微动手轮进行测量时,特别要防止回程误差。

【思考题】

(1)分析扩束激光和钠光产生的圆形干涉条纹的差别。

(2)调节钠光的干涉条纹时,如已确使叉丝的双影重合,但条纹并未出现,试分析可能产生的原因。

(3)如何判断和检验干涉条纹属于严格的等倾条纹?

(4)怎样用实验方法检验干涉条纹的定位区域?

6.6 光电效应实验

普朗克量子常数 h(公认值为 $h=6.626\times10^{-34}$ J·s)是人类已知的自然界的少数几个普适常数之一(如光速 c,引力常数 g……)。它是现代技术的基础参数,学习了解它具有重要的意义。19 世纪末,普朗克在解决黑体辐射问题时发现了此常数。1905 年,爱因斯坦发展了辐射能量 E 是以 $h\nu$(ν 是光的频率)为不连续的最小单位的量子化思想,成功地解释了光电效应实验中的问题。1916 年,密立根用光电效应法测量了 h,确定了光量子能量方程式。接着,德布罗意提出了物质粒子也应具有波动性,即当有 $E=h\nu$ 时,动量 $p=h/\lambda$(λ 为波长),后亦被实验证实,从此奠定了量子力学的实验基础,h 成为微观世界规律的标志量。量子力学成为信息新技术、生物分子工程的理论支撑基础。h 可以由光电效应简单而又准确地测定,所以光电效应实验有助于学习理解量子理论和更好地认识普朗克常数。

【预习思考题】

(1)什么是光电效应?如何通过光电效应测量出普朗克常数?

(2)什么是截止电压?影响截止电压确定的主要因素有哪些?在实验中如何较精确地确定截止电压?

【实验目的】

(1)通过实验加深对光的量子性的了解。

(2)通过光电效应实验,验证爱因斯坦光电效应方程,并测定普朗克常数。

【实验原理】

光电效应的实验原理如图 6-6-1 所示。入射光照射到光电管阴极 K 上,产生的光电子在电场的作用下向阳极 A 迁移构成光电流。改变外加电压 U_{AK},测量出光电流 I 的大小,即可得出光电管的伏安特性曲线。

(1)对应于某一频率,光电效应的 $I-U_{AK}$ 关系如图 6-6-2(a)所示。从图中可见,对一定的频率,有一电压 U_0,当 $U_{AK} \leqslant U_0$ 时,电流为零。这个阳极电压 U_0 被称为截止电压。

(2)当 $U_{AK} \geqslant U_0$ 后,I 迅速增加,然后趋于饱和,饱和光电流 I_M 的大小与入射光的强度 P 成正比。

(3)对于不同频率的光,其截止电压的值不同,如图 6-6-2(b)所示。

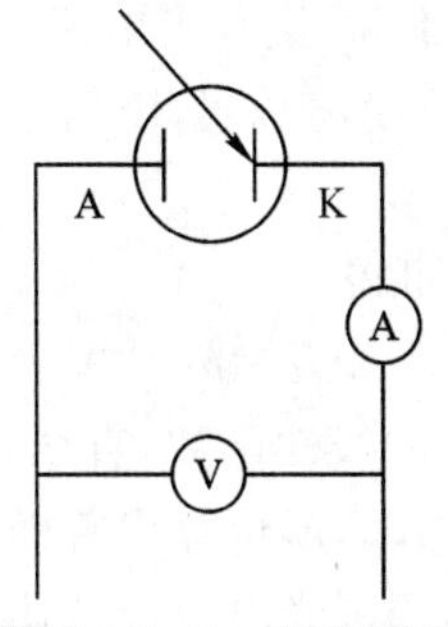

图 6-6-1　实验原理

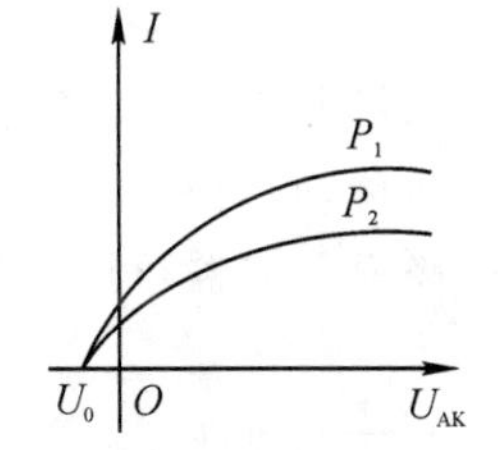

(a) 同一频率、不同光强时光电管的伏安特性曲线

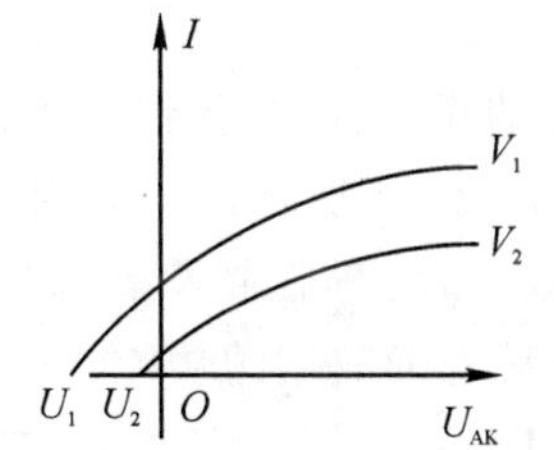

(b) 不同频率时光电管的伏安特性曲线

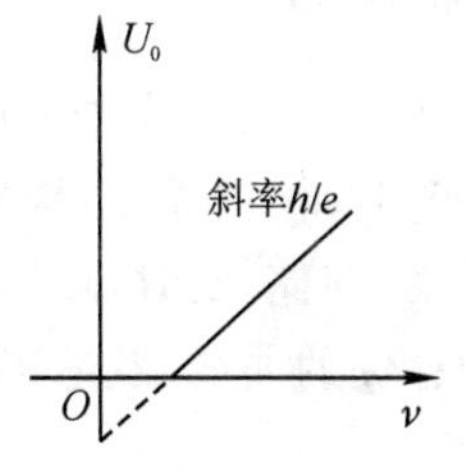

(c) 截止电压U与入射光频率ν的关系图

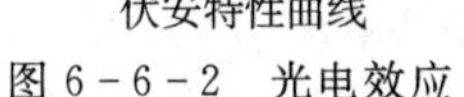

图 6-6-2　光电效应

(4)作截止电压 U_0 与频率 ν 的关系图,如图 6-6-2(c)所示。U_0 与 ν 成正比关系。当入射光频率低于某极限值 ν_0(ν_0 随不同金属而异)时,不论光的强度如何,照射时间多长,都没有光电流产生。

(5)光电效应是瞬时效应。即使入射光的强度非常微弱,只要频率大于 ν_0,在开始照射后立即有光电子产生,所经过的时间至多为 10^{-9} s 的数量级。

按照爱因斯坦的光量子理论,光能并不像电磁波理论所想象的那样分布在波阵面上,而是集中在被称为光子的微粒上,但这种微粒仍然保持着频率(或波长)的概念。频率为 ν 的光子具有能量 $E=h\nu$,h 为普朗克常数。当光子照射到金属表面上时,一次被金属中的电子全部吸收,而无需积累能量的时间。电子把该能量的一部分用来克服金属表面对它的吸引力,余下的就变为电子离开金属表面后的动能。按照能量守恒原理,爱因斯坦提出了著名的光电效应方程如下

$$h\nu=\frac{1}{2}mv_0{}^2+A \tag{6-6-1}$$

式中,A 为金属的逸出功;$mv_0{}^2/2$ 为光电子获得的初始动能。

由该式可见,入射到金属表面的光频率越高,逸出的电子动能越大。所以即使阳极电位比阴极电位低时也会有电子落入阳极形成光电流,直至阳极电位低于截止电压,光电流才为零。

此时有如下关系

$$eU_0=\frac{1}{2}mv_0{}^2 \tag{6-6-2}$$

阳极电位高于截止电压后，随着阳极电位的升高，阳极对阴极发射的电子的收集作用越强，光电流随之上升；当阳极电压高到一定程度，已把阴极发射的光电子几乎全收集到阳极，再增加 U_{AK} 时 I 不再变化，光电流出现饱和，饱和光电流 I_M 的大小与入射光的强度 P 成正比。

光子的能量 $h\nu_0<A$ 时，电子不能脱离金属，因而没有光电流产生。产生光电效应的最低频率(截止频率)是 $\nu_0=A/h$。

将式(6-6-2)代入式(6-6-1)可得

$$eU_0=h\nu-A \tag{6-6-3}$$

此式表明，截止电压 U_0 是频率 ν 的线性函数，直线斜率 $k=h/e$。只要用实验方法得出不同的频率对应的截止电压，求出直线斜率，就可算出普朗克常数 h。

爱因斯坦的光量子理论成功地解释了光电效应规律。

【实验仪器】

ZKY-GD-4 智能光电效应(普朗克常数)实验仪。此仪器由汞灯及电源、滤色片、光阑、光电管、智能实验仪构成，结构如图 6-6-3 所示。实验仪有手动和自动两种工作模式，具有数据自动采集、存储，实时显示采集数据，动态显示采集曲线(连接普通示波器，可同时显示 5 个存储区中存储的曲线)及采集完成后查询数据的功能。

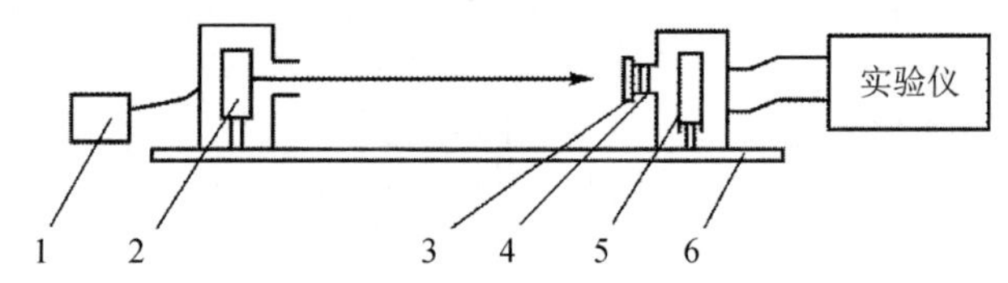

1—汞灯电源；2—汞灯；3—滤色片；4—光阑；5—光电管；6—基座。

图 6-6-3 普朗克常数实验仪器结构

【实验内容和步骤】

1. 测试前准备

(1)将实验仪及汞灯电源接通(汞灯及光电管暗箱遮光盖盖上)，预热 20 min。

(2)调整光电管与汞灯距离约为 40 cm，并保持不变。

(3)用专用连接线将光电管暗箱电压输入端与实验仪电压输出端(后面板上)连接起来(红接红，蓝接蓝)。

(4)将“电流量程”选择开关置于所选挡位，进行测试前调零。实验仪在开机或改变电流量程后，都会自动进入调零状态。调零时应将光电管暗箱电流输出端 K 与实验仪微电流输入端(后面板上)断开，旋转“调零”旋钮使电流指示为 000.0。调节好后，用高频匹配电缆将电流输入连接起来，按“调零确认/系统清零”键，系统进入测试状态。

(5)若要动态显示采集曲线，需将实验仪的“信号输出”端口接至示波器的“Y”输入端，“同步输出”端口接至示波器的“外触发”输入端，示波器“触发源”开关拨至“外”，“Y 衰减”旋钮拨至约“1 V/格”,“扫描时间”旋钮拨至约“20 μs/格”。此时示波器将用轮流扫描的方式显示5个存储区中存储的曲线,横轴代表电压U_{AK},纵轴代表电流I。

2. 测普朗克常数h

1)**问题讨论及测量方法**

理论上,测出各频率的光照射下阴极电流为零时对应的U_{AK},其绝对值即该频率的截止电压,然而实际上由于光电管的阳极反向电流、暗电流、本底电流及极间接触电位差的影响,实测电流并非阴极电流,实测电流为零时对应的U_{AK}也并非截止电压。

光电管制作过程中阳极往往被污染,沾上少许阴极材料,入射光照射阳极或入射光从阴极反射到阳极之后都会造成阳极光电子发射,U_{AK}为负值时,阳极发射的电子向阴极迁移构成了阳极反向电流。

暗电流和本底电流是热激发产生的光电流与杂散光照射光电管产生的光电流,可以在光电管制作或测量过程中采取适当措施以减小它们的影响。

极间接触电位差与入射光频率无关,只影响U_0的准确性,不影响$U_0-\nu$直线斜率,对测定h无大的影响。

由于本实验仪器的电流放大器灵敏度高,稳定性好,光电管阳极反向电流、暗电流水平也较低。在测量各谱线的截止电压U_0时,可采用零电流法,即直接将各谱线照射下测得的电流为零时对应的电压U_{AK}的绝对值作为截止电压U_0。此法的前提是阳极反向电流、暗电流和本底电流都很小,用零电流法测得的截止电压与真实值相差较小,且各谱线的截止电压都相差ΔU,对$U_0-\nu$曲线的斜率无大的影响,因此对h的测量不会产生大的影响。

2)**测量截止电压**

测量截止电压时,“伏安特性测试/截止电压测试”状态键应为截止电压测试状态。“电流量程”开关应处于10^{-13} A挡。

(1)手动测量。使“手动/自动”模式键处于手动模式。

将直径4 mm的光阑及365.0 nm的滤色片装在光电管暗箱光输入口上,打开汞灯遮光盖。

此时,电压表显示U_{AK}的值,单位为伏;电流表显示与U_{AK}对应的电流值I,单位为所选择的“电流量程”。用电压调节键→、←、↑、↓可调节U_{AK}的值,→、←键用于选择调节位,↑、↓键用于调节值的大小。

从低到高调节电压(绝对值减小),观察电流值的变化,寻找电流为零时对应的U_{AK},以其绝对值作为该波长对应的U_0的值,并将数据记录。为尽快找到U_0的值,调节时应从高位到低位,先确定高位的值,再顺次往低位调节。

依次换上404.7 nm、435.8 nm、546.1 nm、577.0 nm的滤色片,重复以上测量步骤。

(2)自动测量。按“手动/自动”模式键切换到自动模式。

此时电流表左边的指示灯闪烁,表示系统处于自动测量扫描范围设置状态,用电压调节键可设置扫描起始和终止电压。

对各条谱线,我们建议扫描范围大致设置为:365 nm,−1.90～−1.50 V;405 nm,−1.60～−1.20V;436 nm,−1.35～−0.95 V;546 nm,−0.80～−0.40 V;577 nm,−0.65～−0.25 V。

实验仪设有5个数据存储区,每个存储区可存储500组数据,并有指示灯表示其状态。灯亮表示该存储区已存有数据，灯不亮为空存储区，灯闪烁表示系统预选的或正在存储数据的存储区。

设置好扫描起始和终止电压后，按相应的存储区按键，仪器将先清除存储区原有数据，等待约 30 s，然后按 4 mV 的步长自动扫描，并显示、存储相应的电压、电流值。

扫描完成后，仪器自动进入数据查询状态，此时查询指示灯亮，显示区显示扫描起始电压和相应的电流值。用电压调节键改变电压值，就可查阅到在测试过程中，扫描电压为当前显示值时相应的电流值。读取电流为零时对应的 U_{AK}，以其绝对值作为该波长对应的 U_0 的值，并记录数据。

按“查询”键，查询指示灯灭，系统恢复到扫描范围设置状态，可进行下一次测量。

在自动测量过程中或测量完成后，按“手动/自动”键，系统恢复到手动测量模式，模式转换前工作的存储区内的数据将被清除。

若仪器与示波器连接，则可观察到 U_{AK} 为负值时各谱线在选定的扫描范围内的伏安特性曲线。

3. 测光电管的伏安特性曲线

此时，“伏安特性测试/截止电压测试”状态键应为伏安特性测试状态。“电流量程”开关应拨至 10^{-10} A 挡，并重新调零。将直径 4 mm 的光阑及所选谱线的滤色片装在光电管暗箱光输入口上。

测伏安特性曲线可选用“手动/自动”两种模式之一，测量范围为 $-1 \sim 50$ V，自动测量时步长为 1 V，仪器功能及使用方法如前所述。将仪器与示波器连接：

(1)可同时观察 5 条谱线在同一光阑、同一距离下伏安饱和特性曲线。

(2)可同时观察某条谱线在不同距离(即不同光强)、同一光阑下的伏安饱和特性曲线。

(3)可同时观察某条谱线在不同光阑(即不同光通量)、同一距离下的伏安饱和特性曲线。

由此可验证光电管饱和光电流与入射光成正比。

6.7 旋光现象的观察和测量实验

1811 年，法国物理学家阿喇果(Arago)首先在石英晶体中发现旋光现象；几乎同时，毕奥(Boit)在各种物质的蒸汽和液体形态下也看到了同样的现象。1822 年，赫谢尔(Herschel)发现石英中的左旋光和右旋光是源于石英的左旋和右旋两种不同的分子结构。具有旋光性的物质称为旋光物质，石英、朱砂、松节油、糖溶液等都是旋光物质。

根据旋光原理制造的旋光仪可以测量旋光性溶液的旋光率(也称为旋光度)和浓度，研究物质的旋光性在化学、制药、制糖和生物医疗工程等方面有着广泛应用。

【预习思考题】

(1)液体的旋光率与哪些物理量有关？

(2)如何确定旋光仪的零度视场？

(3)本实验采用了什么方法测液体的旋光度？

【实验目的】

(1)理解旋光现象的物理本质。

(2)用旋光仪测定糖溶液的旋光率。

【实验原理】

当线偏振光在某些晶体内沿其光轴方向传播时,虽然没有发生双折射,透射光的振动面却相对于入射光的振动面旋转了一个角度,这种现象称为旋光现象,这种物质称为旋光性物质。旋光性物质不仅限于晶体,某些溶液(如糖溶液、松节油、酒石酸溶液等)虽无光轴,但也具有较强的旋光性。如果迎着光的传播方向看,振动面沿顺时针方向旋转的称为右旋性物质,如葡萄糖溶液;反之,振动面沿逆时针方向旋转的称为左旋性物质,如松节油。

实验表明,光电场振动面旋转的角度 θ(旋光度)与其通过旋光性物质的厚度 L 成正比,若旋光性物质为液体,还正比于溶液的浓度 C,即

$$\text{对旋光晶体}: \theta = \alpha L$$

$$\text{对旋光溶液}: \theta = \alpha CL$$

式中,α 称为物质的旋光率。

旋光率 α 与入射光的波长和环境温度有关。对大多数物质来说,旋光率 α 与波长的平方成反比,即波长短的光,偏振面旋转的角度要大一些,该现象称为旋光色散现象。另外,当温度升高 1 ℃,旋光率 α 大约减少 0.3%。旋光现象的产生,是因为线偏振光通过旋光物质时,分解为左旋和右旋圆偏振光,这两种光的传播速度不同,即折射率不同,因而从旋光物质中射出时,两者产生相位差,它们合成后仍然为线偏振光,只是振动方向转过了一个角度,而且转过的角度与旋光物质的长度、浓度都成正比。

旋光现象的微观机制涉及分子的螺旋结构。如图 6－7－1 所示,当入射的线偏振光遇到螺旋结构的分子,在入射光电场 E_{in} 的作用下,分子上的电子沿螺旋结构上下运动,这个运动可分解成轴向的振动和绕轴的旋转。其中,轴向的振动产生电场 E_e,电场 E_e 始终与入射光电场 E_{in} 的方向相反;绕轴的旋转产生与入射光电场 E_{in} 同方向的磁场,这个磁场激发出电场 E_m,电场 E_m 与入射光电场 E_{in} 及光的传播方向都垂直。3 个电场合成,出射光电场 E_{out} 就相对于入射光电场 E_{in} 转过了一个角度,形成旋光现象,迎光观察时如图 6－7－1(b)所示。

如果分子的螺旋方向不是如图 6－7－1 所示,而是相反,那么 E_e 的方向不变,E_m 的方向相反,E_{out} 相对于 E_{in} 的旋转方向就与图 6－7－1 相反,从而形成左旋和右旋的区别。

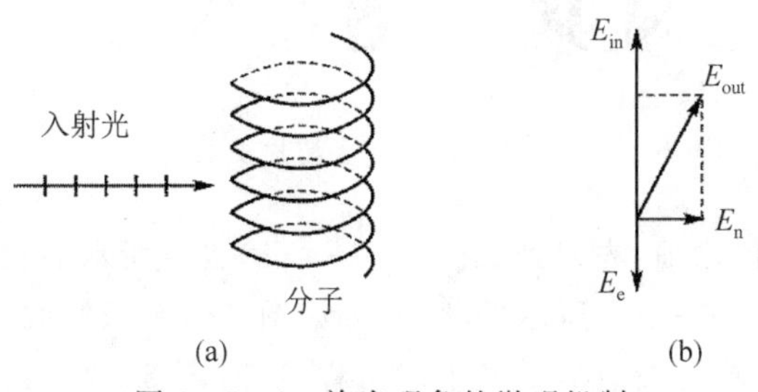

图 6－7－1　旋光现象的微观机制

【实验仪器】

WXG－4 圆盘旋光仪(见图 6－7－2)。

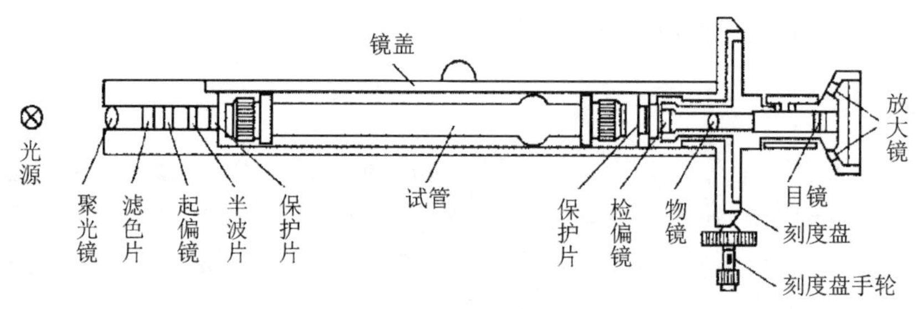

图 6－7－2　旋光仪的光学系统

光源经过聚光镜、滤色片、起偏器后变成单色的线偏振光。半波片实际上是两个半圆形的半波片,如图 6－7－3 所示。线偏振光入射半波片时光电场方向与接缝平行,出射半波片时光电场方向分别为 P_1(实线)和 P_2(实线)方向,AA'是检偏镜的方向。从目镜向内观察,可以看到三分视场,如图 6－7－4 所示。从左半波片出射的光可以进入左、右视场,从右半波片出射的光可以进入中间视场。当 AA' 与左半波片出射光的光电场垂直时,左、右视场是黑的,如图 6－7－4(a)所示;当 AA' 与右半波片出射光的光电场垂直时,中间视场是黑的,如图 6－7－4(b)所示;当两个半波片出射的光的光电场在 AA' 上的投影相等时,3 个视场亮度一致,如图 6－7－4(c)所示。

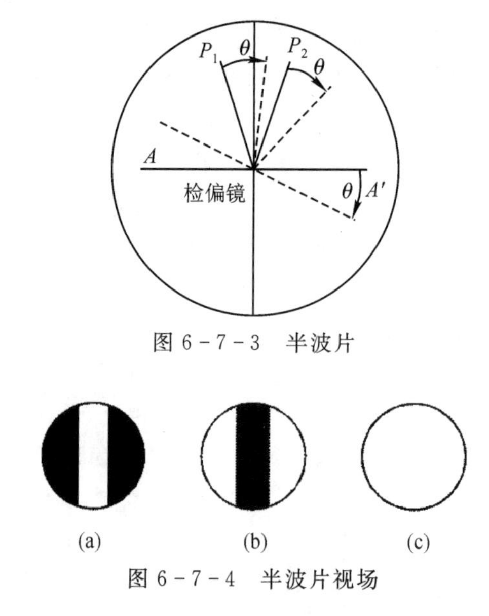

图 6－7－3　半波片

图 6－7－4　半波片视场

在待测物放入旋光仪之前,先找到如图 6－7－4(a)、(b)所示的状态,然后在这两个状态之间仔细调节,找到如图 6－7－4(c)所示的状态,即如图 6－7－3(实线)所示的状态,读出角坐标初读数。然后将待测物放入旋光仪,重复上述过程,这时图 6－7－4(c)对应于图 6－7－3(虚线)的状态,读出角坐标末读数。两个读数之差就是线偏振光振动面旋转的角度 θ。

由于旋光仪是用比较视场亮度的差别来测量角度的,所以精度较高。因为让线偏振光通过偏振片，由于通过偏振片的光的亮度按照 $\cos^2\theta$ 的规律变化比较缓慢，加上难以避免的杂散光的干扰，肉眼难以准确判断光的亮度是否最亮或最暗，所以，用判断光的亮度最亮或最暗来确定角度，误差必然较大。相反，如果比较两个视场的亮度是否相等，肉眼判断比较容易，误差必然较小。因为，人判断相对差别的能力远远强于判断绝对大小的能力，这是一个基本生理特征，各种游标也是基于这个生理特征设计的。

当实验人员通过目镜观察视场时，不用移动身体，通过放大镜可以直接看到游标，并且通过转动刻度盘手轮，驱动刻度盘和检偏镜，待视场亮度相等后，读出角坐标的数值。旋光仪有左右两个游标，目的是消除偏心差。游标可以使测量精度达 0.05°，光学系统以 20°的倾斜角安装在底座上，旋光仪自备波长 589.3 nm 的钠光灯。

【实验内容和步骤】

(1)接通电源，约 10 min 后，旋光仪完全发出钠黄光，此时才可观察使用。

(2)调节目镜，看清楚三分视场。

(3)转动刻度盘手轮，找到如图 6-7-4(a)、(b)所示的状态，然后在这两个状态之间仔细调节，找到如图 6-7-4(c)所示的状态，即图 6-7-3(实线)所示的状态，读出角坐标初读数。

(4)打开镜盖，把糖溶液试管放入镜筒，盖好镜盖，再调节目镜，看清楚三分视场。

注意：放入试管时，要将有圆泡的一端朝上，以便存入气泡，不影响观察和测量。

(5)再转动刻度盘手轮，再找到如图 6-7-4(a)、(b)所示的状态，然后在这两个状态之间仔细调节，再找到如图 6-7-4(c)所示的状态，即图 6-7-3(虚线)所示的状态，读出角坐标末读数。

(6)计算旋转角 θ，计算糖溶液的旋光率 α，并做误差分析。

【数据记录及处理】

旋光现象的测量数据见表 6-7-1。

表 6-7-1　旋光现象的测量数据

$L=$

序　号		初 读 数	末 读 数	旋转角 θ
1	左游标读数			
	右游标读数			
2	左游标读数			
	右游标读数			
3	左游标读数			
	右游标读数			

$\bar{\theta}=$　　　　　　　　　；$\sigma_{\bar{\theta}}=$　　　　　　　　　；

$\bar{\alpha}=\dfrac{\bar{\theta}}{L}=$　　　　　　　　　；$\sigma_{\bar{\alpha}}=\dfrac{\sigma_{\bar{\theta}}}{L}=$　　　　　　　　　；

$\alpha=\bar{\alpha}\pm\sigma_{\bar{\alpha}}=$　　　　　　　　　。

6.8 液晶电光效应的特性研究实验

液晶作为物质存在的第四态已经被人们熟知，在物理、化学、电子、生命科学等诸多领域有着广泛应用。如光导液晶光阀、光调制器、液晶显示器件、各种传感器、微量毒气监测、夜视仿生等，尤其液晶显示器件早已广为人知，独占了电子表、手机、笔记本电脑等领域。其中，液晶显示器件、光导液晶光阀、光调制器、光路转换开关等均是利用液晶电光效应的原理制成的。因此，掌握液晶电光效应从实用角度或物理实验教学角度都很有意义。

【预习思考题】

(1)什么是液晶的常黑模式？什么是液晶的常白模式？

(2)什么是阈值电压和饱和电压？

【实验目的】

(1)测定液晶样品的电光曲线。

(2)根据电光曲线，求出样品的阈值电压 U_{th}、饱和电压 U_r、对比度 D_r、陡度 β 等电光效应的主要参数。

(3)了解最简单的液晶显示器件(TN-LCD)的显示原理。

(4)自配数字存储示波器可测定液晶样品的电光响应曲线，求出液晶样品的响应时间。

【实验原理】

1. 液晶

液晶态是一种介于液体和晶体之间的中间态，既有液体的流动性、黏度、形变等机械性质，又有晶体的热、光、电、磁等物理性质，具有液晶态的流体称为液晶。液晶与液体、晶体之间的区别是：液体是各向同性的，分子取向无序；液晶分子有取向序，但无位置序；晶体则既有取向序又有位置序。

就不同的形成方式而言，液晶可分为热致液晶和溶致液晶。热致液晶又可分为层状相、丝状相和胆甾相。其中，丝状相液晶是液晶显示器件的主要材料。

2. 液晶电光效应

液晶分子是在形状、介电常数、折射率及电导率上具有各向异性特性的物质，如果对这样的物质施加电场(电流)，随着液晶分子取向结构发生变化，它的光学特性也随之变化，这就是通常说的液晶的电光效应。

液晶的电光效应种类繁多，主要有动态散射型、扭曲丝状相 (twisted nematic，简称 TN)型、超扭曲丝状相型、有源矩阵液晶显示、电控双折射等。其中应用较广的有：有源矩阵液晶显示型，主要用于液晶电视、笔记本电脑等高档产品；超扭曲丝状相型，主要用于手机屏幕等中档产品；TN 型，主要用于电子表、计算器、仪器仪表、家用电器等中低档产品，是目前应用最普遍的液晶显示器件。TN 型液晶显示器件显示原理较简单，是超扭曲丝状相型、有源矩阵液晶显示等显示方式的基础。本实验中的仪器所使用的液晶样品即为 TN 型。

3. TN 型液晶盒结构

TN 型液晶盒结构如图 6－8－1 所示。

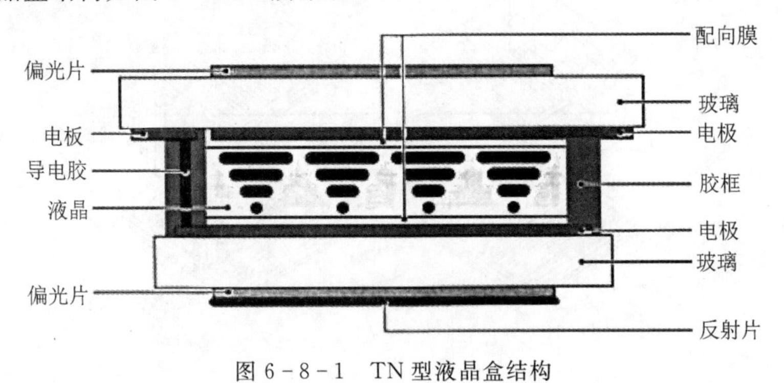

图 6－8－1　TN 型液晶盒结构

在涂覆透明电极的两枚玻璃基板之间，夹有正介电各向异性的丝状相液晶薄层，四周用密封材料(一般为环氧树脂)密封。玻璃基板内侧覆盖着一层定向层，通常是一薄层高分子有机物，经定向摩擦处理，可使棒状液晶分子平行于玻璃表面，沿定向处理的方向排列。上下玻璃表面的定向方向是相互垂直的，这样，盒内液晶分子的取向逐渐扭曲，从上玻璃片到下玻璃片扭曲了 90°，所以称为扭曲向列型。

4. 扭曲向列型电光效应

无外电场作用时，由于可见光波长远小于丝状相液晶的扭曲螺距，当线偏振光垂直入射时，若偏振方向与液晶盒上表面分子取向相同，则线偏振光将随液晶分子轴方向逐渐旋转 90°，平行于液晶盒下表面分子轴方向射出(见图 6－8－2(a)中不通电部分，其中液晶盒上下表面各附一片偏振片，其偏振方向与液晶盒表面分子取向相同，因此光可通过偏振片射出)；若入射线偏振光偏振方向垂直于上表面分子轴方向，出射时，线偏振光方向亦垂直于下表面液晶分子轴；当以其他线偏振光方向入射时，则根据平行分量和垂直分量的相位差，以椭圆、圆或直线等某种偏振光形式射出。

对液晶盒施加电压，当达到某一数值时，液晶分子长轴开始沿电场方向倾斜，电压继续增加到另一数值时，除附着在液晶盒上下表面的液晶分子外，所有液晶分子长轴都按电场方向进行重排列(见图 6－8－2(a)中通电部分)，TN 型液晶盒 90°旋光性随之消失。

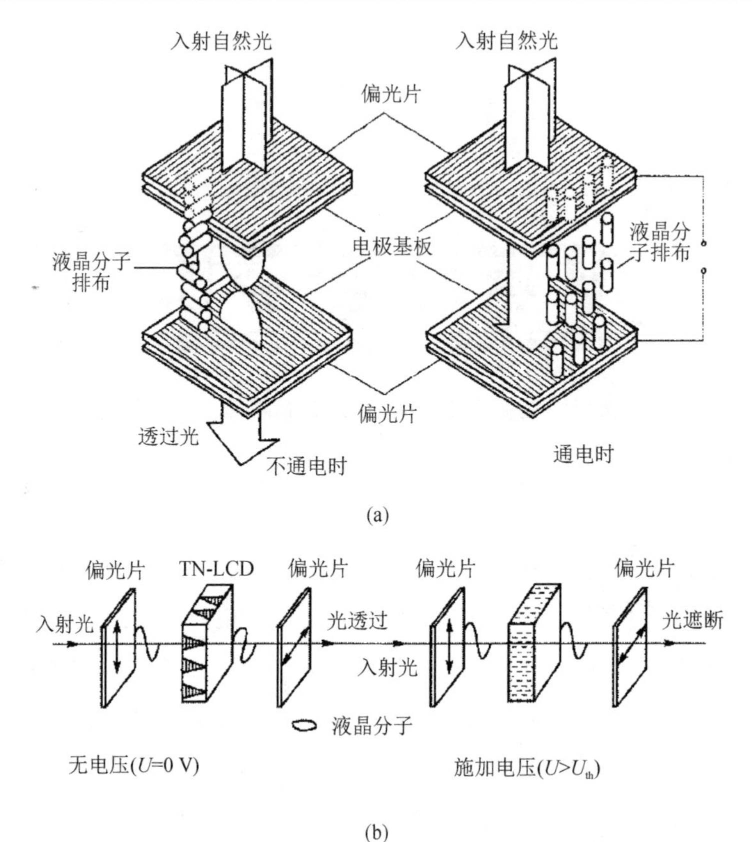

图 6－8－2 TN 型液晶显示器件显示原理

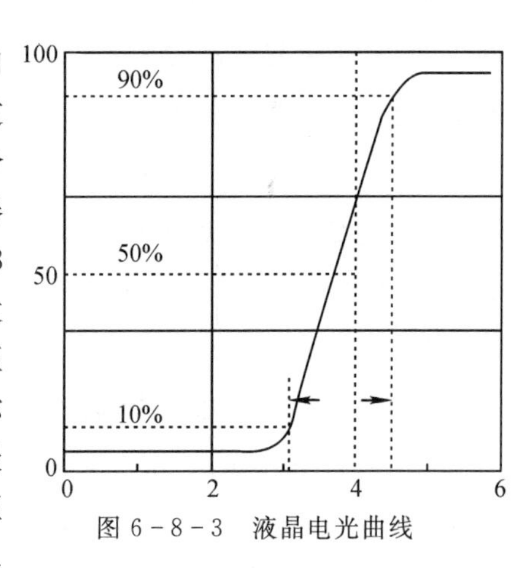

图 6－8－3 液晶电光曲线

若将液晶盒放在两片平行偏振片之间，其偏振方向与上表面液晶分子取向相同。不加电压时，入射光通过起偏器形成的线偏振光经过液晶盒后偏振方向随液晶分子轴旋转 90°，不能通过检偏器；施加电压后，透过检偏器的光强与施加在液晶盒上电压大小的关系如图 6－8－3 所示，其中纵坐标为透光强度，横坐标为外加电压。最大透光强度的 10％对应的外加电压值称为阈值电压（U_{th}），标志了液晶电光效应有可观察反应的开始（或称起辉），阈值电压小，是电光效应好的一个重要指标。最大透光强度的 90％对应的外加电压值称为饱和电压（U_r），标志了获得最大对比度所需的外加电压数值。U_r 小则易获得良好的显示效果，且降低显示功耗，对显示寿命有利。对比度 $D_r = I_{max}/I_{min}$，其中 I_{max} 为最大观察（接收）亮度（照度），I_{min} 为最小亮度。陡度 $\beta = U_r/U_{th}$，即饱和电压与阈值电压之比。

5. TN-LCD 结构及显示原理

TN 型液晶显示器件结构如图 6－8－2(a)所示，液晶盒上下玻璃片的外侧均贴有偏光片，其中上表面所附偏振片的偏振方向总是与上表面分子取向相同。自然光入射后，经过偏振片形成与上表面分子取向相同的线偏振光，入射液晶盒后，偏振方向随液晶分子长轴旋转 90°，以平行于下表面分子取向的线偏振光射出液晶盒。若下表面所附偏振片偏振方向与下表面分子取向垂直(即与上表面平行)，则为黑底白字的常黑型。不通电时，光不能透过显示器(为黑态)；通电时，90°旋光性消失，光可通过显示器(为白态)。若偏振片与下表面分子取向相同，则为白底黑字的常白型，如图 6-8-2 所示。TN-LCD 可用于显示数字、简单字符及图案等，有选择地在各段电极上施加电压，就可以显示出不同的图案。

【实验仪器】

FD-LCE-I 型液晶电光效应实验仪。该仪器有以下特点：

(1)该仪器具有体积小、重量轻、不会生锈等优点。仪器导轨、滑块、转盘等均采用高强度铝合金制作。立杆材料为不锈钢；转盘经特别设计，可细调；导轨采用燕尾型结构，移动时直线定位好，固定时牢固可靠。

(2)用框架型结构固定液晶样品，牢固美观；采用接线柱方式给样品通电，方便安全。

(3)所用装置配件均为光学通用配件(含常用光功率计)，除可做液晶电光效应实验外，还可用于光偏振等光学实验或用于测定半导体激光器工作电流与出射光强的关系。

如图 6-8-4 所示，液晶电光效应实验仪主要由控制主机、导轨、半导体激光器、液晶样品盒(包括起偏器及液晶样品)、检偏器、可调光阑及光电探测器组成。

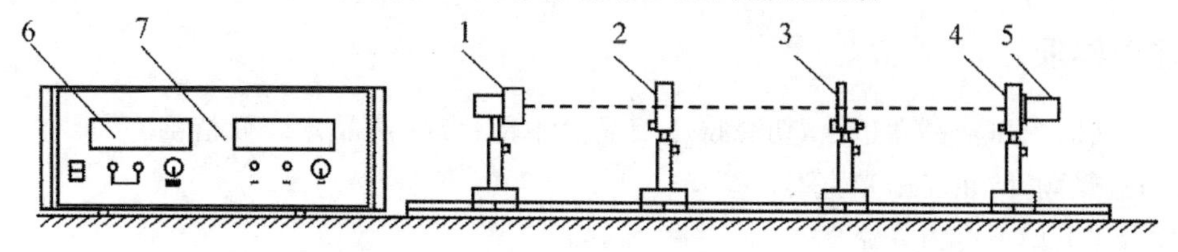

1—激光器；2—液晶样品盒；3—检偏器；4—可调光阑；5—光电探测器。

图 6-8-4　液晶电光效应实验仪装置

【实验内容和步骤】

(1)光学导轨上依次为半导体激光器、液晶样品盒、检偏器、光电探测器(带可调光阑)。其中，液晶样品盒带接线柱的一面面向激光器。液晶样品盒包括液晶样品及起偏器，起偏器附在液晶片的一面(带接线柱的一面)，其偏振方向与所附表面的液晶分子取向相同。打开半导体激光器，调节各元件高度，使激光依次穿过液晶盒、检偏器，打在光电探测器的光阑上。

(2)接通主机电源，将光功率计调零，用话筒线连接光功率计和光电探测器旋转检偏器，可观察到光功率计数值大小变化。若最大透射光强小于 200 μW，可旋转半导体激光器机身，使最大透射光强大于 200 μW，最后旋转检偏器至透射光强值达到最小。

(3)将电压表调至零点，用红黑导线连接主机和液晶盒，从 0 开始逐渐增大电压，观察光功率计读数变化，电压调至最大值后归零。

(4)从 0 开始逐渐增加电压，0～2.5 V 每隔 0.2 V 或 0.3 V 记一次电压及透射光强值，2.5 V 后每隔 0.1 V 左右记一次数据，6.5 V 后再每隔 0.2 V 或 0.3 V 记一次数据，在关键点附近宜多测几组数据。

(5)作电光曲线图，纵坐标为透射光强值，横坐标为外加电压值。

(6)根据作好的电光曲线,求出样品的阈值电压 U_{th}(最大透光强度的10%所对应的外加电压值)、饱和电压 U_r(最大透光强度的90%对应的外加电压值)、对比度 D_r($D_r = I_{max}/I_{min}$)及陡度 β($\beta = U_r/U_{th}$)。

(7)演示黑底白字的常黑型TN-LCD。拔掉液晶盒上的插头,光功率计显示为最小,即黑态;将电压调至约6~7 V,连通液晶盒,光功率计显示最大数值,即白态。

注意:可自配数字或字符型液晶片演示,有选择地在各段电极上施加电压,就可以显示出不同的图案。

(8)自配数字存储示波器,可测试液晶样品的电光响应曲线,求得样品的响应时间。

【数据记录及处理】

液晶电光响应测试数据见表6-8-1。

表6-8-1 液晶电光响应测试数据

测量点	1	2	3	4	5	6	…
U / V							…
I / μW							…

根据所测数据作电光曲线图并计算结果。

【注意事项】

(1)拆装时只压液晶盒边缘,切忌挤压液晶盒中部;保持液晶盒表面清洁,不能有划痕;应防止液晶盒受潮,防止受阳光直射。

(2)驱动电压不能为直流。

(3)切勿直视激光器。

(4)液晶样品受温度等环境因素的影响较大,如TN型液晶的阈值电压在20 ℃±2 ℃范围内漂移达15%~35%,因此每次实验结果有一定出入为正常情况。也可比较不同温度下液晶样品的电光曲线图。

【附注】

1. 硅光电池及其应用

硅光电池是一种直接把光能转换成电能的半导体器件。硅光电池的结构很简单,核心部分是一个大面积的PN结,把一只透明玻璃外壳的点接触型二极管与一块微安表接成闭合回路,当二极管的管芯(PN结)受到光照时,微安表的表针就发生偏转,显示出回路里有电流,这个现象称为光生伏特效应。硅光电池的PN结面积要比二极管的PN结大得多,所以受到光照时产生的电动势和电流也大得多。晶体硅光电池有单晶硅与多晶硅两大类,是用P型(或N型)硅衬底,通过磷(或硼)扩散形成PN结而制作成的,其生产技术成熟,是光伏市场上的主导产品。硅光电池通过采用埋层电极、表面钝化、强化陷光、密栅工艺、优化背电极及接触电极等技术,提高材料中的载流子收集效率,优化抗反射膜、凹凸表面、高反射背电极等方式,使光电转换效率有较大提高。单晶硅光电池面积有限,目前比较大的为10~20 cm的圆片,年产能为46 MW。硅光电池目前主要发展方向是继续扩大产业规模,开发带状硅光电池技术,提高材料利用率。国际公认最高效率在 AM1.5 条件下为 24%，空间用高质量的效率在 AM0 条件下约为 13.5%～18%，地面用大量生产的效率在 AM1 条件下多在 11%～18%。以定向凝固法生长的铸造多晶硅锭代替单晶硅，可降低成本，但效率较低。优化正背电极的银浆和铝浆丝网印刷，切磨抛工艺，千方百计进一步降成本，提高效率，大晶粒多晶硅光电池的转换效率最高可达 18.6%。

非晶硅光电池 a-Si(非晶硅)一般采用高频辉光放电方法使硅烷气体分解沉积而成。由于分解沉积温度低，可在玻璃、不锈钢板、陶瓷板、柔性塑料片上沉积约 1 μm 厚的薄膜，这易于大面积化(0.5 m×0.1 m)，成本较低，多采用 pin 结构。为提高效率和改善稳定性，有时还制成三层 PIN 等多层叠层式结构，或是插入一些过渡层。其商品化产量连续增长，年产能为 45 MW。10 MW 生产线已投入生产，全球市场用量每月在 1000 万片左右，居薄膜电池首位。发展集成型 a-Si 光电池组件，激光切割的使用有效面积达 90%以上，小面积转换效率提高到 14.6%，大面积大量生产的为 8%～10%，叠层结构的最高效率为 21%。今后的研发动向是改善薄膜特性，精确设计光电池结构和控制各层厚度，改善各层之间界面状态，以求得高效率和高稳定性。

2. 多晶硅光电池

p-Si(多晶硅，包括微晶)光电池没有光致衰退效应，材料质量有所下降时也不会导致光电池受影响，是国际上正掀起的前沿性研究热点。在单晶硅衬底上用液相外延制备的 p-Si 光电池转换效率为 15.3%，经减薄衬底、加强陷光等加工，可提高到 23.7%，用 CVD 法制备的转换效率约为 12.6%～17.3%。采用廉价衬底的 p-Si 薄膜生长方法有 PECVD 和热丝法，或对 a-Si:H 材料膜进行后退火，达到低温固相晶化，可分别制出效率为 9.8%和 9.2%的无退化电池。微晶硅薄膜生长与 a-Si 工艺相容，光电性能和稳定性很高，所以其研究受到很大重视，但效率仅为 7.7%。将大面积低温 p-Si 膜与 a-Si 组成叠层电池结构是提高 a-Si 光电池稳定性和转换效率的重要途径，可更充分利用太阳光谱，理论计算表明其光电池转换效率可在 28%以上，将使硅基薄膜光电池性能产生突破性进展。

3. 铜铟硒光电池

CIS(铜铟硒)薄膜光电池已成为国际光伏界研究开发的热门课题，它具有转换效率高(已达到 17.7%)、性能稳定、制造成本低的特点。CIS 光电池一般是在玻璃或其他廉价衬底上分别沉积多层膜而构成的，厚度可做到 2～3 μm，吸收层 CIS 膜对电池性能起着决定性作用。现已开发出反应共蒸法和硒化法(溅射、蒸发、电沉积等)两大类多种制备方法，其他外层通常采用真空蒸发或溅射成膜。阻碍其发展的原因是工艺重复性差，高效电池成品率低，材料组分较复杂，缺乏控制薄膜生长的分析仪器。CIS 光电池正受到产业界的重视，一些知名公司意识到它在未来能源市场中的前景和所处地位，积极扩大开发规模，着手组建中试线及制造厂。

第 7 章　综合物理实验

7.1　单缝衍射光强的测定实验

光的衍射是反映光的波动性的非常重要的特征。实验中让光经过透镜形成平行光入射到细缝或者圆孔，在后面的光屏上可以形成衍射条纹，并可以通过光强计测出光强的分布，本实验可以加强读者对光的衍射现象的直观理解。

【预习思考题】

(1)什么是光的衍射现象？

(2)夫琅禾费单缝衍射应符合什么条件？

【实验目的】

(1)观察单缝衍射现象，加深对衍射理论的理解。

(2)会用光电元件测量单缝衍射的相对光强分布，掌握其分布规律。

(3)学会用衍射法测量微小量。

【实验原理】

光的衍射现象是光的波动性的重要表现。根据光源及观察衍射图像的屏幕(衍射屏)到产生衍射的障碍物的距离不同，分为菲涅耳衍射和夫琅禾费衍射两种。前者是光源和衍射屏到衍射物的距离为有限远时的衍射，即所谓的近场衍射；后者则为无限远时的衍射，即所谓的远场衍射。要实现夫琅禾费衍射，必须保证光源至单缝的距离和单缝到衍射屏的距离均为无限远(或相当于无限远)，即要求照射到单缝上的入射光、衍射光都为平行光，衍射屏应放到相当远处，在实验中只用两个透镜即可达到此要求。实验光路如图 7-1-1 所示。

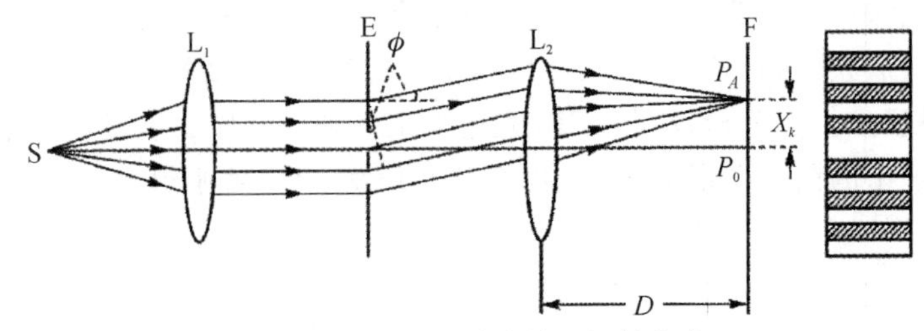

图 7-1-1　夫琅禾费单缝衍射光路

与狭缝 E 垂直的衍射光束汇聚于屏上 P_0 处，P_0 是中央明纹的中心，该处光强最大，设为 I_0。与光轴方向成 ϕ 角的衍射光束汇聚于屏上 P_A 处，P_A 的光强由计算可得

$$I_A = I_0 \frac{\sin^2\beta}{\beta^2} \qquad (7-1-1)$$

式中，$\beta=\frac{\pi b\sin\varphi}{\lambda}$；$b$ 为狭缝的宽度；λ 为单色光的波长。当 $\beta=0$ 时，光强最大，称为主极大，主极大的强度取决于光强和缝的宽度。

当 $\beta=k\pi$，即 $\sin\phi=k\frac{\lambda}{b}(k=\pm1,\pm2,\pm3\cdots)$时，出现暗条纹。

除了主极大之外，两条相邻暗纹之间都有一个次极大，由数学计算可得出这些次极大的位置在 β 为 $\pm1.43\pi$、$\pm2.46\pi$、$\pm3.47\pi\cdots$ 这些次极大的相对光强 I/I_0 依次为 0.047、0.017、0.008… 夫琅禾费衍射的光强分布如图 7-1-2 所示。

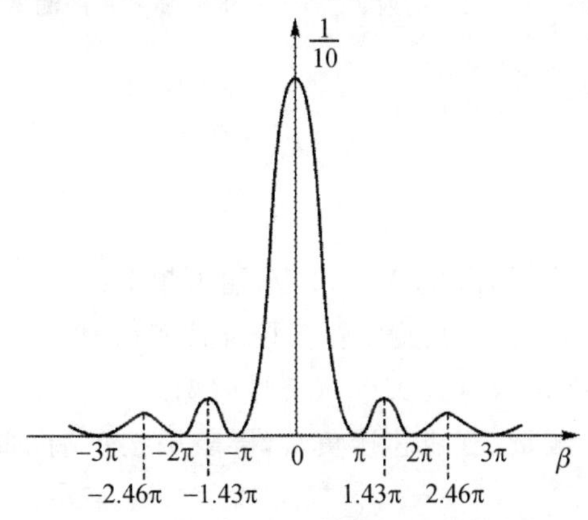

图 7-1-2　夫琅禾费衍射的光强分布

用 He-Ne 激光器作为光源，则由于激光束的方向性好，能量集中，且缝的宽度 b 一般很小，这样就可以不用透镜 L_1。若观察屏(接收器)距离狭缝也较远(即 $D\gg b$)，则透镜 L_2 也可以不用，这样夫琅禾费单缝衍射装置就简化为如图 7-1-3 所示的装置，这时由式(7-1-1)可得

$$\sin\phi\approx\tan\phi=X/D,\ B=k\lambda D/X \qquad (7-1-2)$$

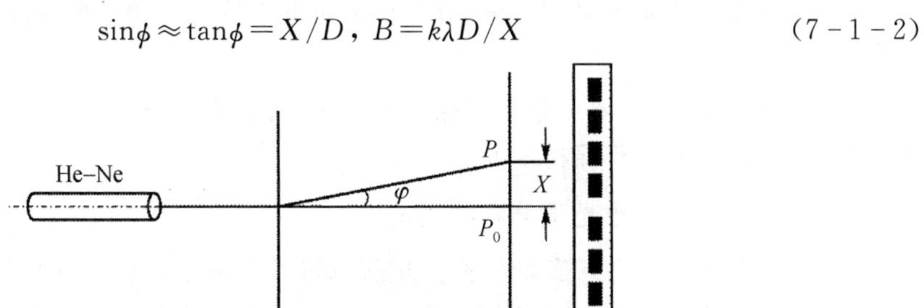

图 7-1-3　夫琅禾费单缝衍射的简化装置

【实验仪器】

激光器座、半导体激光器、导轨、二维调节架、一维光强测试装置、分划板、可调狭缝、平行光管、起偏检偏装置、光电探头、小孔屏、数字式检流计、专用测量线等。

按测量一维光强分布和测量偏振光光强分布两种方式可构成两种装置，其中测定一维光强的干涉仪如图 7-1-4 所示。

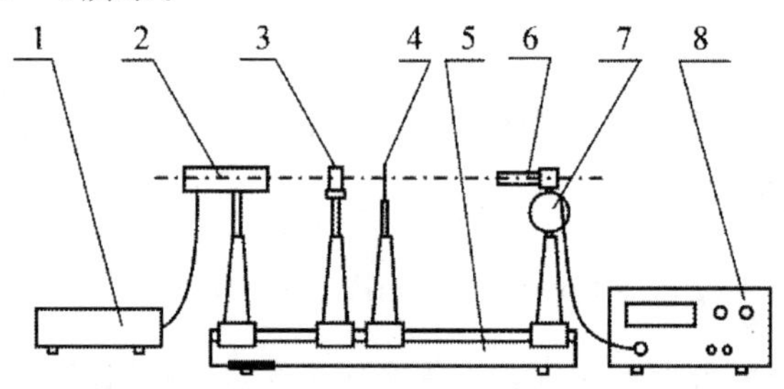

1—激光电源；2—激光器；3—单缝或双缝等及二维调节架；4—小孔屏；
5—导轨；6—光电探头；7——维光强测量装置；8—WJF型数字式检流计。

图 7-1-4 衍射、干涉等一维光强分布的测试

【实验内容和步骤】

1. 测量前仪器调整

(1)接上电源(要求交流稳压为 220 V±11 V,输出频率为 50 Hz),开机预热 15 min。

(2)量程选择开关置于"1"挡,衰减旋钮置于校准位置(即顺时针转到头,置于灵敏度最高位置),调节调零旋钮,使数据显示为 −0.000(负号闪烁)。

(3)选择适当量程,接上测量线(线芯接负端,屏蔽层接正端,如若接反,会显示"−"),即可测量微电流。

(4)如果被测信号大于该挡量程,仪器会有超量程指示,即数码管显示"]"或"E",其他 3 位均显示"9",此时可调高一挡量程(当信号大于最高量程,即 2×10^{-4} A 时,应换用其他仪表测量)。

(5)当数字显示小于 190,小数点不在第一位时,一般应将量程减小一档,以充分利用仪器的分辨率。

(6)衰减旋钮用于测量相对值,只有在旋钮置于校准位置(顺时针到底)时,数显窗才显示标准电流值。

(7)测量过程中,需要将某数值保留下来时,可开保持开关(指示灯亮),此时,无论被测信号如何变化,前一数值都保持不变。

2. 衍射、干涉等一维光强分布的测试

(1)按图 7-1-4 搭好实验装置。此前应将激光管装入仪器的激光器座上,并接好电源。

(2)打开激光器,用小孔屏调整光路,使出射的激光束与导轨平行。

(3)打开检流计电源,预热及调零,并用测量线连接其输入孔与光电探头。

(4)调节二维调节架,选择所需要的单缝、双缝、可调狭缝等,对准激光束中心,使之在小孔屏上形成良好的衍射光斑。

(5)移去小孔屏,调整一维光强测量装置,使光电探头中心与激光束高低一致,移动方向与激光束垂直,起始位置适当。

(6)开始测量,转动手轮,使光电探头沿衍射图样展开方向(x 轴)单向平移,以等间隔的位移(如 0.5 mm 或 1 mm 等)对衍射图样的光强进行逐点测量,记录位置坐标 x 和对应的检流

计(置适当量程)所指示的光电流值读数 I,要特别注意衍射光强的极大值和极小值对应的坐标的测量。

(7)绘制衍射光的相对强度 I/I_0 与位置坐标 x 的关系曲线。由于光的强度与检流计指示的电流读数成正比,因此可用检流计的光电流的相对强度 i/i_0 代替衍射光的相对强度 I/I_0。由于激光衍射所产生的散斑效应,光电流值将在示值约 10%的范围内上下波动,属正常现象,实验中可根据判断选一中间值。由于相邻两个测量点(如间隔为 0.5 mm 时)的光电流值相差一个数量级,故该波动一般来说不影响测量。在坐标纸上以横轴为测量装置的移动距离,纵轴为光电流值,将记录下来的数据绘制出来,就得到单缝衍射光强分布图。

(8)将各次极大相对光强与理论值进行比较,分析产生误差的原因。

3. 测量单缝的宽度

(1)测量单缝到光电池的距离 D,用卷尺测取相应移动座间的距离即可。

(2)再利用前面所得的分布曲线求得各级衍射暗条纹到明条纹中心的距离 X_K,求出同级距离的平均值 $\overline{X}_K$,将 $\overline{X}_K$ 和 D 值代入式(7-1-3),计算出单缝宽度,用不同级数的结果计算平均值。

【数据处理】

(1)设计表格,记录数据。

(2)选取中央最大光强处为轴坐标原点,把测得的数据作归一化处理。即把在不同位置上测得的检流计光强读数 I 除以中央最大的光强读数 I_0,然后在毫米方格(坐标)纸上作出 $\frac{I}{I_0}$-x 衍射相对光强分布曲线。

【注意事项】

(1)在测量时,要注意激光器输出功率的稳定性和本身电流的影响,激光器输出的稳定性主要受到电源电压的稳定性和激光管本身质量的影响。

(2)在测量时,要准确测出主极大、次极大和最小的位置,这些位置要多测几个点。

【思考题】

(1)单缝衍射光强是怎样分布的?

(2)如果激光器输出的单色光照射在一根头发丝上,将会产生怎样的衍射花样?可用本实验的哪种方法测量头发丝的直径?

7.2　热敏电阻温阻特性研究及半导体温度计的设计实验

利用热敏电阻作为感温元件,并且配有温度显示装置的温度测量仪表称为热敏电阻温度计。热敏电阻能把温度信号变成电信号,从而实现非电量的测量。本实验要求学生根据实验室提供的条件,设计和安装一台热敏电阻温度计,并对这个温度计的测量误差进行简要测试和评价。

【预习思考题】

(1)什么是热敏电阻?

(2)热敏电阻随温度变化的特性是什么?

【实验目的】

(1)研究热敏电阻的温度特性。

(2)掌握非平衡电桥的测量原理。

(3)了解热敏电阻温度计的基本结构及使用方法。

【实验原理】

1. 负温度系数热敏电阻的温度特性

热敏电阻按其温度特性可分为正温度系数型、负温度型及开关型三大类。其中,负温度系数热敏电阻器是以Mn、Co、Ni、Cu和Al等金属氧化物为主要原料,采用陶瓷工艺制成的,这些金属氧化物都具有半导体性质:温度低时,载流子数目小,因此阻值高;温度升高时,载流子数目急剧增加,因此阻值急剧下降,如图7-2-1所示。其方程可表示为

$$R_t = Ae^{\frac{B}{T}} \tag{7-2-1}$$

式中,A、B是与材料有关的常数。由式(7-2-1)可以看出,R_t是T的单值函数,只要测出阻值R_t的变化就能推测出温度T的变化。

2. 非平衡电桥

非平衡电桥电路如图7-2-2所示,当$R_1 = R_2$(对称电桥)及$R_1 = R_3$时,电桥平衡,G指零。如果R_t的阻值发生变化,则电桥的平衡条件被破坏,G中就有电流通过,指针发生偏转,偏转越大,说明R_t变化也越大。

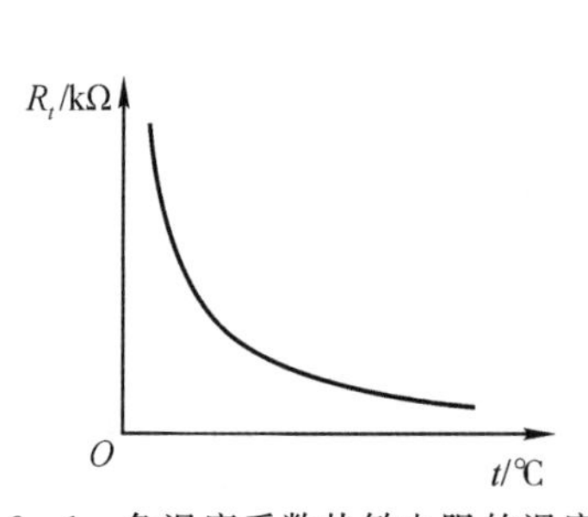

图7-2-1 负温度系数热敏电阻的温度特性

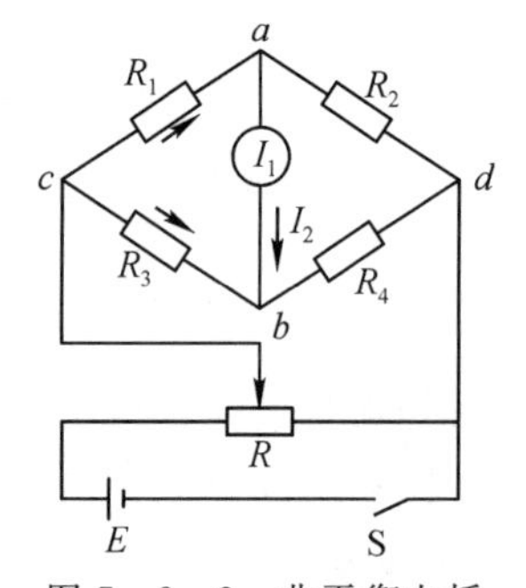

图7-2-2 非平衡电桥

根据电桥的基尔霍夫方程

$$\begin{cases} I_1R_1 + I_gR_g - I_3R_3 = 0 \\ (I_1 - I_g)R_2 - (I_2 + I_g)R_t - I_gR_g = 0 \\ I_3R_3 + (I_2 + I_g)R_t = U_{cd} \\ R_1 = R_2 \end{cases}$$

解得

$$I_g = \frac{(R_3 - R_2)U_{cd}}{2(R_g R_3 + R_3 R_t + R_t R_g) + R_1(R_3 + R_t)} \tag{7-2-2}$$

由式(7-2-2)可以看出，在 R_1、R_2、R_3、R_g 及 U_{cd} 恒定的条件下，I_g 的大小由 R_t 值来决定，因而有可能根据 G 偏转的大小来直接指示温度的高低。

3. 热敏电阻温度计的实验电路

如图 7-2-3 所示，温度计的实验电路图与图 7-2-2 所示的原理图相比有三点不同：

(1)增加一个发光二极管 LED 作为电源指示，它的工作电压为 2～3 V。

(2)检流计 G 换成微安表头。

(3)最重要的改动是在 *bd* 支路中增加一个“校准”支路，当 S_2 扳至“校”时，温度计处于“校准”状态；当 S_2 扳至“测”时，温度计处于“测量”状态。S_2 是该仪表的状态选择开关。

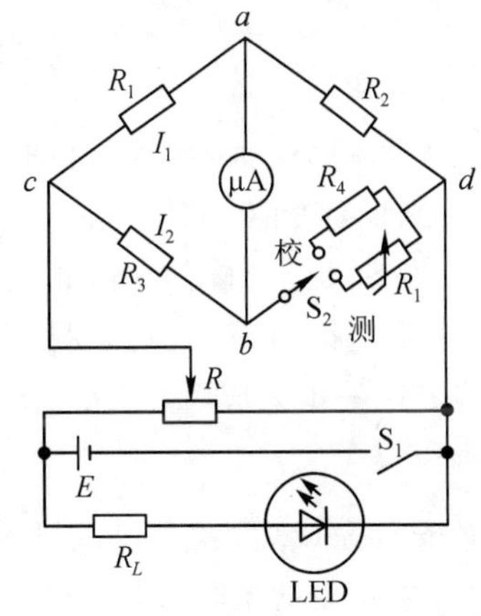

图 7-2-3　热敏电阻温度计的实验电路

4. 电路参数的设计与计算

如图 7-2-3 所示的电路中需要设计的参数有 4 个，下面分别介绍。

1) U_{cd} 的确定

U_{cd} 是桥路的工作电压，既不能过高，也不能过低。过高会使 R_t 产生自热现象，从而使被测环境的温度升高；过低则无法使微安表达到满偏值。根据本实验中所用的 R_t 的额定工作电流及微安表的量程，U_{cd} 可在 1.1～1.4 V 之间确定一个值。

2) R_3 值的确定

R_3 的大小与温度计的下限 t_1 有关。若测温范围是 $t_1 \sim t_2$，则 t_1 为下限，t_2 为上限。热敏电阻作为感温元件，放在下限温度 t_1 的温度场中，它的阻值为 R_{t_1}；放在上限温度 t_2 的温度场中，它的阻值为 R_{t_2}。R_{t_1} 和 R_{t_2} 都可以在热敏电阻的温度特性曲线上查到。确定 R_3 大小的原则是，当热敏电阻处于 t_1 温度时，微安表应指零。这样，在 $R_1 = R_2$ 的条件下，R_3 必须等于 R_{t_1}，即

$$R_3 = R_{t_1} \tag{7-2-3}$$

3) R_1 和 R_2 的确定

在非平衡电桥的参数设计中，一般都是使 R_1 与 R_2 相等，构成一个对称电桥。另外，R_1、R_2 的大小与许多因素有关，如测量范围、微安表的内阻 R_g、微安表的量程 I_{gm}、桥路的工作电

压 U_{cd} 等。

若温度计的测温上限为 t_2，在这一温度下，热敏电阻的阻值为 R_{t_2}，微安表应满偏，即

$$\begin{cases} R_t = R_{t_2} \\ I_g = I_{gm} \end{cases} \tag{7-2-4}$$

将式(7-2-3)、式(7-2-4)代入式(7-2-2)中得

$$I_{gm} = \frac{(R_{t_1} - R_{t_2})U_{cd}}{2(R_g R_{t_1} + R_{t_1} R_{t_2} + R_{t_2} R_g) + R_1(R_{t_1} + R_{t_2})} \tag{7-2-5}$$

由式(7-2-5)得

$$R_t = \frac{(R_{t_1} - R_{t_2})U_{cd}}{(R_{t_1} + R_{t_2})I_{gm}} - \frac{2(R_g R_{t_1} + R_{t_1} R_{t_2} + R_{t_2} R_g)}{R_{t_1} + R_{t_2}} \tag{7-2-6}$$

式中的 R_g 和 I_{gm} 由实验室给出。

4) R_4 **的确定**

给温度计通电进行温度测量前必须将 S_2 扳至“校”，目的是校准工作电压 U_{cd}，使其刚好等于设计值。“校”的目的也是为了校准刻度值，使 $R_t = R_{t_2}$ 时，$I_g = I_{gm}$，与式(7-2-4)相符。一般做法是将 R_4 的值固定为 R_{t_2}，当 S_2 扳至“校”时，就相当于把感温元件置于温度为 t_2 的温度场中，此时微安表应满偏。如果未能指向满偏，则说明 U_{cd} 未能达到设计值，需仔细旋转电位器 R 的旋钮，直至微安表满偏。这一步完成后，才能将 S_2 扳至“测”，进入测量状态。

5. 制作定标曲线

将电路中各元件按图 7-2-3 安装完成后，就可以进行温度测量了。但微安表指示值是电流值而不是温度值，怎样才能通过微安表的偏转读出相应的温度值呢？办法之一就是通过定标实验来描绘出一条定标曲线，有了定标曲线，就可以找到与任一电流值 I_{gi} 相对应的温度值 t_i。或者根据定标曲线，在刻度盘上直接按温度来标定，这样指针的偏转既能显示电流值，又能显示温度值。

6. 测温操作程序

使用该热敏电阻温度计测温，应按下述程序操作：

1) **通电**

将感温元件置于被测温度场中，接通电源开关 S_1，指示灯亮，微安表指针应有一定偏转。为了防止微安表及热敏电阻过载，通电前应将点位器 R 按逆时针方向旋转一个角度，使 U_{cd} 较小。

2) **校准**

将 S_2 扳向“校”，温度计处于校准状态，根据微安表指针偏转大小，仔细调节 R，使指针刚好指向满刻度值。

3) **测量**

将 S_2 扳向“测”，使温度计处于测量状态，这时微安表便指示出温度值。

【实验仪器】

(1)热敏电阻温度计实验安装板。在安装板上安装 1 只微安表、5 个电位器、17 个接线柱，还有按键开关 S_1、单刀双掷开关 S_2、发光二极管 LED，实验者可以设法将它调到所需要的值。

(2)一号干电池两节。

(3)感温元件——负温度系数热敏电阻 1 只,并附其温度特性曲线。

(4)QJ23 直流电桥箱 1 台。

(5)标准电阻箱 1 台。

(6)万用电表 1 台。

(7)2 只等值电阻和 1 台指针式检流计。

(8)水银温度计和体温计各 1 个。

【实验内容】

(1)根据图 7-2-3,设计电路参数 U_{cd}、R_1、R_2、R_3 和 R_4。

(2)把 R_1、R_2、R_3 和 R_4 调到设计值,安装成 1 台热敏电阻温度计。

(3)用 1 只水银温度计(作为标准)对这台热敏电阻温度计进行校验(与后边呼应),对其测量误差作出判断。

【注意事项】

(1)注意不能超过微安表和温度计的量程。

(2)应保证在热敏电阻允许的温度范围内多次测量,可采用图解法、计算法或者最小二乘法求出 A、B 的值。

7.3　密立根油滴法测定电子电荷实验

罗伯特·安德勒斯·密立根是美国杰出的实验物理学家和教育家,他把毕生精力用于科学研究和教育事业上,是电子电荷的最先测定者。

1909—1917 年,密立根进行了电子电荷的测量实验。他对带电油滴在相反重力场和静电场中的运动进行了详细研究,对数百颗小油滴进行测量。1913 年,密立根发现油滴所带电量存在一个最大公约数,就是基本电荷量,即一个电子电量 $e=(4.770\pm0.009)\times10^{-10}$ 静电单位电荷,$e=(1.591\pm0.003)\times10^{-9}$ C。从而证明了电荷量不是连续变化的,而是基本电荷(电子电量的绝对值)的整数倍,即物理学上所称的“量子化”。这个测量结果在当时的条件下非常精确。在近代物理学的发展史中,密立根的基本电荷实验占有相当重要的地位。这是因为汤姆生发现电子时,只是依据阴极射线的荷质比实验所得数据作出电子电荷的判断,并没有直接的根据来判定电荷的分立性。因此,怎样确定电子电荷的具体数值,并确切地证明电荷的分立性,就成了近代物理学进一步发展的关键性实验。密立根的基本电荷实验以巧妙的构思和准确的数据得到了历史性的判据。这一著名的“油滴实验”轰动了整个科学界,对物理学的发展起了重要作用。

【预习思考题】

(1)用什么措施使油滴匀速时才开始测量?

(2)加平衡电压后,油滴有的向上运动,有的向下运动,欲使某油滴静止,应调节什么电压?欲使某油滴向上运动或向下运动,应如何调节?

【实验目的】

(1)学会测试电子电量的实验方法。

(2)进一步培养学生的科学态度,严格的实验操作和准确的数据处理。

【实验原理】

两块相距为 d 的水平放置的平行极板,加电压 V,则平行极板间场强为 V/d 。用喷雾器将雾状油滴喷入,由于摩擦,油滴一般都会带电。调节电压 V,使作用在油滴上的电场力与重力平衡,油滴静止在空中,如图 7-3-1 所示,此时

$$mg=q\cdot\frac{V}{d} \tag{7-3-1}$$

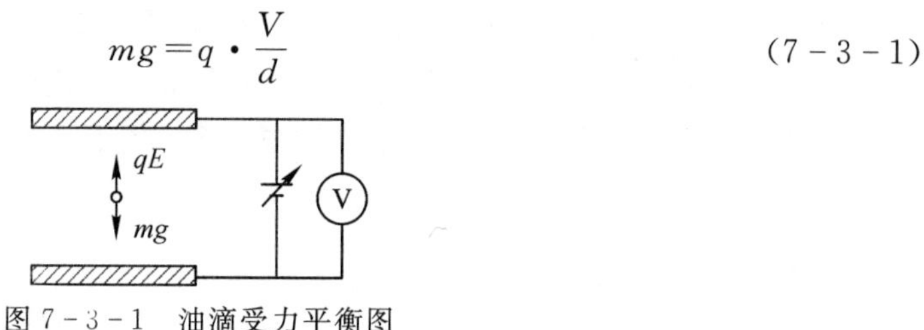

图 7-3-1　油滴受力平衡图

平行极板未加电压时,油滴受重力作用而加速下落。但由于空气的黏滞阻力与油滴速度成正比(斯托克斯定律),达到某一速度时,阻力与重力平衡,油滴将匀速下降,此时

$$mg=f_r=6\pi a\eta v \tag{7-3-2}$$

式中,η 表示空气黏滞系数;a 表示油滴半径;v 表示油滴下降速度。设油滴密度为 ρ,则

$$m=\frac{4}{3}\pi a^3\rho \tag{7-3-3}$$

由式(7-3-2)和式(7-3-3)得

$$a=\sqrt{\frac{9\eta v}{2\rho g}} \tag{7-3-4}$$

斯托克斯定律是以连续介质为前提的。在本实验中,油滴半径 $a\approx10^{-6}$ m,对于这样小的油滴,已不能将空气视为连续介质,因此,空气黏滞系数应作如下修正

$$\eta'=\eta\frac{pa}{pa+b}$$

式中,b 为常数;p 为大气压强。用 η' 代替 η 得

$$a=\sqrt{\frac{9\eta v}{2\rho g}\cdot\frac{pa}{pa+b}} \tag{7-3-5}$$

将式(7-3-5)代入(7-3-3)式得

$$m=\frac{4}{3}\pi\left(\frac{9\eta v}{2\rho g}\cdot\frac{pa}{pa+b}\right)^{\frac{3}{2}}\cdot\rho \tag{7-3-6}$$

如果在时间 t 内,油滴匀速下降距离为 l,则油滴匀速下降的速度 $v=l/t$,将 $v=l/t$ 代入式(7-3-6),再代入式(7-3-1)得

$$q=\frac{18\pi}{\sqrt{2\rho g}}\left(\frac{\eta l}{t}\cdot\frac{pa}{pa+b}\right)^{\frac{3}{2}}\cdot\frac{d}{V} \tag{7-3-7}$$

式(7－3－4)、式(7－3－7)中，ρ、η 都是温度的函数；g、p 随时间、地点的不同而变化。但在一般的要求下，取：$\rho=981\ \mathrm{kg/m^3}$；$b=6.17\times10^{-4}\ \mathrm{m\cdot cmHg}$；$g=9.80\ \mathrm{m/s^2}$；$p=76.0\ \mathrm{cmHg}$；$\eta=1.83\times10^{-5}\ \mathrm{kg/(m\cdot s)}$；$d=5.00\times10^{-3}\ \mathrm{m}$；$l=1.00\times10^{-3}\ \mathrm{m}$（在显示屏上，分划板上 2 格的距离）。

把以上参数代入式(7－3－4)和式(7－3－7)得

$$q=\frac{5.06\times10^{-15}}{\left[t(1+0.0283\sqrt{t})\right]^{3/2}V} \tag{7-3-8}$$

因此，实验中实际测量的量只有两个：

(1)使带电油滴在电场中平衡静止时，加在平行极板上的平衡电压 V。

(2)撤去电场后，此油滴在重力和空气阻力共同作用下，匀速下降 $l=1.0010^{-3}\mathrm{m}$（由于显微镜成倒像，油滴在分划板上自下而上，匀速经过 2 格）所用的时间 t。

把测得的 V、t 代入式(7－3－8)，求出油滴上所带的电量 q。

不同油滴的电荷量是基本电荷量 e 的整数倍。我们测量的油滴不够多，可以用 q 去除 e，看 q/e 是否接近某个整数 n，再用这个 q 除以整数 n，得到电子电量 e。

【实验仪器】

MOD－5 型密立根油滴仪(见图 7－3－2)。油滴盒在油滴仪面板右前方，由有机玻璃制成，右侧有喷雾孔。挡风条可左右移动，上面内有小孔，可以打开或关闭内部的落油孔，这种结构可以防止外界空气流动影响油滴。油滴从盖板上的小孔落入电场。电场位于盖板和底板之间，总高度 5 mm，直径 40 mm。油滴盒上半部分和盖板可以取下，以便清理积油。

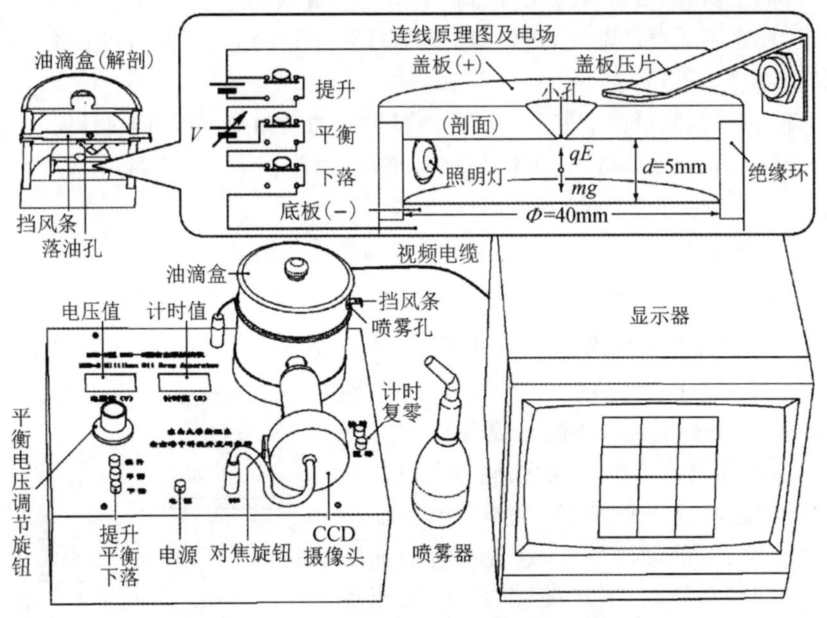

图 7－3－2　MOD－5 型密立根油滴仪

绝缘环左侧有照明灯，正前方还有摄像孔，CCD 摄像头将电场的图像传到显示器，显示器上有 3 列 4 行刻度线，每行对应 0.5 mm 的实际高度。

控制电场大小的电压，由面板上的平衡电压调节旋钮调节，通过“平衡”按钮加上去，最大

500 V,具体数值显示在“电压值”窗口;通过“提升”按钮可以加上一个额外的正向电压,使油滴上升;通过“下落”按钮可以切断电路,使油滴下落。“平衡”按钮按下后可以锁定,再按会弹起,也可以切断电路使油滴下落;“提升”和“下落”按钮不可锁定。

油滴仪面板右侧有“计时”按钮,按一下,开始测量油滴下落时间,再按会停止测量,可以累计时间,结果显示在“计时值”窗口。“复零”按钮可以清除测量结果,这两个按钮都不可锁定。

【实验内容和步骤】

1. 仪器调节

(1)调节仪器底部调平螺丝,使水准仪水泡居中,平行极板处于水平位置。

(2)打开 MOD-5 型密立根油滴仪的电源,数字电压表、数字秒表、油滴照明灯亮,整机开始预热,预热不得少于 10 min。

(3)接通显示器的电源,显示屏亮。显示屏上的分划板刻度为 3 列 4 行,每行代表着视场中 0.5 mm 的高度。

(4)按油滴仪上“数字秒表清零”键,使数字秒表清零。

(5)将“升降、平衡、测量调节开关”调到“平衡”挡,预先调节平衡电压在 250 V 左右,再将该开关调到“测量”挡,即平衡电压先不加在平行极板上。从油滴室小孔喷入油雾,打开油雾孔开关,油滴从上电极板中间直径 0.4 mm 的小孔落入平行极板电场中。慢慢调节 CCD(charge coupled device,电荷耦合器件)物镜焦距,数秒后,从显示屏上可以看到,视场中出现大量油滴。

(6)将“升降、平衡、测量调节开关”调到“平衡”挡,此时,预先调好的 250 V“平衡”电压加在平行极板上,驱走不需要的油滴,直到剩下几颗缓慢运动的为止;选择其中的一颗,仔细调节平衡电压,使油滴静止不动。

(7)将“升降、平衡、测量调节开关”调到“测量”挡,油滴匀速下降,同时计时;下落距离 l 为 1.0010^{-3} m,即显示屏刻度 2 行时,再将“升降、平衡、测量调节开关”调到“平衡”挡或“升降”挡,同时停止计时,此时完成一颗油滴的测量阶段。

(8)如此反复测量多个不同的油滴,得到该实验所需数据。

2. 测量练习

(1)仔细调节“平衡”电压,使一颗油滴平衡,然后去掉“平衡”电压,将“升降、平衡、测量调节开关”调到“测量”挡,让油滴下降(注意:油滴在喷雾器中雾化时,由于摩擦,有的油滴带正电,有的油滴带负电。如果“升降、平衡、测量调节开关”调到“测量”挡时,显示屏上有的油滴上升,有的油滴下降,这说明有的油滴带正电,有的油滴带负电)。下降(或上升)一段距离后,再加上“平衡”电压,油滴停止,再加上“升降”电压。由于“升降”电压是叠加在“平衡”电压上的(见图 7-3-3),因此,油滴平衡被破坏,将上升或下降,反复调节“升降、平衡、测量调节开关”到“升降”“平衡”“测量”位置,可以使油滴上升或下降(如是负电荷,则为下降或上升)。如此反复练

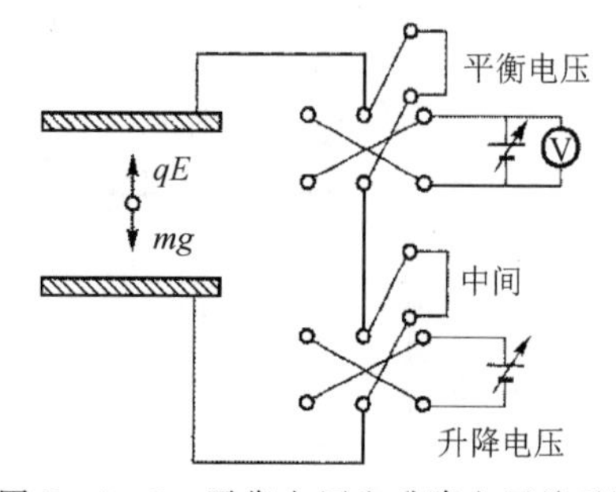

图 7-3-3 平衡电压和升降电压关系图

习,从而掌握控制油滴的方法。

(2)练习选择油滴。本实验的关键是选择合适的油滴。太大的油滴必须带较多的电荷才能平衡,结果不易测准。太小的油滴则由于热扰动和布朗运动,涨落很大。可以根据平衡电压的大小(一般在 200 V 以上)和油滴匀速下落的时间(约 10～20 s)来进行选择。

(3)练习测速度。任选几个不同速度的油滴,用数字秒表测出下降 2 格所需时间。

3. 正式测量

(1)选一颗适合的油滴,经过试测,认为确实符合条件。加平衡电压,使之基本不动。

(2)加升降电压,使油滴缓缓移动到视场的某条刻度线上。在该刻度线附近仔细调节平衡电压,使油滴能停在刻度线上 1 min,记下平衡电压。

(3)去掉平衡电压,油滴开始加速下落,下降一小段距离后基本匀速,可以开始计时,取 $l=1.00\times10^{-3}$ m,即显示屏上竖向 2 格,记下时间间隔 t。

(4)由于涨落,对每一颗油滴必须进行数次测量,平均结果,计算出所带电荷。

(5)对不同油滴进行反复测量,以找到基本电荷 e。

(6)在测量过程中,油滴可能前后移动。因此,如果发现油滴亮度变暗,且逐渐模糊不清,应当微微旋动对焦手轮。使油滴重新对焦。若不及时跟踪对焦或旋动手轮太多,将会使这颗油滴丢失。

【数据记录及处理】

密立根油滴法测定电子电荷实验数据及处理见表 7-3-1。

表 7-3-1　密立根油滴法测定电子电荷实验数据及处理

密立根油滴仪号码:

次数	平衡电压 V/V	时间 t/s	油滴电量 q/C	电荷数 $n=q/e_{公}$	实测电子电量 e
1					
2					
3					
4					
5					
6					
7					
8					
9					
10					

注:$e_{公}=1.602\times10^{-19}$C,电荷数 n 需四舍五入取整。

平均值 $\bar{e}_{测}=$

$\Delta e=|\bar{e}_{测}-e_{公}|=$

$e=\bar{e}\pm\Delta e=$

$E=\dfrac{\Delta e}{\bar{e}}\times100\%=$

7.4　激光全息照相实验

1948 年,英国伦敦大学的丹尼斯·伽伯(Dennis Gabor)为了提高电子显微镜的分辨率,提出了一种无透镜的两步光学成像方法,他称之为“波前重建”,即现在所称的全息照相术。由于当时缺乏相干性好的光源,直到 1960 年随着激光的出现,才获得了单色性和相干性极好的光源。1962 年利思(Leith)和乌帕特尼克斯(Upatnieks)提出了离轴全息以后,才使全息照相技术的研究和应用得到迅速发展,伽伯因此获得 1971 年诺贝尔物理学奖。全息照相在信息存储、图像识别、精密计量、无损检测、遥感测控、生物医学等领域应用日益广泛,此技术已成为科学发展的一个新领域。

【预习思考题】

(1)全息照相与普通照相有哪些不同? 全息照片的主要特点是什么?
(2)画出你拟采用的实验光路图,说明理由及拍摄时的注意事项。
(3)如何获得全息照片再现像? 如何判断再现物像为虚像还是实像?
(4)如何检查全息台的防震性能?
(5)对再现象观察过程中遇到的问题和看到的现象进行分析讨论。

【实验目的】

(1)了解全息照相的基本原理、主要特点及实验装置。
(2)初步掌握全息照相的拍摄技术,拍摄漫反射全息照片和白光再现反射全息相片。
(3)学习全息照片再现和翻拍的方法。

【实验原理】

全息照相与普通照相有本质的不同。普通照相记录的只是物体表面反射光或者物体本身发出光的振幅分布;而全息照相是要把物体上发出光的全部信息,包括振幅和相位全部记录下来,但它记录的不是物体的几何图像,而是物光(物体反射或透射的光波)与另一束与之相干的参考光抵达照片底片的干涉条纹,所以全息照片上看到的不是原物的像,而是干涉条纹。全息照相包括波前记录和波前再现两个过程。波前记录由物光与另一参考光波相干涉,用感光底片将干涉条纹记录下来,形成全息图;波前再现是用一个与参考光波相似的光波照射全息图,光通过全息图产生衍射呈现出原来记录的物体像。

1. 波前记录

波前记录过程如图 7-4-1 所示。设传播到底片上的物光为

$$O = O(x, y)\mathrm{e}^{-i\Phi(x, y)} \tag{7-4-1}$$

传播到底片上的参考光为

$$R = R(x, y)\mathrm{e}^{-i\Psi(x, y)} \tag{7-4-2}$$

从而底片上各点的光强分布为

$$
\begin{aligned}
I &= (O+R)(O^{*}+R^{*}) \\
&= OO^{*}+RR^{*}+OR^{*}+O^{*}R \\
&= I_O+I_R+2\,|RO|\cos[\Phi(x,y)-\Psi(x,y)]
\end{aligned}
\tag{7-4-3}
$$

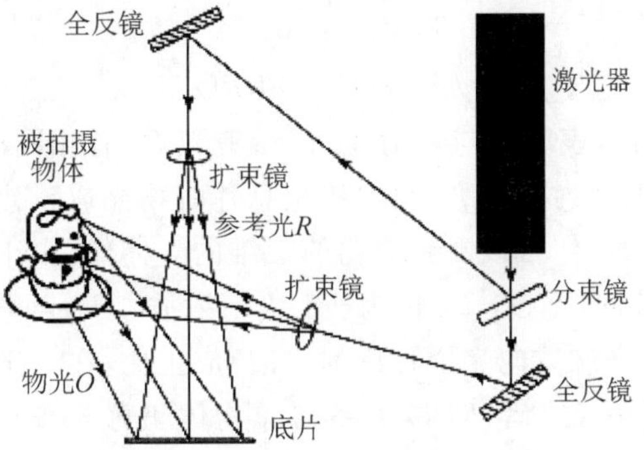

图 7-4-1　全息照相的记录

式中，O^{*} 与 R^{*} 分别为 O 与 R 的共轭项；$I_O=OO^{*}$，$I_R=RR^{*}$ 分别为物光与参考光的光强。其中第三项是物光与参考光在底片上产生的干涉项，形成许多明暗、疏密不同的条纹，底片经过曝光，将这种条纹记录下来，经显影、定影和冲洗处理后就得到一张全息照相的“照片”，这就是我们要的“全息照片”，它包含了物光振幅和相位的信息。值得注意的是，“全息照片”上的每一点的光强都是参考光和到达该点的整个物光相干涉的结果，因此，“全息照片”上各点的光强和物点之间并不存在一一对应，而是“全息照片”上的任何一小部分都包含了整个物体的信息。

2. 波前再现

波前再现过程实际是光波通过全息图的衍射复现物光的过程。底片经过曝光、冲洗后得到一张各处透光率不同的“全息照片”，设其透光率表示为

$$
t(x,y)=t_0+kI(x,y) \tag{7-4-4}
$$

式中，t_0、k 为常数；$I(x,y)$为曝光时照射到底片上的光强。

如图 7-4-2 所示，若以原参考光照射“全息照片”，那么透过“全息照片”的透射光为

$$
T(x,y)=t,\quad R=t_0R+kRI(x,y) \tag{7-4-5}
$$

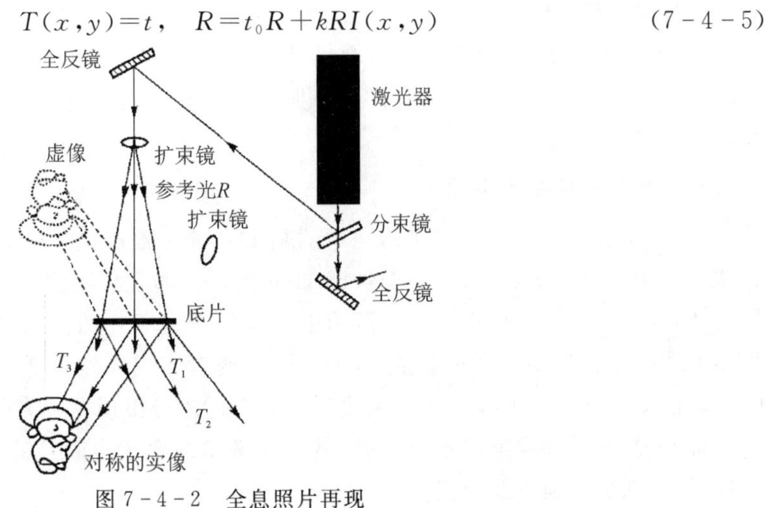

图 7-4-2　全息照片再现

把 $I(x, y)$ 代入上式可得

$$\begin{aligned} T(x,y) &= t_0R + k(I_O + I_R + OR^* + O^*R)R \\ &= [t_0 + k(I_O + I_R)]R + kI_RO + kRRO^* \\ &= T_1 + T_2 + T_3 \end{aligned}$$

式中，$T_1 = [t_0 + k(I_O + I_R)]R$；$T_2 = kI_RO$；$T_3 = kRRO^*$。

T_1 与参考光 R 成正比，表明它与入射光（即参考光 R）有相同的性质，沿原方向传播，不包含物光信息，相当于 0 级衍射波。T_2 与制作全息片时物光成正比，是原物光波前的准确再现。当沿光波传播方向观察时，可以看到原物的三维的立体像，由于光线是发散的，所以观察到的是物体的虚像（见图 7－4－2），T_2 称为＋1 级衍射波。T_3 与物光波的共轭光波 O^*（共轭光波是传播方向与原来光波方向完全相反的光波）成正比，在一定条件下是汇聚光，形成一个在观察者看来物体的前后（或者凸凹）关系与原物体正好相反的实像，T_3 称为－1 级衍射波。

这样，"全息照片"相当于一块反差不同、间距不等、弯弯曲曲、透过率不均匀的复杂"光栅"，再现光被照片上的干涉图像衍射，在照片后面出现一系列衍射光波，有 0 级、±1 级、±2 级等，0 级波可视为入射相干光经衰减后形成的光束。图 7－4－2 画出了±1 级衍射波，它们构成了物体的两个再现像，再现的形象与原来物体的形象完全一样。理论上讲，"全息照片"可产生多级衍射光。实际上，除不包含物体信息的 0 级衍射光外，只有±1 级衍射光比较强，从图 7－4－2 的观察方向可看到原物体的虚像。若要观察物体的实像，可以使用参考光共轭光照射"全息照片"，衍射光即可在原物体处汇聚成实像。

3. 全息照相的特点

（1）全息照相的体视特性。"全息照片"再现的是一幅完全逼真的被摄物体的三维立体图像。因此，当移动眼睛从不同的角度去观察时，就好像面对原物体一样，可看到原物被遮住的侧面。

（2）"全息照片"的多重记录性。在一次全息照相拍摄曝光后，只要稍微改变底片的方向，如转过一定角度或改变参考光的入射方向，就可在同一张底片上进行第二次、第三次的重叠记录。再现时，只要适当转动"全息照片"即可获得各自独立互不干涉的图像。

（3）全息照相的可分割性。"全息照片"上的任一小区域都分别记录了从同一物点发出的不同倾角的物光信息。因此，通过"全息照片"的任何一碎片仍能再现出完整的图像，但图像的亮度、清晰度会下降。

4. 全息照相的基本条件

（1）相干性好的光源。本实验采用的是 He－Ne 激光器作相干光源，它输出激光束的波长为 632.8 nm，其相干长度为 5～10 cm，能获得较好的全息图像。

（2）合理的光路。图 7－4－1 是拍摄漫反射全息照片的光路，对光路的一般要求有：物光和参考光的光程差要符合相干条件，一般常使两者光程大致相等。物光与参考光的光强比一般选取在 1∶4 到 1∶10 的范围，为此需选取合适的分束镜。物光与参考光的夹角小于 45°，因为夹角越大，干涉条纹就越密，对感光材料分辨率的要求也就越高。另外，选用光学元件数越少越好，可减少光损失及干扰。

（3）高分辨率的感光底片。记录全息图像需要采用分辨率、灵敏度等性能良好的感光底片，因一般全息干涉条纹都是非常密集的，故要采用每毫米大于 1000 条的感光底片，分辨率的提高使感光度下降，所以曝光时间比普通照片长，且与激光强度、被摄物大小和反光性能有关。用于 He-Ne 激光的全息感光底片（又称全息干板）对红光最敏感，所以全息照相的全部操作可在暗绿灯下进行，曝光后，显影、定影等化学处理与普通感光底片相同。

(4)良好的防震装置。对于全息照相的光学系统要求有特别高的机械稳定性。如果物光和参考光的光程稍有细微的变化，就会使干涉条纹模糊不清。像平面振动而引起工作台面的振动，光学元件及物体夹得不牢固而引起的抖动，强烈声波振动而引起空气密度的变化等，都会引起干涉条纹的漂移而使图像模糊。因此，拍摄系统必须安装在具有防震装置的平台上，系统中光学元件和各种支架都要用磁钢牢固地吸在钢板上。曝光过程中请不要走动，不要高声说话，以保证干涉条纹无漂移。

【实验仪器】

全息台、He-Ne 激光器及电源、分束镜、全反射镜、扩束镜、全息感光底片、曝光定时计、显影液、定影液。

【实验内容和步骤】

1. 在光学台上按图 7-4-3 搭迈克尔逊干涉光路

激光束经 $T:R=1:1$ 的分束镜 1 分束，反射光经全反镜 2 反射后，一部分透过分束镜 1 到达扩束镜 4；透射光经全反镜 3 反射后，一部分被分束镜 1 反射向扩束镜 4，这两部分光产生干涉；经扩束镜 4 扩束后，如在白屏 5 上能看到清晰的干涉条纹，说明工作台已经处于稳定可拍摄全息图的状态。

全息照相是基于物光与参考光干涉、用全息干板记录下干涉条纹图像，再在参考光照射下重视物光。在拍摄过程中，若外界干扰使干涉条纹发生漂移，就会导致拍摄失败。迈克尔逊干涉光路可以直观地显示外界干扰的影响程度，观察外界条件变化，如震动（走动、喧哗等）和空气流动（对迈克尔逊光路扇风或吹气）对干涉条纹的影响并作记录，初步判断光学台的防震性能及实验时应如何防止外界干扰。

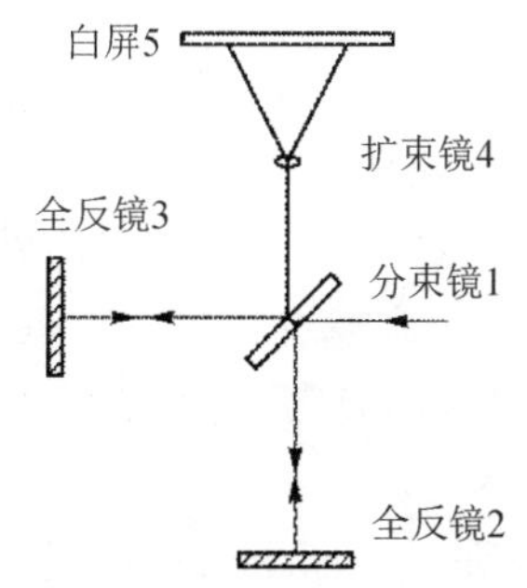

图 7-4-3　迈克尔逊干涉光路

2. 漫反射全息照片的拍摄

按光路旋转各元器件，并作如下调整：

(1)使各元件等高。

(2)使参考光均匀照亮胶片夹上的白纸屏,使入射光均匀照明被摄物体,而且漫反射光能照射到白纸屏上,调节两束光的夹角约为35°。

(3)使物光和参考光的光程大致相等。合适的光强比为1∶4到1∶10,实验室已根据被摄物的情况在选择分束镜时一起考虑了。

3. 全息照片的冲洗

在暗室中按程序将拍好的全息干板显影、定影后,用冷风干燥约15 min。待其充分干燥后,在白炽灯下观看时,若有干涉条纹,说明拍摄、冲洗成功。

4. 全息照片再现像的观察

将全息照片按原样装回干板架上,用拍摄时的参考光 R 照射,在"全息照片"后向原物体方向看,即能观察到物体全息再现像。观察时,注意比较再现虚像的大小、位置与原物的情况,体会全息照相的体视性。再通过小孔观察再现虚像,并改变小孔覆盖在全息照片上的位置,体会全息照相的可分割性。详细记录观察结果。

【注意事项】

(1)不要用眼睛直接对准激光束观察,否则将灼伤眼睛。实验所用的激光束对皮肤及衣物等无伤害。

(2)所有光学元件不能用手摸、揩,必要时用专用擦镜纸轻轻揩擦。

(3)曝光时,要避免室内振动和空气流动。

(4)全息底片是玻璃片基,注意轻拿轻放,防止破碎。

(5)遵守暗室操作规程。

7.5 弗兰克-赫兹实验

1900年是量子论的诞生之年,它标志着物理学由经典物理迈向近代物理。量子论的基本观念是能量的不连续性,即能量是量子化的。

1914年,弗兰克和赫兹在研究气体放电现象中低能电子与原子间相互作用时,在充汞的放电管中发现透过汞蒸气的电子流随电子能量的变化而有规律地呈现周期性变化,间隔为4.9 eV,并拍摄到与能量4.9 eV相对应的光谱线253.7 nm。对此,他们提出了原子中存在"临界电势"的概念:当电子能量低于与临界电势相应的临界能量时,电子与原子的碰撞是弹性的;而当电子能量达到这一临界能量时,碰撞过程由弹性变为非弹性,电子把这份特定的能量转移给原子使之受激,原子退激时再以特定频率的光量子形式辐射出来。电子损失的能量 ΔE 与光量子能量、光子频率的关系为 $\Delta E=ev=h\nu$。

弗兰克-赫兹实验用非光学方法证实了原子内部能量是量子化的,为波尔于1913年发表的原子理论提供了坚实的实验基础,是量子论的一个重要实验。

1920年,弗兰克及其合作者对原先实验装置做了改进,提高了分辨率,测得了汞除4.9 eV以外的较高激发能级和电离能级,进一步证实了原子内部能量是量子化的。1925年,弗兰克和赫兹共同获得诺贝尔物理学奖。

弗兰克-赫兹实验至今仍是探索原子结构的重要手段之一,实验中用的"拒斥电压"筛去小能量电子的方法已成为广泛应用的实验技术。

【预习思考题】

(1)实验中板极电流与加速电压之间存在什么关系?

(2)电子与原子的微观碰撞过程是怎样联系在一起的?

(3)实验中如何选取合适的温度?加反向电压的作用,对实验曲线有何影响?

【实验目的】

(1)测量氩原子或汞原子的第一激发电位,证实原子能级的存在,加深对原子结构的了解。

(2)了解在微观世界中,电子与原子的碰撞和能量交换过程的概率及影响因素。

【实验原理】

玻尔提出的原子理论指出,原子只能较长地停留在一些稳定状态(简称为定态)。原子在这种状态时,不发射或吸收能量。各定态有一定的能量,其数值彼此分隔。原子的能量不论通过什么方式发生改变,只能从一个定态跃迁到另一个定态。原子从一个定态跃迁到另一个定态而发射或吸收辐射时,辐射频率是一定的。如果用 E_m 和 E_n 分别代表有关两定态能量的话,辐射的频率 ν 决定于如下关系

$$h\nu = E_m - E_n \tag{7-5-1}$$

式中,普朗克常数 $h = 6.626 \times 10^{-34}\ \mathrm{J \cdot s}$。

为了使原子从低能级向高能级跃迁,可以通过具有一定能量的电子与原子相碰撞进行能量交换的办法来实现。

设初速度为零的电子在电位差为 U 的加速电场作用下,获得能量 eU_0。当具有这种能量的电子与稀薄气体的原子(如十几个托的氩原子)发生碰撞时,就会发生能量交换。如以 E_1 代表氩原子的基态能量、E_2 代表氩原子的第一激发态能量,当氩原子吸收从电子传递来的能量恰好为

$$eU_0 = E_2 - E_1 \tag{7-5-2}$$

电子在电场中获得的动能在和原子碰撞交给原子时,氩原子就会从基态跃迁到第一激发态,而且相应的电位差称为氩的第一激发电位。测定出这个电位差 U_0,就可以根据式(7-5-2)求出氩原子的基态和第一激发态之间的能量差了(其他元素气体原子的第一激发电位亦可依此法求得)。弗兰克-赫兹实验原理如图 7-5-1 所示。在充氩的弗兰克-赫兹管中,电子由热阴极发出,阴极 K 和第一栅极 G_1 之间的加速电压主要用于消除阴极电子散射的影响,阴极 K 和栅极 G_2 之间的加速电压 U_{KG_2} 使电子加速。在板极 A 和第二栅极 G_2 之间加有反向拒斥电压 U_{G_2A}。管内空间电位分布如图 7-5-2 所示。当电子通过 KG_2 空间进入 G_2A 空间时,如果有较大的能量($\geqslant eU_{G_2A}$),就能冲过反向拒斥电场而到达板极形成板流,被微电流计检出。如果电子在 KG_2 空间与氩原子碰撞,把自己一部分能量传给氩原子而使后者激发,电子本身所剩余的能量就很小,以致通过第二栅极后已不足以克服拒斥电场而被折回到第二栅极,这时,通过微电流计中的电流将显著减小。

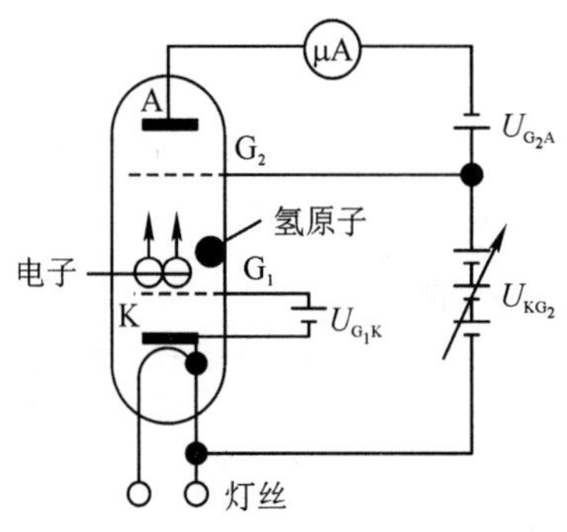

图 7-5-1　弗兰克-赫兹实验原理图

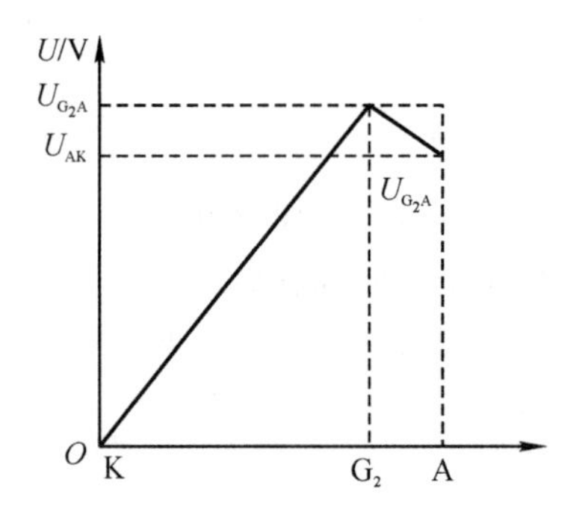

图 7-5-2　管内空间电位分布

实验时,使 U_{KG_2} 电压逐渐增加并仔细观察电流计的电流指示,如果原子能级确实存在,而且基态和第一激发态之间有确定的能量差的话,就能观察到如图 7-5-3 所示的 $I_A-U_{KG_2}$ 曲线。

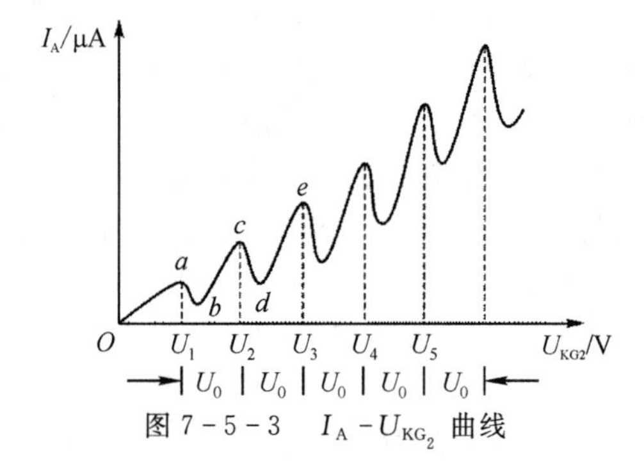

图 7-5-3　$I_A-U_{KG_2}$ 曲线

图 7-5-3 所示的曲线反映了氩原子在 KG_2 空间与电子进行能量交换的情况。当 KG_2 空间电压逐渐增加时,电子在 KG_2 空间被加速而取得越来越大的能量。但起始阶段,由于电压较低,电子的能量较少,即使在运动过程中它与原子相碰撞也只有微小的能量交换(为弹性碰撞)。穿过第二栅极的电子形成的板极电流 I_A 将随第二栅极电压 U_{KG_2} 的增加而增大(见图 7-5-3 的 Oa 段)。当 KG_2 间的电压达到氩原子的第一激发电位 U_0 时,电子在第二栅极附近与氩原子相碰撞,将自己从加速电场中获得的全部能量交给后者,并且使后者从基态激发到第一激发态。而电子本身由于把全部能量给了氩原子,即使穿过了第二栅极也不能克服反向拒斥电场而被折回第二栅极(被筛选掉)。所以板极电流将显著减小(见图 7-5-3 的 ab 段)。随着第二栅极电压的不断增加,电子的能量也随之增加,在与氩原子相碰撞后还留下足够的能量,可以克服反向拒斥电场而达到板极 A,这时电流又开始上升(bc 段)。直到 KG_2 间电压是 2 倍氩原子的第一激发电位时,电子在 KG_2 间又会因二次碰撞而失去能量,因而又会造成第二次板极电流的下降(cd 段);同理,凡 KG_2 之间电压满足

$$U_{KG_2}=nU_0 \quad (n=1,2,3\cdots) \tag{7-5-3}$$

时,板极电流 I_A 都会相应下降,形成规则起伏变化的 I_A-U_{KG_2} 曲线。而各次板极电流 I_A 达到峰值时相对应的加速电压差 $U_{n+1}-U_n$(即两相邻峰值之间的加速电压差值)就是氩原子的第一激发电位值 U_0。

本实验就是要通过实际测量来证实原子能级的存在,并测出氩原子的第一激发电位(公认值为 $U_0=11.5$ V)。

原子处于激发态是不稳定的。在实验中被慢电子轰击到第一激发态的原子要跃迁回基态,进行这种反跃迁时,就应该有 eU_0 电子伏特的能量发射出来。反跃迁时,原子是以放出光量子的形式向外辐射能量。这种光辐射的波长为

$$eU_0 = h\nu = h\frac{c}{\lambda} \tag{7-5-4}$$

对于氩原子,$\lambda = \frac{hc}{eU_0} = \frac{6.63\times10^{-34}\times3.00\times10^{8}}{1.6\times10^{-16}\times11.5}1\,081$ Å。

如果弗兰克-赫兹管中充有其他元素,用该方法均可以得到它们的第一激发电位,几种元素的第一激发电位见表 7-5-1。

表 7-5-1 几种元素的第一激发电位

元素	钠(Na)	钾(K)	锂(Li)	镁(Mg)	汞(Hg)	氦(He)	氖(Ne)
U_0/ V	2.12	1.63	1.84	3.2	4.9	21.2	18.6
λ/ Å	5 898	7 664	6 707.8	4 571	2 500	584.3	640.2

【实验仪器】

弗兰克-赫兹管、加热炉、温控装置、F-H 管电源、扫描电源、微电流放大器、X-Y 记录仪。

【实验内容和步骤】

1. 实验内容

(1)熟悉实验装置结构和使用方法。

(2)按照实验要求连接实验线路,检查无误后开机。

(3)开机后,实验仪面板状态显示如下:

① 实验仪的"1 mA"电流挡位指示灯亮,表明此时电流的量程为 1 mA 挡;电流显示值为 000.0 μA。

② 实验仪的"灯丝电压"指示灯亮,表明此时修改的电压为灯丝电压;电压显示值为 000.0 V;最后一位在闪动,表明现在修改位为最后一位。

③ "手动"指示灯亮,表明仪器工作正常。

(4)手动测试氩元素第一激发电位的测量。

① 设置仪器为"手动"工作状态,按"手动 / 自动"键,"手动"指示灯亮。

② 设定弗兰克-赫兹管的各工作参数:

[注]:各电极电压对应关系为 $V_F = U_F$,$V_{G_1K} = U_{G_1K}$,$V_{G_2A} = U_{G_2A}$,$V_{KG_2} = U_{KG_2}$。

2. 实验步骤

(1) 按下电流量程键,对应的量程指示灯点亮(具体参数见机箱)。

(2) 设定电压源的电压值,用↓/↑、←/→键完成,需设定的电压源有:灯丝电压 U_F、第一加速电压 U_{G_1K}、拒斥电压 U_{G_2A}。设定状态参见随机提供的工作条件(具体参数见机箱)。

(3) 按下“启动”键,实验开始。用↓/↑,←/→键完成 U_{KG_2} 电压值的调节,从 0.0 V 起,按步长 1 V(或 0.5 V)的电压值调节电压源 U_{KG_2},仔细观察弗兰克-赫兹管的板极电流值 I_A 的变化(可用示波器观察),读出 I_A 的峰、谷值和对应的 U_{KG_2} 值(在峰、谷值附近多取几组值,以便作图)。实验中一般取 I_A 的峰值在 4～5 个为佳。

(4) 重新启动。在手动测试的过程中,按下启动按键,U_{KG_2} 的电压值将被设置为零,内部存储的测试数据被清除,示波器上显示的波形被清除,但 U_F、U_{G_1K}、U_{G_2A} 及电流挡位等的状态不发生改变。这时,操作者可以在该状态下重新进行测试,或修改状态后再进行测试。

【数据记录及处理】

按照表 7-5-2 记录,若表格不够,请自己补充。然后在方格纸上绘出自动测量及手动测量的曲线。分别用逐差法处理数据,求得氩的第一激发电位 U_0 值,并计算相对误差。

表 7-5-2 弗兰克-赫兹实验数据

U_{KG_2} / V						
$I_A/\mu A$						

附　录

附录1　物理学测量单位名称

附表1-1　国际单位制(SI)的基本单位

量	名　称	符　号
长度	米	m
质量	千克(公斤)	kg
时间	秒	s
电流强度	安[培]	A
热力学温度	开[尔文]	K
物质的量	摩[尔]	mol
发光强度	坎[德拉]	cd

附表1-2　具有专门名称的国际单位制导出单位

物理量	国际单位制单位		
	名　称	符　号	用其他单位表示的关系式
频率	赫[兹]	Hz	s^{-1}
力	牛[顿]	N	$m \cdot kg \cdot s^{-2}$
压强、压力	帕[斯卡]	Pa	$N \cdot m^{-2}$
功、能、热量	焦[耳]	J	$N \cdot m$
功率、辐射通量	瓦[特]	W	$J \cdot s^{-1}$
电量、电荷	库[仑]	C	$s \cdot A$
电位、电压、电动势	伏[特]	V	$W \cdot A^{-1}$
电容	法[拉]	F	$C \cdot V^{-1}$
电阻	欧[姆]	Ω	$V \cdot A^{-1}$
电导	西[门子]	S	$A \cdot V^{-1}$
磁通量	韦[伯]	Wb	$V \cdot s$
磁感应强度	特[斯拉]	T	$Wb \cdot m^{-2}$
电感	亨[利]	H	$Wb \cdot A^{-1}$
光通量	流[明]	lm	$cd \cdot sr$
光照度	勒[克斯]	lx	$lm \cdot m^{-2}$
活度(放射性强度)	贝克[勒尔]	Bq	s^{-1}
吸收剂量	戈[瑞]	Gy	$J \cdot kg^{-1}$

附录2 物理学常用数据

附表2-1 常用基本物理量

基本物理常数	符号	数值	单位	不确定度/ppm
真空中光速	c	299 792 458	$m \cdot s^{-1}$	(精确)
真空磁导率	μ_0	12.566 370 614…	$10^{-7} N \cdot A^{-2}$	(精确)
真空介电常量，$1/\mu_0 c^2$	ε_0	8.854 187 817…	$10^{-12} F \cdot m^{-1}$	(精确)
牛顿引力常量	G	6.672 59(85)	$10^{-11} m^3 \cdot kg^{-1} \cdot s^{-2}$	128
普朗克常量	h	6.626 075 5(40)	$10^{-34} J \cdot s$	0.60
基本电荷	e	1.602 177 33(49)	$10^{-19} C$	0.30
玻尔磁子，$ch/2m_e$	u_g	9.274 015 4(31)	$10^{-24} J \cdot T^{-1}$	0.34
里德伯常量	R_∞	10 973 731 534(13)	m^{-1}	0.001 2
玻尔半径，$\alpha / 4\pi R_\infty$	$_o$	0.529 177 249(24)	$10^{-10} m$	0.045
电子质量	m_e	0.910 938 97(54)	$10^{-30} kg$	0.59
电子荷质比	$-e/m_e$	−1.758 819 62(53)	$10^{11} C \cdot kg^{-1}$	0.30
质子质量	m_p	1.672 623 6(10)	$10^{-27} kg$	0.59
中子质量	m_n	1.674 928 6(10)	$10^{-27} kg$	0.59
原子(统一)质量单位，原子质量 $1\mu = m_n = \frac{1}{12}m(^{12}C)$	m_μ	1.660 540 2(10)	$10^{-27} kg$	0.59
气体常量	R	8.314 510 (70)	$J \cdot mol^{-1} \cdot K^{-1}$	0.84
玻耳兹曼常量，R/N_A	k	1.380 658(12)	$10^{-23} J \cdot K^{-1}$	0.84
摩尔体积(理想气体) $T = 273.15$ K，$p = 101\ 325$ Pa	V_m	22.414 10(19)	$L \cdot mol^{-1}$	0.84

附表2-2 海平面上不同纬度处的重力加速度

纬度/°	$g/(cm \cdot s^{-2})$	纬度/°	$g/(cm \cdot s^{-2})$	纬度/°	$g/(cm \cdot s^{-2})$	纬度/°	$g/(cm \cdot s^{-2})$
0	978.039	35	979.737	46	980.711	57	981.675
5	978.078	36	979.822	47	980.802	58	981.757
10	978.384	37	979.908	48	980.892	59	981.839
15	978.641	38	979.995	49	981.981	60	981.918
20	978.641	39	980.083	50	981.071	65	982.288
25	978.960	40	980.171	51	981.159	70	982.608
30	979.329	41	980.261	52	981.247	75	982.868

续表

纬度/°	g/(cm・s^{-2})	纬度/°	g/(cm・s^{-2})	纬度/°	g/(cm・s^{-2})	纬度/°	g/(cm・s^{-2})
31	979.407	42	980.350	53	981.336	80	983.059
32	979.487	43	980.440	54	981.422	85	983.178
33	979.569	44	980.531	55	981.507	90	983.217
34	979.652	45	980.624	56	981.592		

1 $cm/s^2 = 10^{-2}$ m/s^2。

附表 2－3　不同温度下干燥空气中的声速

℃	v/(m・s^{-1})	℃	v/(m・s^{-1})	℃	v/(m・s^{-1})	℃	v/(m・s^{-1})
0	331.450	10.5	337.760	20.5	341.663	30.5	349.465
1.0	332.050	11.0	338.058	21.0	343.955	31.0	349.573
1.5	332.359	11.5	338.355	21.5	344.247	31.5	350.040
2.0	332.661	12.0	338.652	22.0	344.539	32.0	350.327
2.5	332.963	12.5	338.949	22.5	344.830	32.5	350.614
3.0	333.265	13.0	339.246	23.0	345.123	33.0	350.901
3.5	333.567	13.5	339.542	23.5	345.414	33.5	351.187
4.0	333.868	14.0	339.838	24.0	345.705	34.0	351.474
4.5	334.169	14.5	340.134	24.5	345.995	34.5	351.760
5.0	334.470	15.0	340.429	25.0	346.286	35.0	352.040
5.5	334.770	15.5	340.724	25.5	346.576	35.5	352.331
6.0	335.071	16.0	341.019	26.0	346.866	36.0	352.616
6.5	335.370	16.5	341.314	26.5	347.516	36.5	352.901
7.0	335.670	17.0	341.609	27.0	347.445	37.0	353.186
7.5	335.970	17.5	341.903	27.5	347.735	37.5	353.470
8.0	336.269	18.0	342.197	28.0	348.024	38.0	353.755
8.5	336.568	18.5	342.490	28.5	348.313	38.5	354.039
9.0	336.866	19.0	342.784	29.0	348.601	39.0	354.323
9.5	337.165	19.5	343.077	29.5	348.889	39.5	354.606
10.0	337.463	20.0	343.370	30.0	349.177	40.0	354.890

本表计算公式：$v = v_0\sqrt{1+\frac{t}{T_0}}$。式中：$v_0 = 331.45$ m/s，是 0 ℃时的声速；$T_0 = 273.15$，是绝对温度；t 是摄氏温度。

附表 2－4　某些元素及无机化合物的密度

物质	密度/(g・cm^{-3})	物质	密度/(g・cm^{-3})	物质	密度/(g・cm^{-3})	物质	密度/(g・cm^{-3})
铝	2.702	铬	7.200	铟	7.300	镍	8.900
锑	6.684	三氧化二铬	5.210	碘	4.930	白金	21.450
砷	5.727	钴	8.900	铁	7.860	钾	0.860
硼	2.340	铜	8.920	铅	11.340	氯化钾	1.984
隔	8.642	氧化亚铜	6.000	镁	1.740	银	10.500

续表

物质	密度/($g\cdot cm^{-3}$)	物质	密度/($g\cdot cm^{-3}$)	物质	密度/($g\cdot cm^{-3}$)	物质	密度/($g\cdot cm^{-3}$)
钙	1.540	氧化铜	6.3～6.49	锰	7.200	硅	2.32～2.34
金刚石	3.510	硫化铜	3.605	汞	13.590	钠	0.970
石墨	2.250	锗	5.350	氧化汞	9.800	锌	7.140
碳	1.8～2.1	金	18.880	钼	10.200	钨	19.350

附表 2-5　液体的密度

液体	温度/℃	密度/($g\cdot cm^{-3}$)	液体	温度/℃	密度/($g\cdot cm^{-3}$)
丙酮	20	0.792	汽油		0.660～0.690
酒精	20	0.791	牛奶		1.028～1.035
苯	0	0.899	海水	15	1.025
乙醚	0	0.736	蓖麻油	15	0.969

附表 2-6　水在不同温度时的密度

温度/℃	密度/($g\cdot cm^3$)	温度/℃	密度/($g\cdot cm^3$)	温度/℃	密度/($g\cdot cm^3$)
0	0.999 87	30	0.995 67	65	0.980 59
3.98	1.000 00	35	0.994 06	70	0.977 81
5	0.999 99	38	0.992 99	75	0.974 89
10	0.999 73	40	0.992 24	80	0.971 83
15	0.999 13	45	0.990 25	85	0.968 65
18	0.998 62	50	0.988 07	90	0.965 34
20	0.998 23	55	0.985 73	95	0.961 92
25	0.997 07	60	0.983 24	100	0.958 38

* 纯水在 3.98 ℃时的密度最大。

附表 2-7　铜-康铜热电偶分度(自由端温度 0 ℃)

工作端温度	0	1	2	3	4	5	6	7	8	9	de/dt (vu)
0	0.000	0.039	0.078	0.116	0.155	0.194	0.234	0.273	0.312	0.352	38.6
10	0.391	0.431	0.471	0.510	0.550	0.590	0.630	0.671	0.711	0.751	39.5
20	0.792	0.832	0.873	0.914	0.954	0.995	1.036	1.077	1.118	1.159	40.4
30	1.201	1.242	1.284	1.325	1.367	1.408	1.450	1.492	1.534	1.576	41.3
40	1.618	1.661	1.703	1.745	1.788	1.830	1.873	1.916	1.958	2.001	42.4
50	2.044	2.087	2.130	2.174	2.217	2.260	2.304	2.347	2.391	2.435	43.0
60	2.478	2.522	2.566	2.610	2.654	2.698	2.743	2.787	2.831	2.876	49.8
70	3.920	2.965	3.010	3.506	3.099	3.144	3.189	3.234	3.279	3.325	44.5
80	3.370	3.415	3.491	3.506	3.552	3.597	3.643	3.689	3.735	3.781	45.3
90	3.827	3.873	3.919	3.965	4.012	4.058	4.105	4.151	4.198	4.244	46.0
100	4.290	4.338	4.385	4.432	4.479	4.529	4.573	4.621	4.668	4.715	46.8

附表 2-8 一些气体的折射率($\lambda_D=589.3nm$)

物质名称	折射率(n_D)
空气	1.000 292 6
氢气	1.000 132 0
氮气	1.000 296 0
水蒸气	1.000 254 0
二氧化碳	1.000 488 0
甲烷	1.000 444 0

气体在正常温度和压力下。

附表 2-9 一些液体的折射率

物质名称	温度/℃	折射率/ n_D
水	20	1.3330
乙醇	20	1.361 4
甲醇	20	1.328 8
乙醚	22	1.3510
丙酮	20	1.359 1
二硫化碳	18	1.625 5
三氯甲烷	20	1.4460
苯	20	1.501 1
α-溴代萘	20	1.658 2

附表 2-10 一些晶体和光学玻璃的折射率

物 质	n_D	物 质	n_D
熔凝石英	1.458 43	重冕玻璃 ZK8	1.614 00
氯化钠	1.544 27	火石玻璃 F8	1.605 51
氯化钾	1.490 44	重火石玻璃 2F1	1.647 50
萤石(CaF_2)	1.433 81	重火石玻璃 ZF6	1.755 00
冕玻璃 K6	1.511 10	钡火石玻璃 BaF8	1.625 90
冕玻璃 K9	1.516 30	重钡火石玻璃 ZBaF3	1.656 80

附表 2-11 钠灯光谱线波长表

颜 色	波长/nm	相对强度
黄	588.59	强
	589.59	强

附表 2－12　汞灯光谱线波长表

颜　色	波长/nm	相对强度	颜　色	波长/nm	相对强度
	237.83	弱		292.54	弱
	239.95	弱		296.73	强
	248.20	弱		302.25	强
	253.65	很强		312.57	强
紫外部分	265.30	强	紫外部分	313.16	强
	269.90	弱		334.15	强
	275.28	强		365.01	很强
	275.29	弱		366.29	强
	280.40	弱		370.42	弱
	289.36	弱		390.44	弱
紫	404.66	强	黄绿	567.59	弱
紫	407.78	强	黄	576.96	强
紫	410.81	弱	黄	579.07	强
蓝	433.92	弱	黄	585.93	弱
蓝	434.75	弱	黄	588.89	弱
蓝	435.83	很强	橙	607.27	弱
青	491.61	弱	橙	612.34	弱
青	496.03	弱	橙	623.45	强
绿	535.41	弱	红	671.64	弱
绿	536.51	弱	红	690.75	弱
绿	546.07	很强	红	708.19	弱
	773	弱		1 530	强
	925	弱		1 692	强
	1 014	强		1 707	强
红外部分	1 129	强	红外部分	1 813	弱
	1 357	强		1 970	弱
	1 367	强		2 250	弱
	1 396	弱		2 325	弱

附表 2－13　氢灯光谱线波长表

颜　色	波长/nm	相对强度	颜　色	波长/nm	相对强度
紫	410.17	瑞			
蓝	434.05	弱	红	656.29 以上属巴耳末线系	强
青	486.13	弱			

附表 2-14 氦灯光谱线波长表

颜 色	波长/nm	相当强度	颜 色	波长/nm	相当强度
紫	388.86	强	青	471.31	弱
紫	396.47	弱	绿	492.19	弱
紫	402.62	弱	绿	501.57	强
紫	412.08	弱	绿	504.77	弱
紫	414.38	弱	黄	587.56	很强
蓝	438.79	弱	红	667.81	强
蓝	447.15	强	红	706.52	强

附表 2-15 氖灯光谱线波长表

颜 色	波长/nm	相对强度	颜 色	波长/nm	相对强度
蓝	453.78	弱	橙	618.21	强
蓝	456.91	强	橙	621.73	较强
青	478.89	弱	橙	626.65	较强
青	479.02	弱	红	630.48	很弱
绿	533.08	弱	红	633.44	较强
绿	534.11	弱	红	638.30	强
绿	540.06	弱	红	640.22	强
黄	585.24	强	红	650.65	强
黄	588.19	弱	红	659.81	强
黄	594.48	较弱	红	667.83	弱
黄	596.54	较弱	红	692.95	较弱
橙	614.31	较弱	红	703.24	较弱
橙	616.36	较弱	红	717.39	较弱

附表 2-16 苯(C_6H_6)吸收光谱波长表

波长/nm	相对强度	波长/nm	相对强度
1140	强	2150	强
1671	强	2464	强

附表 2-17 钕镨玻璃吸收光谱波长表

波长/nm	相对强度	波长/nm	相对强度
808	强	1220	弱
880	强	1517	强
1067	弱	1918	强

附表 2－18　几种常用激光器的主要谱线波长

氦氖激光/nm	632.8
氦镉激光/nm	441.6　325.0
离子激光/nm	528.7　514.5　501.7　496.5　488.0　476.5　472.7　465.8　457.9 545.5 437.1
红宝石激光器/nm	694.3　593.4 510.0 360.0
Nd 玻璃激光/μm	1.35 1.34　1.32　1.06　0.91
CO_2 激光/μm	10.6

附表 2－19　1 mm 厚石英片的旋光率(温度 20 ℃)

波长/nm	344.1	372.6	404.7	435.9	491.6	508.6	589.3	656.3	670.8
旋光 ρ	70.59	58.86	43.54	41.54	31.98	29.72	21.72	17.32	16.54

附表 2－20　光在有机物中偏振面的旋转

旋光物质,溶剂,浓度	波长/nm	$[\rho_s]$	旋光物质,溶剂,浓度	波长/nm	$[\rho_s]$
葡萄糖水＋水 c＝5.5 (t＝20 ℃)	447.0 479.0 508.0 535.0 589.0 656.0	96.62 83.88 73.61 65.35 52.76 41.89	酒石酸＋水 c＝28.62 (t＝18 ℃)	350.0 400.0 450.0 500.0 550.0 589.0	－16.8 －6.0 ＋6.6 ＋7.5 ＋8.4 ＋9.82
蔗糖＋水 c＝26 (t＝20 ℃)	404.7 435.8 480.0 520.9 589.3 670.8	152.08 128.8 103.05 86.80 66.52 50.45	樟脑＋乙醇 c＝34.70 (t＝19 ℃)	350.0 400.0 450.0 500.0 550.0 589.0	378.3 158.6 109.8 81.7 62.0 52.4

参考文献

[1] 张兆奎,缪连元,张立.大学物理实验[M].北京:高等教育出版社,2008.
[2] 朱鹤年.物理实验研究[M].北京:清华大学出版社,1994.
[3] 谢行恕,康士秀,霍剑青.大学物理实验(第二册)[M].北京:高等教育出版社,2001.
[4] 朱卫华,徐光衍.大学物理实验[M].南京:河海大学大学出版社,2008.
[5] 顾广瑞,金哲.大学物理实验[M].杭州:浙江大学出版社,2013.
[6] 朱泳华,等.大学物理实验[M].北京:高等教育出版社,2001.
[7] 李长真.大学物理实验教程[M].北京:科学出版社,2009.
[8] 沈元华,陆申龙.基础物理实验[M].北京:高等教育出版社,2003.
[9] 贾玉润,王公治,凌佩玲.大学物理实验[M].上海:复旦大学出版社,1987.
[10] 马葭生,宦强.大学物理实验[M].上海:华东师范大学出版社,1998.
[11] 程守洙,江之永.普通物理学[M].北京:高等教育出版社,1998.
[12] 戴道宣,戴乐山.近代物理实验[M].北京:高等教育出版社,2006.
[13] 陆延济等.物理实验教程[M].上海:同济大学出版社,2000.
[14] 吕斯骅,段家忯.基础物理实验[M].北京:北京大学出版社,2002.
[15] 杨福家.原子物理学[M].北京:高等教育出版社,2010.
[16] 于美文,张静方.光全息术[M].北京:高等教育出版社,1995.
[17] 曾谨言.量子力学导论[M].北京:北京大学出版社,2011.
[18] 赵凯华,陈熙谋.电磁学(下册)[M].北京:人民教育出版社,2005.
[19] 张三慧.大学物理学简程(上册)[M].北京:清华大学出版社,2010.
[20] 张三慧.大学物理学简程(下册)[M].北京:清华大学出版社,2010.